普通高等教育机械类国家级特色专业系列规划教材

普通高等教育"十三五"规划教材

金 属 工 艺 学

（第二版）

主　编　李长河　杨建军

副主编　刘琨明　杨发展

　　　　张　霞　胡耀增

科学出版社

北　京

内 容 简 介

本书是按照高等学校机械学科本科专业规范、培养方案和课程教学大纲的要求,结合教育部本科教学质量与教学改革工程"专业综合改革试点"项目、国家级特色专业、卓越工程师教育培养计划、山东省名校建设工程,以及编者所在学校的教育教学改革、课程改革经验编写而成的普通高等教育教材。全书主要内容包括绪论、铸造、压力加工、焊接、切削加工等内容,除绪论外每章附有习题与思考题。

本书在教学内容上可针对不同的专业进行取舍,理顺了与前导课程、后续课程之间相互支撑的关系,整合了课程体系中内容重叠的部分,落实了知识盲点的讲解。本书十分重视学生获取知识、分析问题及解决工程技术问题能力的培养,特别注重学生工程素质与创新能力的提高。为此,在本书的编写内容上既注重理论密切联系生产实际,又介绍了机械制造的新技术、新工艺。

本书结合数字化资源,采用二维码技术关联相应的动画演示和视频操作,帮助学生理解重点难点知识。

本书可作为高等学校机械类、近机类各专业的教材和参考书,也可作为高职类工科院校及机械工程技术人员的学习参考书。

图书在版编目(CIP)数据

金属工艺学/李长河,杨建军主编. —2 版. —北京:科学出版社,2018.12
普通高等教育机械类国家级特色专业系列规划教材·普通高等教育"十三五"规划教材
ISBN 978-7-03-057827-3

Ⅰ. ①金… Ⅱ. ①李… ②杨… Ⅲ. ①金属加工-工艺学-高等学校-教材 Ⅳ. ①TG

中国版本图书馆 CIP 数据核字(2018)第 129201 号

责任编辑:邓 静 张丽花 / 责任校对:郭瑞芝
责任印制:霍 兵 / 封面设计:迷底书装

科学出版社 出版
北京东黄城根北街 16 号
邮政编码:100717
http://www.sciencep.com

北京市密东印刷有限公司印刷
科学出版社发行 各地新华书店经销
*
2014 年 5 月第 一 版 开本:787×1092 1/16
2018 年 12 月第 二 版 印张:13
2021 年 7 月第十次印刷 字数:360 000
定价:49.80 元

前　言

　　"金属工艺学"是高等工科院校机械类、近机类各专业的一门重要的技术基础课程，是联系基础课、实践教学和专业课之间的纽带。"金属工艺学"课程是学生进入专业领域学习的先导课程之一，内容涉及机器制造的主要环节：毛坯生产(包括铸造、压力加工以及焊接等)和零件加工，是机械类专业建立机器制造相关知识与技能的基础平台。

　　本书根据全国高等学校"金属工艺学"课程教学大纲要求，按照近几年来全国高等学校教学改革的有关精神，结合编者多年教学实践，并在参考国内外有关资料和书籍的基础上编写而成。全书突出体现了以下特点：

　　(1)紧密结合教学大纲，在内容上注重加强基础、突出能力的培养，做到系统性强、内容少而精。

　　(2)机械制造理论与实践相结合，以毛坯/零件主要成形方法的基本原理和工艺特点为主线，全面讲述了材料成形方法的基本原理(热加工：铸造、压力加工、焊接；冷加工：切削加工)和工艺特点，以及典型表面加工分析、切削加工工艺基础、零件结构工艺性等内容，使学生能综合运用已学知识进行材料成形方法和加工方法的选择。

　　(3)既有传统机械制造的基础知识，又有新技术、新工艺在机械制造领域的应用和发展。

　　(4)为适应机械制造学科的进步和发展形势需要，各章内容贯穿了制造系统的思想，同时考虑到扩大知识面，适当加入了快速模具和快速铸造先进制造技术等反映国内外新成果、新技术的内容。

　　(5)全书采用最新国家标准及法定计量单位。

　　(6)为方便学生自学和进一步理解课程的主要内容，在章后编入了一定数量的习题与思考题，做到理论联系实际，学以致用。

　　(7)书中运用了二维码技术关联数字化资源，增写了附录(教学指导内容)，并将重要内容部分彩色印刷，以方便读者重点学习。

　　本书由青岛理工大学李长河、杨建军担任主编，青岛理工大学刘琨明和杨发展、青岛理工大学琴岛学院张霞、青岛理工大学临沂校区胡耀增任副主编。本书第1章由李长河编写，第2章由刘琨明编写，第3章由杨建军编写，第4章由张霞、杨发展编写，第5章由李长河、杨发展、胡耀增编写。全书由李长河统稿和定稿。

　　本书承蒙中国海洋大学刘贵杰教授主审。刘贵杰教授提出了许多宝贵的建议，在此表示衷心的感谢。

　　在本书编写过程中得到了许多专家、同仁的大力支持和帮助，参考了许多教授、专家的有关文献，在此，也一并向他们表示衷心的感谢。

　　本书的出版得到了青岛理工大学和科学出版社的大力支持，在此表示衷心感谢！

　　由于编者的水平和时间有限，书中难免存在疏漏和不妥之处，恳请广大读者批评指正。

编　者

2018年6月

目 录

第1章

绪　　论

1.1　本课程的研究内容

"金属工艺学"课程是研究金属材料成形和零件加工方法的综合性技术基础课程，是现代工程材料和装备制造学科领域的重要组成部分，是高等工科教育的重要内容，是完成素质教育和应用基础型特色名校人才培养目标的重要课程。"金属工艺学"在专业培养目标中的定位是专业必修的基础课程，主要讲授各种材料成形方法本身的规律性及其在机械制造中的应用和相互联系、金属零件加工工艺过程和结构工艺性、常用金属材料的性能对加工工艺的影响、工艺方法的综合比较等。

"金属工艺学"课程的目标是通过课程学习，使学生了解材料成形工艺(热加工——铸造、压力加工、焊接；冷加工——切削加工)在机械制造中的作用，能综合运用已学过的知识进行材料成形方法和加工方法的选择。"金属工艺学"课程是学生进入专业领域学习的先导课程之一，内容涉及机器制造的主要环节：毛坯生产(包括铸造、压力加工以及焊接等)和零件加工，为机械类专业建立机器制造相关知识与技能的基础平台。课程主线与主要内容如图1-1所示。

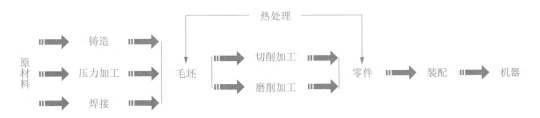

图1-1　"金属工艺学"课程的主要研究内容

大部分机械零件由于形状复杂或者加工精度和表面质量要求较高，难以采用单一的方法直接生产，通常先用铸造、压力加工或焊接方法制成毛坯，再经过切削加工或者磨削加工的方法制成所需的零件。另外，为了易于进行切削/磨削加工和改善零件的某些性能，中间常需穿插不同的热处理工艺。最终将制成的各种零件经过装配、检验成为成品(机器)。

现代工业应用的机器设备，无论是航空航天、武器装备，还是机电产品，大多是由金属零件装配而成的，将金属材料或毛坯加工成合格的零件，再由零件装配成满足装配精度和使用要求的机器是机器设备的基本生产过程。

机械制造过程是指产品从原材料经加工后获得预定形状和组织性能的过程，由于成形过程不同，可分为热加工和冷加工。热加工是采用物理、化学等方法使材料转移、去除、结合或改性，从而高效、低耗、少(无)余量地制造优质半成品或精密零部件的加工方法，包括铸造、压力加工、焊接、热处理与表面处理等技术。冷加工是指原材料经去除加工获得预定形状与表面质量，传统的加工方法有切削、磨削加工等技术。热加工的研究重点是获得优质高效成形与改性的基础理论和相应装备的关键技术，以及质量控制和工艺模拟等方面的研究。冷加工方面侧重于超高速、超精密方面的切削、磨削基础理论及关键技术的研究。

制造工艺主要包括热处理与表面改性、铸造、压力加工、焊接、切削、磨削等技术领域。

（1）热处理是充分发挥金属材料潜力的实现机械产品使用性能的重要途径，通过热处理可以使材料或零件获得设计所要求的理想强度、韧性、疲劳、耐磨等综合力学性能及使用性能，从而保证零件的质量和可靠性。表面改性是利用激光、电子束、离子注入、化学气相沉积、物理气相沉积和化学电化学转化等特种物理、化学手段，通过改变构件表面化学成分及分布，达到改善构件力学性能或其他物理、化学性能的材料加工工艺。热处理与表面改性技术为用户提供热处理工艺、表面改性、材料热处理、典型零件热处理、装备及工艺材料、标准等方面的基础理论及关键技术。

（2）铸造是熔炼金属，制造铸型，并将熔融金属在重力、压力、离心力或电磁力等外力场的作用下充满铸型，凝固后获得一定形状与性能铸件的生产过程，是生产金属零件和毛坯的主要形式之一，其实质是液态金属逐步冷却凝固而成形，也称金属液态成形。这种方法能够制成形状复杂的铸件，特别是具有复杂内腔的毛坯，而且铸件的大小几乎不受限制，重量可从几克到数百吨，壁厚可由 0.3mm 到 1m 以上。

（3）压力加工是利用外力使具有一定塑性的金属坯料产生塑性变形，从而获得具有一定形状、尺寸和力学性能的原材料、毛坯或零件的加工方法，又称金属塑性加工。

（4）焊接是一种永久性连接材料的工艺方法，是一种应用量大、应用面很广的共性工艺技术，焊接已经从一种传统的热加工技艺发展到集材料、冶金、结构、力学和电子等多门类科学为一体的工程工艺学科。

（5）切削、磨削加工是利用切削工具和工件做相对运动，从毛坯上切去多余部分材料，以获得所需几何形状、尺寸精度和表面粗糙度的零件的加工过程。在现代机械制造中，除少数零件采用精密铸造、精密锻造以及粉末冶金和工程塑料压制等方法直接获得外，绝大多数零件都要通过切削、磨削加工获得，以保证精度和表面粗糙度的要求。

切削、磨削技术以高速、精密切削、磨削技术和装备为主，涉及材料、工艺、方法、设备、标准和安全等方面，既有基础理论研究，又有比较具体的切削、磨削方法和工艺参数。切削研究主要包括切削原理、工件材料、切削机床、切削刀具、切削工艺、切削技术新动态、典型先进切削技术和典型应用领域等方面。磨削技术研究主要包括磨削原理、磨料、磨具、磨削液及其有效注入、磨削工艺、砂轮修整、磨削表面质量及其完整性、磨削装备、相关标准和磨削技术新动态等方面。

1.2　制造技术的发展及对国民经济的贡献

1.2.1　制造的相关概念

1. 制造

制造是人类所有经济活动的基石，是人类历史发展和文明进步的动力。所谓制造是人类按照市场需求，运用主观掌握的知识和技能，借助手工或可以利用的客观物质工具，采用有效的工艺方法和必要的能源,将原材料转化为最终物质产品并投放市场的全过程。

狭义的定义:制造是机电产品的机械加工工艺过程。

广义的定义:1990 年国际生产工程研究院(CIRP)给出制造的广义定义——制造是涉及制造工业中产品设计、物料选择、生产计划、生产过程、质量保证、经营管理、市场销售和服务的一系列相关活动和工作的总称。

2. 制造技术

制造技术是按照人们所需的目的,运用知识和技能,利用客观物资工具,将原材料物化为人类所需产品的工程技术,即使原材料成为产品而使用的一系列技术的总称。

3. 制造过程

制造过程指产品从设计、生产、使用、维修、报废到回收等的全过程,也称为产品生命周期。

4. 制造业

制造业是指将制造资源(物料、能源、设备、工具、资金、技术、信息和人力等)利用制造技术,通过制造过程,转化为供人们使用或利用的工业品或生活消费品的行业。

5. 机械制造系统

机械制造系统是制造业的基本组成实体,由完成机械制造过程所涉及的硬件(物料、设备、工具和能源等)、软件(制造理论、工艺、技术、信息和管理等)和人员(技术人员、操作工人和管理人员等)组成,通过制造过程将制造资源(原材料、能源等)转变为产品(包括半成品)的有机整体,称为机械制造系统。

机械制造系统的功能是将输入制造系统的资源(原材料、能源、信息和人力等)通过制造过程输出产品,其结构由硬件、软件和人员组成,并包括市场分析、产品策划、开发设计、生产组织准备、原材料准备及储存、毛坯制造、零件加工、机器装配、质量检验以及许多其他与之相关的各个环节的生产全过程。机械制造系统如图 1-2 所示,系统中的物料流、信息流和能量流之间是相互联系、互相影响的,是一个不可分割的整体。

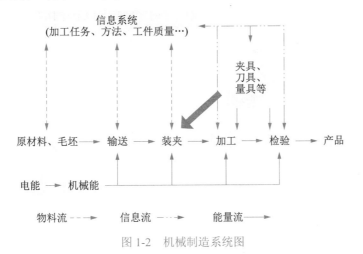

图 1-2 机械制造系统图

根据考察研究的对象不同,一个工厂、一个车间、一条生产线,甚至一台机床,都可以看作不同层次的机械制造系统。包括一台机床的机械制造系统是单级制造系统,包括多台机床的机械制造系统是多级制造系统。

1.2.2　制造业发展的历程

19 世纪末 20 世纪初，蒸汽机的发明，自动机床、自动线的相继问世，以及产品部件化、部件标准化和科学管理思想的提出，掀起制造业革命的新浪潮。20 世纪中期，电力电子技术和计算机技术的迅猛发展及其在制造领域所产生的强大的辐射效应，更是极大地促进了制造模式的演变和产品设计与制造工艺的紧密结合，也推动了制造系统的发展和管理方式的变革。同时，制造技术的新发展也为现代制造科学的形成创造了条件。回顾制造技术的发展，从蒸汽机出现到今天，主要经历了三个发展阶段。

1. 用机器代替手工，从作坊形成工厂

18 世纪末，蒸汽机和工具机的发明标志着制造业已完成从手工生产到以机器加工生产方式的转变。20 世纪初，各种金属切削加工工艺方法陆续形成，近代制造技术已成体系。但是机器(包括汽车)的生产方式还是作坊式的单件生产。它产生于英国，在 19 世纪先后传到法国、德国和美国，并在美国首先形成了小型的机械工厂，使这些国家的经济得到了发展，国力大大增强。

2. 从单件生产方式发展成大量生产方式

推动这种根本变革的是两位美国人：泰勒和福特。泰勒首先提出了以劳动分工和计件工资制为基础的科学管理，成为制造工程科学的奠基人。福特首先推行所有零件都按照一定的公差要求来加工(零件互换技术)，1913 年建立了具有划时代意义的汽车装配生产线，实现了以刚性自动化为特征的大量生产方式，它对社会结构、劳动分工、教育制度和经济发展，都产生了重大的影响。20 世纪 50 年代发展到了顶峰，产生了工业技术的革命和创新，传统制造业及其大工业体系也随之建立和逐渐成熟，近代传统制造工业技术体系形成，其特点是以机械-电力技术为核心的各类技术相互连接和依存的制造工业技术体系。

3. 精密化、柔性化、网络化、虚拟化、智能化、绿色集成化和全球化的现代制造技术

随着电子、信息等高新技术的不断发展，市场需求个性化与多样化，现代制造技术发展向精密化、柔性化、网络化、虚拟化、智能化、绿色集成化和全球化的方向发展。现代制造技术的发展趋势大致有以下九个方面：

(1)信息技术、管理技术与工艺技术紧密结合，现代制造生产模式会获得不断发展。

(2)设计技术与手段更现代化。

(3)成形及制造技术精密化、制造过程实现低能耗。

(4)新型特种加工方法的形成。

(5)开发新一代超精密、超高速制造装备。

(6)加工工艺由技艺发展为工程科学。

(7)实施无污染绿色制造。

(8)制造业中广泛应用虚拟现实技术。

(9)制造以人为本。

1.2.3　制造业对国民经济发展的贡献

国民经济中任何行业的发展，必须依靠机械制造业的支持并提供装备。在国民经济生产力构成中，制造技术的作用占 60%以上。美国认为在社会财富的来源中，机械制造业占 68%。

当今制造科学、信息科学、材料科学和生物科学四大支柱科学相互依存，但后三种科学必须依靠制造科学才能形成产业和创造社会物质财富，而制造科学的发展也必须依靠信息、材料和生物科学的发展，机械制造业是任何其他高新技术实现工业价值的最佳集合点。例如，快速原型成形机、虚拟轴机床、智能结构与系统等，已经远远超出了纯机械的范畴，而是集机械、电子、控制、计算机和材料等众多技术于一体的现代机械设备，并且体现了人文科学和个性化发展的内涵。

1. 国外制造业的发展及其启示

经济发达国家都把制造业作为本国的经济支柱，都十分重视制造业的发展，并且根据不同时期科技和经济的发展，不断摆正制造业在国民经济中的地位，不断调整制造业的发展战略和政策方针。为保证制造业工程研究的世界一流水平和世界一流制造业的地位，近年来，美国政府、大学研究所、公司企业等采取了一系列战略性措施，其中最重要的就是鼓励和支持大学与科研单位的科学技术向工业界的转化。为此，成立了国家制造工程中心(ERC)、工业大学合作研究中心(IVCRC)和制造技术中心(MTC)等，从而为确立美国在制造业的优势奠定了基础。日本经过过去几十年的努力，已经成为制造业的世界巨人。就金属切削机床而言，其产值几乎占全球产值的 30%。日本制造业一直以来特别重视数控机床和数控技术的推广，近年来其数控机床占其机床总产量的 70%以上，这主要得益于日本政府和工业界不断主动地采用新的制造技术。德国制造业的特长是革新与质量，德国企业能够根据用户的特殊需要，以市场能够接受的价格在最短的时间内向市场提供高质量的产品，这是通过生产过程的合理化实现的。他们认为，提高产品的竞争力不是单纯通过降低成本，更主要的是通过在今天和未来始终保持技术领先来实现的。为了保持一个国家在制造业的优势地位，依靠科技进步促进科研成果的转化是基本方针，注重先进制造技术的开拓和推广是根本途径，良好的组织结构和现代的管理思想是有力的组织保证。

2. 我国制造业的发展及其在国民经济中的地位

2015 年，我国政府提出"中国制造 2025"的宏大计划，这是我国实施制造强国战略的第一个十年行动纲领。我国制造业目前正处在这个纲领中由低级向高级发展的中间阶段，要完全实现工业化，成为世界制造强国，根据发达国家的经验至少还需要近十年的努力。制造业分为加工制造业和装备制造业。宏观上看，我国制造业发展很快，以至于早前就有了"中国已经成为世界工厂"的说法。这种说法似乎有两个依据：一是制造业对我国出口的贡献；二是制造业的发展速度。我国已完成工业化的初级阶段，此阶段以劳动密集型产业飞速发展为特点，产业结构轻型化，我国已将加工制造业在这一阶段发展到极致，"世界制造工厂"这顶帽子并非浪得虚名，但仅仅局限于消费品领域。随着产业升级，我们已不可避免地发展到以装备制造业为主要特征的"重工业化阶段"，也有人称之为"后工业化时代"。装备制造，泛指生产资料的生产，以资金密集、技术密集为特征，包括能源、机械制造、电子、化学、冶金及建筑材料等工业。当今我国已经成为世界第二大经济体，全球制造业产出最高的国家，还是世界第一大出口国，发展成就令世界瞩目。但从国际产业分工格局看，仍处于低端加工组装环节，产业技术含量和附加值偏低。

中国制造业规模已达世界第四位，仅次于美国、日本和德国。钢铁、水泥、化纤、化肥、电视机、摩托车等年产量都是世界第一。但中国制造业大而不强，是制造大国而不是制造强国。例如，钢铁(年产量超过 2 亿吨)，我们大量出口低价钢材而进口高附加值的合金钢。机床也是出口廉价的简单机床，而进口昂贵的数控和精密机床。中国制造业的劳动生产率，仅是美国的 1/25，日本的 1/26。中国很多机械产品价虽廉，而质量也低，突出的例子如钻头，价格是国外的 1/10，而寿命也是国外的 1/10。英国德勤咨询公司和美国民间机构竞争力委员会发布的《2016 年全球制造业竞争力报告》显示，在 38 个国家和地区的评比中，中国再次被列为最具竞争力的制造业国家，荣获全球制造业第一的桂冠，把美国和德国甩在了身后。这已经是中国多次在这份榜单上称雄。中国在未来五年，甚至十年，必将继续领导全球制造业。不过，要想保住这个位置，仅靠"中国制造"是不够的。瑞士洛桑国际管理发展学院(IMD)国际经济学教授费舍尔指出，除非中国开始真正的创新，否则中国会作为世界各国的制造工厂而停滞不前。新加坡《联合早报》也指出，中国想要在下一个五年保住这个位置，"中国制造"就必须升华为"中国创造"，这是历史赋予中国的使命。20 多年前，《财富》世界 500 强榜单开始发布，美国和日本都多年稳居状元和榜眼之位；1995 年的《财富》世界 500 强排行榜上中国只有 3 家企业上榜，2000 年增加到了 10 家，而在 2010 年的这份榜单上中国企业的数量已经达到 54 家，2017 年更是达到 115 家，仅次于美国。

在工业化过程中，"中国制造""中国加工"走向了世界，从而为中国的经济带来了一个持续高速的增长。但相对于美国可以向全世界出售其先进的技术、先进的设备和先进的创意，中国的制造业目前还未达到先进性的水平。马克思当年说，资本家(现在指的就是企业家)率先创新是因为他能够获得超额利润。一个企业是这样，一个国家也是这样，所以，中国不得不创新。如果不创新，就依然是粗放型的中国制造，依然只是中国加工，这意味着技术是别人的，我们依然是在一个极端基础层面的加工产业，而且用的是我们的原料、资源和环境，这样发展下去是非常被动的。所以转变经济发展方式的关键或者核心应该是提升我国的自主创新能力。从"中国制造"走向"中国创造"是转变经济发展方式中必须解决的问题。

3. 中国制造工业存在的问题

(1)机械工业产品落后，国外已是新的机电一体化产品，并且产品不断更新，而我国生产的往往是老的产品，产品更新很慢，而且很多高水平高质量的产品还不能制造。例如，精密超精密机床和高档数控机床、大飞机、精密仪器及精密微电子设备等还都需要大量进口，一些重要精密尖端产品自己不能生产，受制于其他国家。

(2)没有掌握产品核心技术，引进的机电产品很多使用外国的专利，核心技术没有自己的知识产权，不仅要交专利费，而且不能修改和改进。

(3)机床装备数量虽多，但高级数控机床构成比例较落后。中华人民共和国成立时，我国只生产简易皮带机床 1600 台。到 2009 年生产金切机床 58.2 万台，其中数控机床 12 万多台，机床总的产值、产量均居世界第一。在产品规格上创造了许多世界极限：立式车床最大规格 25m，镗铣床镜杆直径 320mm，龙门镗铣床龙门加工宽度 11m，卧式车铣床最大加工直径 5m，最大承重 500t，轧辊磨床最大磨削直径 2500mm 等。技术水平有新的突破和提高，已掌握的先进技术有：机械传动间隙消除和对传动误差补偿技术；龙门移动同步技术；大跨距横梁位移补偿技术；镗铣床主轴悬臂位移补偿技术；超大载荷偏载的卸荷导向技术；特大型零件加工、装配及精度保证；静压导轨和静压轴承技术等。但在数控化占比方面还比较落后，2014年，发达国家在机床的数控化率平均在 70%以上，产值数控化率平均在 80%以上，而我国的这两个指标分别为 38.7%和 61.5%，机床装备的整体数控化率偏低。

(4)制造技术工艺落后，加工精度低，工作效率和生产效率低。生产周期长，新产品试制周期长，流动资金占用多。

(5)管理落后，非生产人员比例大。以机床工业为例，1996 年我国机床工业员工共 36.9

万人，工业结构调整后，2005 年约 20 万人，仍居世界第一(美国 5.8 万人，德国 7 万人，日本 4 万人)，机床工业员工人数虽多，但机床产量、产值、质量均远远落后于美、日、德等发达国家。据统计我国机械制造业的人均产值仅为美国的 1/25，日本的 1/26。

(6)研究费用及人力投入少，技术创新少。

4. 中国制造工业发展方向

现在世界制造工业竞争极为激烈，当前我们的任务是尽快努力使中国早日从制造大国变成一个真正的制造强国。为此，必须做到以下方面：

(1)研制并发展先进的高水平产品，机电一体化的新产品。

(2)使用先进的制造技术，提高加工产品质量，提高加工效率。近年来制造技术发展迅速，大量新技术被应用到制造业中，先进制造技术发展极为迅速。

(3)采用先进的管理技术。

(4)从思想上重视技术创新，掌握核心技术。

近年来，机械工业技术水平提高迅速，竞争激烈。我们面临的形势是严峻的，亟须积极努力加速发展先进制造技术，提高我国机械制造工业的技术水平。只有提高机械工业技术水平，才有可能将我国从一个制造大国转变成一个制造强国。下面简单介绍先进制造技术几个主要方面的发展情况。

1.3 制造业的变革及挑战

制造技术的发展是由社会、政治和经济等多方面因素决定的。纵观近两百年制造业的发展历程，影响其发展最主要的因素是技术的推动及市场的牵引。人类每次科学技术革命，必然引起制造技术的不断发展，也推动了制造业的发展。另外，随着制造业不断进步，人类需求不断产生变化，因而从另一方面推动了制造业的不断发展，促进了制造技术的不断进步。

1.3.1 制造业的变革

两百年来，在市场需求不断变化的驱动下，制造业的生产规模沿着"小批量→少品种大批量→多品种变批量"的方向发展；在科技高速发展的推动下，制造业的资源配置沿着"劳动密集→设备密集→信息密集→知识密集"的方向发展，与之相适应，制造技术的生产方式沿着"手工→机械化→单机自动化→刚性流水自动化→柔性自动化→智能自动化"的方向发展。

20 世纪以来，信息技术、生物技术、新材料技术、能源与环境技术、航空航天技术和海洋开发技术，这六大科学技术的迅猛发展与广泛应用，引起了整个世界制造业的巨大变革。与此同时，经济全球化趋势正不断加强，各个领域的技术交流、经贸交流日益扩大。这些进步、变革与发展，使当代制造业的生态环境、产业结构与发展模式等都发生了深刻变化。

1.3.2 制造业面临的挑战

科学发展观对制造业提出了新的要求，我国制造业正面临新的发展机遇与挑战。

1. 制造业面临的是全球多样化、个性化的需求

进入 21 世纪，全球市场需求的多样化趋势更加明显，制造业面临全球性多样化、个性化需求的挑战。目前，我国制造业正面临个性化、多样化需求与标准产品大量需求并存的局面。

市场和国情要求我们一方面要努力满足用户个性化需求，主动推进生产方式向小批量多品种发展；另一方面继续通过大规模生产方式，高效低成本地生产价廉物美的标准产品，满足国内外市场的需要。

2. 制造业面临的是全球市场的竞争与合作

21世纪，世界制造业的全球市场竞争与合作在三个层面展开：一是发达国家制造企业之间，围绕高端产品、尖端技术研发，以及全球市场战略布局的竞争与合作。二是制造业产业上下游产业之间，如开发设计与生产之间、生产与营销之间、零部件与整机之间、品牌厂商与外包加工企业之间，展开的产业链的全球合作以及供应商、营销商之间的全球竞争与合作。三是世界主要制造中心，即各个产业生态圈或区域之间的竞争与合作。在这个全球市场竞争与合作的系统中，成员之间有着共生、共荣、竞争、合作等复杂的关系。以往那种企业之间的对抗性竞争被协同竞争取代，用户、供应商、研发中心、制造商、经销商和服务商等具有互补性的企业间建立紧密合作，利益共享，风险共担，相互依赖，共同发展。彼此间通过竞争优选，不断降低成本，提高效率。产业链中的企业既合作又竞争，专业化、柔性化生产相统一，制造质量更高，制造成本更低，应变能力更强。

3. 信息与网络技术引起了产品制造过程和制造业的革命

信息这一要素正迅速成为现代制造系统的主导因素，并对制造业产生根本性的影响。从某种意义上来说，现代制造业也是信息产业，它加工、处理信息，将制造信息录制、物化在原材料和毛坯上，使之转化为产品。现代制造业，尤其对于高科技、深加工企业，其主要投入已不再是材料和能源，而是信息和知识；其所创造的社会财富实际上也是某种形式的信息，即产品信息和制造信息。未来的产品是基于机械电子一体化的信息和智能产品，未来的制造技术将向数字化、智能化和网络化发展，信息技术将贯穿整个制造业。

4. 物理、化学、生命科学与技术的新进展，为制造技术提供了前所未有的新材料与新工艺

近半个世纪以来，性能多样的金属材料、高等陶瓷、功能晶体、碳素材料以及复合材料相继问世，至今世界上的结构与功能材料已有几十万种，并继续以每年大约5%的速度递增。激光技术、光刻技术、纳米技术、超精密加工技术、表面工程技术、在线检测技术、生物制造技术和仿生制造技术等新的工艺手段层出不穷，改变了制造业的面貌。新材料的应用改变了传统的机械制造、设计和工艺领域，纳米材料、智能材料、梯度材料、新型陶瓷材料、新型高分子聚合物、表面涂层及自修复材料等的应用对力学性能、功能以及设计方法、标准、数据等都将产生巨大的影响，力学性能将进一步优化，机械寿命将大幅度提高。

5. 节能节材产品与制造工艺

21世纪的制造业要求在产品的设计、制造和使用过程中减少所需要的材料投入量和能源消耗量，尽可能通过短缺资源的代用、可再生或易于再生资源(如太阳能和可再生生物资源)以及二次能源的利用，提高资源利用率。通过资源、原材料的节约和合理利用，原材料中的所有组分通过生产过程尽可能地转化为产品和副产品，从而消除废料的产生，减少环境污染。改革制造工艺，开发新的工艺技术，采用能够使资源和能源利用率高、原材料转化率高、污染物产生量少的新工艺，减少制造过程中资源浪费和污染物的产生，使中间废弃物能够回收再利用、最终废弃物可以分解处理，尽最大限度实现少废或无废生产。

6. 可再生循环制造

可持续发展的制造业应是可再生循环的。要求在产品的设计和制造过程中采用回收再生与复用技术，尽可能减少制造产品的用材种类，选用可回收、可分解材料，形成"资源—产品—再生资源"的闭环流程。可再生循环的制造过程主要应用拆卸技术和循环再利用技术。

1.4 制造技术给制造业带来的变革

1. 常规制造工艺的优化

常规制造工艺优化的方向是高效化、精密化、清洁化和灵活化，以形成优质、高效、低耗、清洁且灵活的制造技术为主要目标，可通过改善工艺条件和优化工艺参数来实现。

2. 非传统加工方法的发展

由于产品更新换代的要求，常规工艺在某些方面(场合)已不能满足要求，同时高新技术的发展及其产业化的要求，使非传统加工方法的发展成为必然。新能源的引入、新型材料的应用及产品特殊功能的要求等都促进了新型加工方法的形成与发展，如激光加工、电磁加工、超塑加工及复合加工等。

3. 专业、学科间的界限逐渐淡化、消失

在制造技术内部，冷热加工之间，加工过程、检测过程、物流过程、装配过程之间，以及设计、材料应用、加工制造之间，其界限均逐渐淡化，逐步走向一体化。

4. 工艺设计由经验走向定量分析

应用计算机技术和模拟技术来确定工艺规范，优化工艺方案，预测加工过程中可能产生的缺陷及防止措施，控制和保证加工件的质量，使工艺设计由经验判断走向定量分析，加工工艺由技艺发展为工程科学。

5. 信息技术、管理技术与工艺技术紧密结合

微电子、计算机、自动化技术与传统工艺及设备相结合，形成多项制造自动化单元技术，经局部或系统集成后，形成了从单元技术到复合技术、从刚性到柔性、从简单到复杂等不同档次的自动化制造技术系统，使传统工艺产生显著、本质的变化，极大地提高了生产效率及产品的质量。

管理技术与制造工艺进一步结合，要求在采用先进工艺方法的同时，不断调整组织结构和管理模式，探索新型生产组织方式，以提高先进工艺方法的使用效果，提高企业的竞争力。

1.5 金属工艺技术的发展趋势

1. 采用模拟技术，优化工艺设计

成形、改性与加工是机械制造工艺的主要工序，是将原材料(主要是金属材料)制造加工成毛坯或零部件的过程。这些工艺过程(特别是热加工过程)是极其复杂的高温、动态及瞬时过程，其间发生一系列复杂的物理、化学和冶金变化，这些变化不仅不能直接观察，间接测试也十分困难，因而多年来热加工工艺设计只能凭"经验"。近年来，依靠应用计算机技术及现代测试技术形成的热加工工艺模拟及优化设计技术风靡全球，成为热加工各个学科最为热门的研究热点和技术前沿。

应用模拟技术，可以虚拟显示材料热加工(铸造、锻压、焊接、热处理和注塑等)的工艺过程，预测工艺结果(组织、性能、质量)，并通过不同参数比较以优化工艺设计，确保大件一次制造成功，确保成批件一次试模成功。

模拟技术同样已开始应用于机械加工、特种加工及装配过程，并已向拟实制造成形的方向发展，成为分散网络化制造、数字化制造及制造全球化的技术基础。

2. 成形精度向近无余量方向发展

毛坯和零件的成形是机械制造的第一道工序。金属毛坯和零件的成形一般有铸造、锻造、冲压、焊接和轧材下料五类方法。随着毛坯精密成形工艺的发展，零件成形的形状尺寸精度正从近净成形(Near Net Shape Forming)向净成形(Net Shape Forming)，即近无余量成形方向发展。"毛坯"与"零件"的界限越来越小。有的毛坯成形后，已接近或达到零件的最终形状和尺寸，磨削后即可装配。主要方法有多种形式的精铸、精锻、精冲、冷温挤压、精密焊接及切割。如在汽车生产中，"接近零余量的敏捷及精密冲压系统"及"智能电阻焊系统"正在研究开发中。

3. 成形质量向近无"缺陷"方向发展

毛坯和零件成形质量高低的另一指标是缺陷的多少、大小和危害程度。由于热加工过程十分复杂，因素多变，所以很难避免缺陷的产生。近年来热加工界提出了"向近无'缺陷'方向发展"的目标，这个"缺陷"是指不致引起早期失效的临界缺陷概念。采取的主要措施有：采用先进工艺，净化熔融金属薄板，增大合金组织的致密度，为得到健全的铸件、锻件奠定基础；采用模拟技术，优化工艺设计，实现一次成形及试模成功；加强工艺过程监控及无损检测，及时发现超标零件；通过零件安全可靠性能研究及评估，确定临界缺陷量值等。

4. 机械加工向超精密、超高速方向发展

超精密加工技术目前已进入纳米加工时代，加工精度达 $0.025\mu m$，表面粗糙度达 $0.0045\mu m$。精切削加工技术由目前的红外波段向加工可见光波段或不可见紫外线和 X 射线波段趋近；超精加工机床向多功能模块化方向发展；超精加工材料由金属扩大到非金属。

目前高速切削铝合金的切削速度已超过 1600m/min；铸铁为 1500m/min；超高速切削已成为解决一些难加工材料加工问题的一条途径。

5. 采用新型能源及复合加工，解决新型材料的加工和表面改性难题

随着激光、电子束、离子束、分子束、等离子体、微波、超声波、电液、电磁及高压水射流等新型能源或能源载体的引入，金属工艺技术形成了多种崭新的特种加工及高密度能切割、焊接、熔炼、锻压、热处理、表面保护等加工工艺或复合工艺。其中以多种形式的激光加工发展最为迅速。这些新工艺不仅提高了加工效率和质量，同时还解决了超硬材料、高分子材料、复合材料和工程陶瓷等新型材料的加工难题。

6. 采用自动化技术，实现工艺过程的优化控制

微电子、计算机、自动化技术与工艺设备相结合，形成了从单机到系统、从刚性到柔性、从简单到复杂等不同档次的多种自动化成形加工技术，工艺过程控制方式发生质的变化，其发展历程及趋势如下。

(1)应用集成电路、可编程序控制器、微机等新型控制元件、装置实现工艺设备的单机、生产线或系统的自动化控制。

(2)应用新型传感、无损检测、理化检验及计算机、微电子技术，实时测量并监控工艺过程的温度、压力、形状、尺寸、位移、应力、应变、振动、声、像、电、磁及合金与气体的成分、组织结构等参数，实现在线测量、测试技术的电子化、数字化、计算机及工艺参数的闭环控制，进而实现自适应控制。

(3)将计算机辅助工艺编程(CAPP)、数控、CAD/CAM、机器人、自动化搬运仓储和管理信息系统(MIS)等自动化单元技术综合用于工艺设计、加工及物流过程，形成不同档次的柔性自动化系统：数控加工、加工中心(MC)、柔性制造单元(FMC)、柔性制造岛(FMI)、柔性制造系统(FMS)和柔性生产线(FTL)，乃至形成计算机集成制造系统(CIMS)和智能制造系统(IMS)。

7. 采用清洁能源及原材料、实现清洁生产

机械加工过程中会产生大量废水、废渣、废气、噪声、振动和热辐射等，劳动条件繁重危险，已不适应当代清洁生产的要求。近年来，清洁生产成为加工过程的一个新目标，除搞好三废治理外，还要重视从源头抓起，杜绝污染的产生。其途径为：一是采用清洁能源，如用电加热代替燃煤加热锻坯，用电熔化代替焦炭冲天炉熔化铁液；二是采用清洁的工艺材料开发新的工艺方法，如在锻造生产中采用非石墨型润滑材料，在砂型铸造中采用非煤粉型砂；三是采用新结构，减少设备的噪声和振动，如在铸造生产中，噪声极大的振击式造型机已被射压、静压造型机所取代。在模锻生产中，噪声大且耗能多的模锻锤已逐渐被电液传动的曲柄热模锻压力机、高能螺旋压力机所取代。在清洁生产基础上，满足产品从设计、生产到使用乃至回收和废弃处理的整个周期都符合特定的环境要求的"绿色制造"，将成为 21 世纪制造业的重要特征。

8. 加工与设计之间的界限逐渐淡化，并趋向集成及一体化

CAD/CAM、FMS、CIMS、并行工程和快速原型等先进制造技术的出现，使加工与设计之间的界限逐渐淡化，并走向一体化。同时，冷热加工之间，加工过程、检测过程、物流过程、装配过程之间的界限亦趋向淡化、消失，而集成于统一的制造系统之中。

9. 工艺技术与信息技术、管理技术紧密结合，先进制造生产模式获得不断发展

先进制造技术系统是一个由技术、人和组织构成的集成体系，三者有效集成才能取得满意的效果。因此，先进制造工艺只有通过和信息、管理技术紧密结合，不断探索适应需求的新型生产模式，才能提高先进制造工艺的使用效果。先进制造生产模式主要有：柔性生产、准时生产、精益生产、敏捷制造、并行工程和分散网络化制造等。这些先进制造模式是制造工艺与信息、管理技术紧密结合的结果，反过来它也影响并促进制造工艺的不断革新与发展。

1.6　制造企业对高层次复合型人才的需求

1. 我国制造业快速发展过程中遇到的尴尬：技术应用型人才短缺

在我国有可能在制造业大国的位置上更向前推进一步的今天，出现了与制造大国地位极不相称的尴尬局面：中国已经成为一个制造业人才尤其是高级蓝领稀缺的国家。国家劳动和社会保障部研究报告表明："中国急缺两种人才，一种是掌握世贸规则的人才，另一种就是身怀绝技的技术工人。"据劳动部门统计，我国的高级技工仅占工人的 5%左右，而在发达国家这个比例是 35%～40%。另外，一些近 20 年工龄、实践经验丰富、技术过硬的工人，由于没有参加升级考试，不具备高级技工职称，也不能在高级技工的岗位上工作。可以说，技术工人的结构失衡和高级技工的断档将成为制约企业技术创新和发展的障碍。高级技工短缺，已成为我国制造业面临的日益突出的问题。

2．技术型人才同邻近各类人才之间交叉重叠现象日趋明显

社会人才可以从不同的角度加以分类，目前较广泛公认的是从人力资源在社会活动过程中的主要功能进行划分。以工业系统为典型特征的各产业系统，其传统的人才类型大体上分为科学型、工程型、技术型和技能型四种。由于技术发展日益复杂化和综合化，社会职业群类的分工在进一步提升专门化程度的同时，又进一步加强了合作，相关职业群类之间的工作领域出现了大量交叉重叠的现象。在技术型人才与技能型人才之间，也存在比过去更多的交叉重叠，其主要动因是技能型人才的"智力技能"成分不断增长，而"动作技能"成分相对减少。这种情况在高级技工、技师等岗位中有更为显著的反映。

3．企业对技术型人才的需求向高层次、复合型方向发展

当前，经济全球化趋势直接影响着上海的社会经济结构，产业结构的调整和行业内技术结构的不断变化对技术型人才提出了新的迫切要求。随着高新技术在行业内所占比重逐渐加大，行业内技术手段的更新、原有业务的拓展以及经营的多元化，使得一些新的技术含量高的岗位不断产生，如工业领域的工艺控制、设备保全、物流管理等。同时，由于一些传统行业大量改造原有设备，不断引进科技含量较高的设备和技术，使得一些岗位的工作发生了质的变化，对从业人员的素质提出了更高的要求，如上海大众汽车有限公司汽车三厂引进德国大众最新技术，冲压车间运用全封闭自动生产线，焊接车间的工作则由几十个机器人承担，生产线上从事操作、管理的工作就主要由专科和本科毕业生承担。

另外，在一些企业中，由于计算机技术的应用以及与国际同类行业的运行规则逐步接轨，一些岗位已不能由原来的技能型(操作型)人才担负，而必须由具备综合分析能力，具有一定外语基础、计算机基础的技术型人才来承担。所有这些都表明，企业对从业人员的要求正向高层次、复合型方向发展，这意味着高等技术应用型人才的培养层次将逐渐高移。

1.7 本课程学习的方法和要求

本课堂教学中精简烦琐内容，删除陈旧内容；以现代教学理论和方法、手段进行课堂教学与实践教学；加强适应性，适当增加当代科技文化最新知识；加强创新设计思想和能力的培养；重视计算机辅助教学的应用；改革实验和实践教学模式。为培养"认识客观世界"的科学家和培养"改造客观世界"的工程师打下坚实的基础。

"金属工艺学"为学习其他有关课程和今后从事机械设计与制造方面的工作奠定必要的工艺基础。学生在学完本课程后，应达到以下基本要求：

(1)掌握主要毛坯成形方法的基本原理和工艺特点，具有选择毛坯及工艺分析的初步能力。

(2)掌握各种材料成形方法的实质、工艺特点和基本原理；并基本具有选择零件成形方法的能力，能制定简单的制造工艺规程。

(3)了解零件的结构工艺性。

(4)了解制造相关的新工艺、新技术及其发展趋势，并能用所学知识灵活地处理具体工程实际问题。

(5)初步树立经济、成本、安全与环保、效率与效益等方面的工程意识。

本课程具有实践性强、综合性强和覆盖面广三大特点。学习时要重视实践性教学环节，如金工实习、生产实习都是学习本课程的实践基础。通过实践、实训的学习努力增强感性认识和实践知识，了解、熟悉企业的生产和技术管理，注意理论与实践相结合。要重视阅读有关资料、手册和工程样本，为培养职业综合能力打下坚实基础。应该把书本学习和实践学习结合起来，明确把技能训练作为教育计划的有机组成部分，这样才符合我国培养高质量人才的需要。

本课程的详细教学指导内容可以参见本书附录。

第2章

铸　造

铸造是熔炼金属，制造铸型，并将熔融金属在重力、压力、离心力或电磁力等外力场的作用下充满铸型，凝固后获得一定形状、尺寸与性能铸件的成形方法，是生产金属零件和毛坯的主要形式之一，其实质是液态金属逐步冷却凝固而成形，也称金属液态成形。

铸造能够制成形状复杂的铸件，特别是具有复杂内腔的毛坯，如箱体、气缸体等，而且铸件的大小几乎不受限制，质量可从几克到数百吨，壁厚可由 0.3mm 到 1m 以上。铸造常用的原材料来源广泛，价格低廉，所以铸件的成本也较低。因此，铸造在机器制造业中应用极为广泛，是历史最为悠久的金属成形方法。铸件在一般机器中占总质量的 40%～80%，但其制造成本只占机器总成本的 25%～30%。铸造生产也存在不足，液态成形给铸造带来某些缺点，如铸造组织疏松、晶粒粗大，内部易产生缩孔、缩松和气孔等缺陷。因此，铸件的力学性能较差，特别是冲击韧性，比锻件力学性能低；铸造工序多，且难以精确控制，使得铸件质量不够稳定，铸件的废品率较高；劳动强度比较大。

随着铸造技术的发展，铸造工艺的不足之处正不断得到克服。各种铸造新工艺及铸造生产机械化、自动化使铸件的质量、成品率提高，工人的劳动强度降低，劳动条件改善；某些新研制的铸造金属使铸件的力学性能大为提高。精密铸造工艺使铸件的尺寸精度、形位精度及表面质量提高，成为"少切削、无切削工艺"的重要方法之一。

2.1　铸造工艺基础

2.1.1　液态合金的充型

1. 液态金属的性质与充型

1) 液态金属的结构与性质

液态金属是通过加热将金属由固态熔化为熔融状态而得到的。由于铸造生产中得到的液体金属过热度不高(一般高于熔点 100～300℃)，这种液态金属接近固态而远离气态。

实验表明，金属的熔化是从晶界开始的，是原子间结合的局部破坏。熔化后得到的液态金属由许多呈有序排列的游动原子集团组成，集团中原子的排列和原有的固体相似，但存在很大的能量起伏和剧烈的热运动，温度越高，原子集团的尺寸越小，游动越快。

这些结构特点决定了液态金属具有黏度和表面张力等特性。黏度表征了介质中一部分质点对另一部分质点做相对运动时受到的阻力。与气体不同，液体(与固体相似)分子处于连续的相互作用之中，并且作用力很大。液体在外力作用下其形状的改变，只需很小的作用力。与固体受力变形不同，这种小作用力下的变形是非弹性的、不可逆的。表面张力是在液体表面上平行于表面方向且在各个方向均相等的张力。液体表面最显著的特点之一就是：液面在表面张力的作用下，在靠近器壁处产生弧形弯曲。

2）液态合金的充型

熔化合金填充铸型的过程，简称充型。熔融合金充满铸型型腔，获得形状完整、尺寸准确、轮廓清晰铸件的能力，称为合金的充型能力。充型能力首先取决于熔融金属本身的流动能力（即流动性），同时又受外界条件，如铸型性质、浇注条件和铸件结构等因素影响。因此，充型能力是上述各种因素的综合反映。这些因素通过两个途径发生作用：一是影响金属与铸型之间的热交换条件，从而改变金属液的流动时间；二是影响金属液在铸型中的流动力学条件，从而改变金属液的流动速度。延长金属液的流动时间和加快流动速度，都可以改善充型能力。

2. 影响合金充型能力的主要因素

1）合金的流动性

流动性是熔融金属的流动能力，是影响充型能力的主要因素之一，是液态金属固有的属性。流动性仅与金属本身的化学成分、温度、杂质量及物理性质有关。合金的流动性好，充填铸型的能力就强，气体和杂质易于上浮，使合金净化，易于获得尺寸准确、外形完整和轮廓清晰的铸件，可避免产生铸造缺陷。合金的流动性用浇注流动性试样的方法来衡量。流动性试样的种类很多，如螺旋形、U形、楔形、球形和真空试样等，应用最多的是螺旋形试样，如图 2-1 所示。将试样的结构和铸型性质固定不变，在相同的浇注条件下（如相同的过热度或浇注温度）以试样的长度或试样某处的厚薄程度表示该合金流动性的好和差。螺旋形试样灵敏度高，对比形象，结构紧凑。

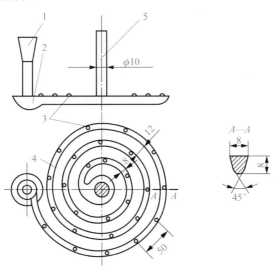

1-浇口杯；2-内浇道；3-试样凸台；4-试样铸件；5-出气口

图 2-1　螺旋形标准试样

影响合金流动性的因素主要有以下几点。

（1）合金的种类：合金的流动性与合金的熔点、热导率和合金液的黏度等物理性能有关。如铸钢熔点高，在铸型中散热快、凝固快，则流动性差。

（2）合金的成分：同种合金中，成分不同的铸造金属具有不同的结晶特点，对流动性的影响也不相同。图 2-2 为铅锡合金的流动性与相图的关系曲线。纯金属和共晶合金是在恒温下进行结晶的，结晶时从表面向中心逐层凝固，凝固层的表面比较光滑，对尚未凝固的金属的流动阻力小，故流动性好。特别是共晶合金，熔点最低，因而流动性最好，如图 2-3(a) 所示。

在一定温度范围内结晶的亚共晶合金，其结晶过程是在铸件截面上一定的宽度区域内同时进行的。在结晶区域中，既有形状复杂的枝晶，又有未结晶的液体。复杂的枝晶不仅阻碍熔融金属的流动，而且使熔融金属的冷却速度加快，所以流动性差。合金成分越远离共晶点，结晶温度区间越大，流动性越差，如图 2-3(b) 所示。

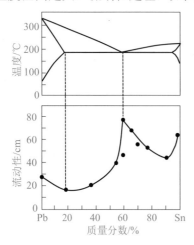

图 2-2　铅锡合金的流动性与相图的关系

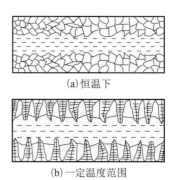

(a) 恒温下

(b) 一定温度范围

图 2-3　结晶特性对流动性的影响

(3) 杂质与含气量： 熔融金属中出现的固态夹杂物，将使液体的黏度增加，合金的流动性下降。如灰铸铁中锰和硫，多以 MnS(熔点 1650℃) 的形式悬浮在铁液中，阻碍铁液的流动，使流动性下降。熔融金属中的含气量越少，合金的流动性越好。

2) 浇注条件

浇注条件对合金的充型能力有重要的影响，主要因素有以下几点。

(1) 浇注温度： 浇注温度对合金的充型能力有决定性影响。浇注温度高，液态金属所含的热量多，在同样冷却条件下，保持液态的时间长，所以流动性好。浇注温度越高，合金的黏度越低，传给铸型的热量多，在结晶温度区间内的降温速度缓慢，保持液态的时间延长，流动性好，充型能力强。因此，提高浇注温度是改善合金充型能力的重要措施。但浇注温度过高，会使金属的吸气量和总收缩量增大，氧化也严重，从而增加铸件产生其他缺陷的可能性(如缩孔、缩松、黏砂、晶粒粗大等)。因此，在保证流动性足够的条件下，浇注温度应尽可能低些。

(2) 充型压力： 浇注系统的结构越复杂，流动阻力越大，在静压力相同时充型能力越低。熔融合金在流动方向上所受的压力越大，充型能力就越好。砂型铸造时，充型压力是由直浇道的静压力产生的，适当提高直浇道的高度，可提高充型能力。但过高的砂型浇注压力，使铸件易产生砂眼、气孔等缺陷。在低压铸造、压力铸造和离心铸造时，因人为加大了充型压力，故充型能力较强。

3) 铸型条件

熔融合金充型时，铸型的阻力及铸型对合金的冷却作用，都将影响合金的充型能力。

(1) 铸型的蓄热能力： 表示铸型从熔融合金中吸收并传出热量的能力。铸型材料的比热容和热导率越大，对熔融金属的冷却作用越强，合金在型腔中保持流动的时间缩短，合金的充型能力越差。因此，金属型浇注前需预热，浇注温度要高于砂型，可以提高合金的充型能力。

(2)铸型温度：浇注前将铸型预热到一定温度，减少了铸型与熔融金属的温度差，减缓了合金的冷却速度，延长了合金在铸型中的流动时间，则合金充型能力提高。

(3)铸型中的气体：浇注时因熔融金属在型腔中的热作用而产生大量气体，如果铸型的排气能力差，则型腔中气体的压力增大，阻碍熔融金属的充型。铸造时，除应尽量减少气体的来源外，还应增加铸型的透气性，并开设出气口，使型腔及型砂中的气体顺利排出。

(4)铸件结构：当铸件壁厚过小，壁厚急剧变化，结构复杂或有大的水平面时，都会使充型困难。因此，应合理进行铸件结构设计，形状应尽量简单，壁厚应大于规定的最小壁厚。对于形状复杂、薄壁、散热面大的铸件，应尽量选择流动性好的合金或采取其他相应的措施。

2.1.2 铸件的凝固与收缩

1. 液态金属的凝固

物质从液态转化为固态的过程称为凝固。铸造的实质是液态金属逐步冷却凝固而成形。固态金属为晶体，所以金属凝固过程又称为结晶。结晶包括形核和长大两个基本过程。

凝固组织就宏观状态而言，指的是固态晶粒的形态、大小、取向和分布等情况；铸件的微观组织指晶粒内部结构的形态、大小和分布，以及各种缺陷等。铸件的凝固组织对金属材料的力学性能、物理性能影响很大。一般情况下，晶粒越细小越均匀，金属材料的强度和硬度越高，塑性和韧性越好。影响铸件凝固组织的因素有成分、冷却速度和形核条件等。

1)凝固方式

在铸件凝固过程中，其断面上一般存在三个区域，即固相区、凝固区和液相区。其中，对铸件质量影响较大的主要是液相和固相并存的凝固区的宽窄。铸件的凝固方式就是依据凝固区的宽窄来划分的，如图 2-4 所示。

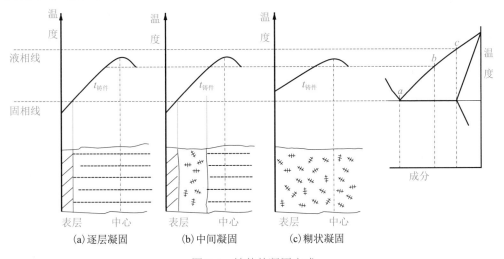

(a)逐层凝固　　(b)中间凝固　　(c)糊状凝固

图 2-4　铸件的凝固方式

(1)逐层凝固：纯金属或共晶成分合金在凝固过程中因不存在液、固相并存的凝固区，如图 2-4(a)所示，故断面上外层的固体和内层的液体由一条界线(凝固前沿)清楚地分开。随着温度的下降，固体层不断加厚，液体层不断减少，直达铸件的中心，这种凝固方式称为逐层凝固。

(2)糊状凝固：如果合金的结晶温度范围很宽，且铸件的温度分布较为平坦，则在凝固的某段时间内，铸件断面上并不存在固体层，而液、固相并存的凝固区贯穿整个断面，如图 2-4(c)所示。由于这种凝固方式与水泥类似，即先呈糊状而后固化，故称糊状凝固。

(3)中间凝固：大多数合金的凝固介于逐层凝固和糊状凝固之间，如图 2-4(b)所示，称为中间凝固。

铸件质量与凝固方式密切相关。一般说来，逐层凝固时，合金的充型能力强，不易产生缩松；糊状凝固时，难以获得结晶紧实的铸件。

铸件的凝固方式决定了铸件的组织结构形式，是影响铸件质量的内在因素。

2) 影响铸件凝固方式的因素

影响铸件凝固方式的主要因素有合金的结晶温度范围和铸件的温度梯度。

(1)合金的结晶温度范围：合金的结晶温度范围越小，合金成分越接近共晶点，凝固区域越窄，越倾向于逐层凝固。如砂型铸造时，低碳钢为逐层凝固；高碳钢结晶范围甚宽，为糊状凝固。

(2)铸件的温度梯度：在合金结晶温度范围已定的前提下，凝固区域的宽窄取决于铸件内外层间的温度梯度。若铸件的温度梯度由小变大，则其对应的凝固区域由宽变窄，越倾向于逐层凝固。铸件的温度梯度主要取决于以下三点。

① 合金的性质。合金的凝固温度越低，热导率越高，结晶潜热越大，铸件内部温度均匀化能力越大，而铸型的激冷作用变小，故温度梯度小(如多数铝合金)。

② 铸型的蓄热能力。铸型的蓄热能力越强，激冷能力越强，铸件温度梯度越大。

③ 浇注温度。浇注温度提高，因带入铸型中热量增多，铸件的温度梯度减小。

2. 合金的收缩

1) 收缩的概念

合金从浇注、凝固直至冷却到室温的过程中，其体积和尺寸缩减的现象，称为收缩。收缩是合金的物理本性，是影响铸件几何形状、尺寸、致密性，甚至造成某些铸造缺陷(如缩孔、缩松、变形和裂纹等)的重要铸造性能之一。

合金的收缩量常用体收缩率和线收缩率来表示。金属从液态到常温的体积改变量称为体收缩。金属在固态由高温到常温的线尺寸改变量称为线收缩。体收缩率和线收缩率分别以单位体积和单位长度的变化量来表示。

体收缩率：

$$\varepsilon_V = \frac{V_0 - V_1}{V_0} \times 100\% = \alpha_V(t_0 - t_1) \times 100\% \tag{2-1}$$

线收缩率：

$$\varepsilon_l = \frac{l_0 - l_1}{l_0} \times 100\% = \alpha_l(t_0 - t_1) \times 100\% \tag{2-2}$$

式中，V_0、V_1 分别为金属在温度 t_0、t_1 时的体积，m³；l_0、l_1 分别为金属在温度 t_0、t_1 时的长度，m；α_V、a_l 分别为金属在 $t_0 \sim t_1$ 温度范围内的体积收缩系数和线收缩系数，1/℃。

合金的收缩可以分为三个阶段，如图 2-5 所示。

(1)液态收缩：从浇注温度冷却到凝固开始温度(液相线温度)的收缩，即金属在液态时由于温度降低而发生的体积收缩。

(2)凝固收缩：从凝固开始温度冷却到凝固终止温度(固相线温度)的收缩，即熔融金属在凝固阶段的体积收缩。

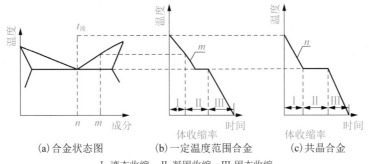

(a)合金状态图 (b)一定温度范围合金 (c)共晶合金

Ⅰ-液态收缩；Ⅱ-凝固收缩；Ⅲ-固态收缩

图 2-5 铸造合金收缩过程示意图

(3)固态收缩：从凝固终止温度冷却到室温的收缩，即金属在固态由于室温降低而发生的体积收缩。固态收缩不仅引起体积上的缩减，更明显地表现为尺寸上的缩减。

合金的总体收缩为上述三个阶段收缩之和。它与合金的成分、温度和相变有关。不同合金收缩率是不同的，例如，碳的质量分数为 3.5% 的灰铸铁，在 1400℃ 下，液态收缩率为 3.5%，凝固收缩率为 0.1%，固态收缩率为 3.3%～4.2%，总体收缩率为 6.9%～7.8%。

2)影响合金收缩的因素

(1)化学成分：碳素钢随碳的质量分数的增加，凝固收缩增加，而固态收缩略减。灰铸铁中，碳是形成石墨化元素，硅是促进石墨化元素，所以碳、硅的质量分数增加，收缩率减小。硫阻碍石墨的析出，使铸铁的收缩率增加。适量的锰可与硫合成 MnS，抵消对石墨的阻碍作用，使收缩率减小。但含锰量过高，铸铁的收缩率又有增加。

(2)浇注温度：浇注温度越高，过热度越大，合金的液态收缩增加。

(3)铸件结构和铸型条件：铸型中的铸件冷却时，因形状和尺寸不同，各部分的冷却速度不同，结果对铸件收缩产生阻碍。此外，铸型和型芯对铸件的收缩也将产生机械阻力，铸件的实际线收缩率比自由线收缩率小。因此，设计模样时，应根据合金的种类、铸型的形状和尺寸等因素，选取适合的收缩率。

2.1.3 铸造内应力

铸件在凝固、冷却过程中，由于各部分体积变化不一致，彼此制约而使其固态收缩受到阻碍引起的内应力，称为铸造应力。铸造内应力是液态成形件产生变形和裂纹的基本原因。按阻碍收缩原因的不同，铸造内应力分为热应力和收缩应力。铸件各部分由于冷却速度不同、收缩量不同而引起的阻碍称为热阻碍；铸型、型芯对铸件固态收缩的阻碍，称为机械阻碍。由热阻碍引起的应力称为热应力，由机械阻碍引起的应力称为机械应力(收缩应力)。

1. 热应力

热应力是由铸件壁厚不均，各部分冷却速度不同，同一时期各部分收缩不一致引起的。落砂后热应力仍存在于铸件内，属于残余应力。

现以图 2-6 所示的框形铸件来说明热应力的形成过程。它由一根粗杆Ⅰ和两根细杆Ⅱ组成(图 2-6(a))，图示上部表示杆Ⅰ和杆Ⅱ的冷却曲线，$t_{临}$表示金属弹塑性临界温度。当铸件处于t_0～t_1高温阶段时，两杆均处于塑性状态。尽管杆Ⅰ和杆Ⅱ的冷却速度不同，收缩不一致，但两杆都是塑性变形，不产生内应力。继续冷却到t_1～t_2，此时杆Ⅱ的温度较低，已进入弹性状态，但杆Ⅰ仍处于塑性状态。杆Ⅱ由于冷却快，收缩大于杆Ⅰ，在横梁的作用下将对杆Ⅰ

产生压应力，而杆 I 反过来给杆 II 以拉应力(图 2-6(b))。处于塑性状态的杆 I 受压应力作用产生压缩塑性变形，使杆 I、II 的收缩趋于一致，也不产生应力(图 2-6(c))。当进一步冷却至 $t_2 \sim t_3$，杆 I 和杆 II 均进入弹性状态，此时杆 I 温度较高，冷却时还将产生较大收缩，杆 II 温度较低，收缩已趋停止，在最后阶段冷却时，杆 I 收缩将受到杆 II 强烈阻碍，因此杆 I 受拉，杆 II 受压。温度降到室温时形成残余应力(图 2-6(d))。

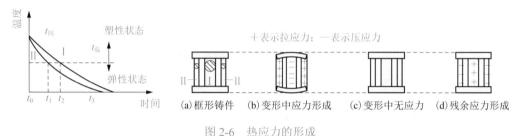

图 2-6　热应力的形成

热应力形成规律：热应力使冷却较慢的厚壁处或芯部受拉伸，冷却较快的薄壁处或表面受压缩，铸件的壁厚差别越大，合金的线收缩率或弹性模量越大，热应力越大。顺序凝固(又称定向凝固)时，由于铸件各部分冷却速度不一致，按先后顺序凝固，产生的热应力较大，铸件易出现变形和裂纹，应用时应予以考虑。

2. 机械应力

铸件在固态收缩时，因受铸型、型芯、浇冒口等外力的阻碍而产生的应力称为机械应力。一般铸件冷却到弹性状态后，收缩受阻都会产生机械应力。机械应力常表现为拉应力，与铸件部位无关。形成原因一经消除(如铸件落砂或去除浇冒口后)，机械应力也随之消失，因此机械应力是一种临时应力。但在落砂前，如果铸件的机械应力和热应力共同作用，其瞬间应力大于铸件的抗拉强度，铸件会产生裂纹。

3. 减小和消除铸造应力的措施

预防铸造应力的基本途径是尽量减少铸件各部分间的温度差，使其均匀地冷却。可采取以下措施。

(1)合理地设计铸件的结构。铸件的形状越复杂，各部分壁厚相差越大，冷却时温度越不均匀，铸造应力越大。因此，在设计铸件时应尽量使铸件形状简单、对称、壁厚均匀。

(2)尽量选用线收缩率小、弹性模量小的合金。

(3)采用同时凝固的工艺。所谓同时凝固是指采取一些工艺措施，使铸件各部分间温差尽量小，几乎同时进行凝固。因此，可将浇口开在铸件薄壁处，使薄壁处铸型在浇注过程中升温较厚壁处高，这样可以补偿薄壁处冷却速度过快现象。有时为了加快厚壁处的冷却速度，还可以在厚壁处安放冷铁，增加激冷作用，如图 2-7 所示。因采用同时凝固，铸件各部分间温差小，不易产生热应力和热裂，铸件变形小；采用同时凝固也可免设冒口而省工省料。

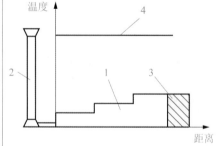

1-铸件；2-浇道；3-冷铁；4-温度分布

图 2-7　同时凝固原则示意图

(4)设法改善铸型、型芯的退让性，合理设置浇冒口等，以减少机械应力。

(5)对铸件进行时效处理是消除铸造应力的有效措施。

2.1.4　铸件的变形和裂纹

当残余铸造应力超过铸件材料的屈服点时，铸件将发生塑性变形；当铸造应力超过材料的抗拉强度时，铸件将产生裂纹。铸件产生变形以后，常因加工余量不够或因铸件放不进夹具无法加工而报废。在铸件中存在任何形式的裂纹都严重损害其力学性能，使用时会因裂纹扩展使铸件断裂，发生事故。

1. 铸件的变形

对于厚薄不匀、形状不对称及具有细长结构的杆件、板类及轮类等铸件，当残余铸造应力超过铸件材料的屈服点时，会产生翘曲变形。如图 2-6 所示框形铸件，粗杆 I 受拉伸，细杆 II 受压缩，但两杆都有恢复自由状态的趋向，即杆 I 总是力图缩短，杆 II 总是力图伸长。如果连接两杆的横梁刚度不够，结果会出现图 2-8 所示的翘曲变形。变形使铸造应力重新分布，残余应力会减小一些，但不会完全消除。图 2-9 所示 T 形梁铸钢件，当板 I 厚、板 II 薄时，浇注后板 I 受拉，板 II 受压，各自都有力图恢复原状的趋势：板 I 力图缩短一点，板 II 力图伸长一点。若铸钢件刚度不够，将发生板 I 内凹、板 II 外凸的变形；反之，当板 I 薄、板 II 厚时，将发生反向翘曲。

图 2-8　框架铸件的变形

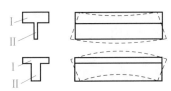

图 2-9　T 形梁的变形

前述防止铸造应力的方法，也是防止铸件变形的根本措施。此外，在设计上和工艺上还可以采取某些措施，以防止和减小铸件变形。如反变形法，即在制造木模时就按照铸件可能变形的方向和变形量，先给以反方向的变形量，待铸件冷却完毕后，反方向的变形量能够抵消铸件的变形量，从而获得形状尺寸合格的铸件产品；对某些重要的易变形铸件，可采取提早落砂，落砂后立即将铸件放入炉内退火的办法消除机械应力；提高铸型刚度，加大压铁重量可以减小铸件的挠曲变形量；控制铸件开箱时间；改变铸件的结构，采用弯曲轮辐代替直形轮辐，以减小阻力，防止变形；铸件上设置防变形肋等。

2. 铸件的裂纹

当铸造应力超过金属的强度极限时，铸件便产生裂纹，裂纹是严重的铸造缺陷，必须设法阻止。按照裂纹形成的温度范围可分为热裂和冷裂两种。

(1)热裂：热裂是铸件在凝固后期，在接近固相线的高温下铸造应力超过高温强度形成的。因为合金的线收缩并不是在完全凝固后才开始的。在凝固后期，结晶出来的固态物质已经形成了完整的骨架，开始了线收缩，但是晶粒间还存有少量液体，故金属的高温强度很低。在高温下铸件的线收缩若受到了铸型、型芯及浇注系统的阻碍，机械应力超过了其高温强度，即发生热裂。热裂的形状特征是裂纹短，缝隙宽，形状弯曲，缝内呈氧化色。

防止热裂的措施有：①尽量选择凝固温度范围小、热裂倾向小的合金；②提高铸型和型芯的退让性，以减小机械应力；③合理设计浇道冒口；④对于铸钢件和铸铁件，严格控制硫的含量，防止热脆性。

（2）冷裂：冷裂是在较低温度下，由于热应力和机械应力的综合作用，铸件内应力超过合金的强度极限而产生的。冷裂多出现在铸件受拉应力的部位，尤其是具有应力集中处（如尖角、缩孔、气孔以及非金属夹杂物等的附近）。冷裂的特征是裂纹细小，呈连续直线状，缝内有金属光泽或金属氧化色。

凡是能减小铸造内应力或减低合金脆性的因素均能防止冷裂。

2.1.5　铸件的质量控制

铸造性能对铸件质量有显著的影响。收缩是造成缩孔、缩松、应力、变形和裂纹的基本原因。若充型能力不好，铸件易产生浇不到、冷隔、气孔、夹杂、缩孔、热裂等缺陷。

1. 缩松和缩孔的形成

铸型内的熔融合金在凝固过程中，由于液态收缩和凝固收缩所缩减的体积得不到补充，在铸件最后凝固部位将形成孔洞。按孔洞的大小和分布不同可分为缩孔和缩松。容积较大而集中的孔洞称为缩孔；细小而分散的孔洞称为缩松。缩孔和缩松可使铸件的力学性能、气密性和物理化学性能大大降低，以至成为废品。缩孔和缩松是极其有害的铸造缺陷，必须设法防止。

（1）缩孔的形成：缩孔通常隐藏在铸件上部或最后凝固部位，有时在机械加工中可暴露出来。缩孔形状不规则，孔壁粗糙。缩孔产生的条件是金属在恒温或很小的温度范围内结晶，铸件壁以逐层凝固的方式进行凝固。缩孔的形成过程如图 2-10 所示。液态金属填满铸型（图 2-10(a)）后，因铸型吸热，靠近型腔表面的金属很快就降到凝固温度，凝固成一层外壳（图 2-10(b)），温度下降，合金逐层凝固，凝固层加厚，内部剩余液体由于液体收缩和补充凝固层的体积缩减，液面下降，铸件内部出现空隙（图 2-10(c)），直到内部完全凝固，在铸件上部形成缩孔（图 2-10(d)）。已经形成缩孔的铸件继续冷却到室温时，因固态收缩使铸件的外廓尺寸略有缩小，但缩孔已存在于铸件内部（图 2-10(e)）。

动画

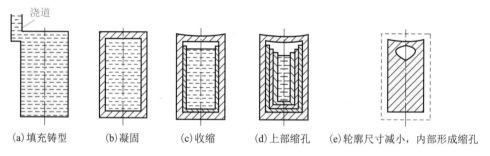

(a)填充铸型　　(b)凝固　　(c)收缩　　(d)上部缩孔　　(e)轮廓尺寸减小，内部形成缩孔

图 2-10　缩孔形成过程示意图

（2）缩松的形成：缩松形成的基本原因和缩孔形成的基本原因相同，但形成的条件却不同。缩松形成的条件主要是在结晶温度范围宽、以糊状凝固方式凝固的合金或厚壁铸件中。缩松形成过程如图 2-11 所示。一般合金在凝固过程中都存在液-固两相区，树枝状晶在其中不断扩大。枝晶长到一定程度（图 2-11(a)），枝晶分叉间的熔融金属被分离成彼此孤立的状态，它们继续凝固时也将产生收缩（图 2-11(b)），这种凝固方式称为糊状凝固。这时铸件中心虽有液体存在，但由于树枝晶的阻碍使之无法补缩，在凝固后的枝晶分叉间就形成许多微小的孔洞（图 2-11(c)），称为缩松。缩松分为宏观缩松和显微缩松，宏观缩松分布在铸件中心轴线处或缩孔下方部位，肉眼或放大镜可以观察到；显微缩松分布在晶粒之间，分布更为广泛，遍布

整个铸件截面，有时只有在显微镜下才能辨认出来。

2. 缩孔和缩松的规律

由以上缩孔和缩松的形成过程，可得到以下规律。

（1）合金的液态收缩和凝固收缩越大（如铸钢、白口铸铁、铝青铜），铸件越易形成缩孔。

（2）合金的浇注温度越高，液态收缩越大，铸件越厚，越容易形成缩孔。

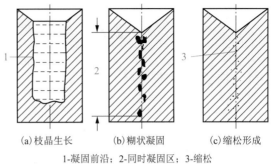

(a)枝晶生长　　(b)糊状凝固　　(c)缩松形成

1-凝固前沿；2-同时凝固区；3-缩松

图 2-11　缩松形成过程示意图

（3）结晶温度范围宽的合金，倾向于糊状凝固，易形成缩松；纯金属和共晶成分合金倾向于逐层凝固，易形成集中缩孔。

3. 缩孔和缩松的防止

对一定成分的合金，缩孔和缩松的数量可以相互转化，但总容积基本一定。防止铸件中产生缩孔和缩松的基本原则就是针对合金的收缩和凝固特点制定合理的铸造工艺，使铸件在凝固过程中建立良好的补缩条件，尽可能使缩松转化为缩孔。控制铸件的凝固过程使之符合顺序凝固的原则，并在铸件最后凝固的部位设置合理的冒口，使缩孔移至冒口中，即可获得合格的铸件。主要工艺措施如下。

（1）按照顺序凝固原则进行凝固：顺序凝固原则是指采用各种工艺措施，使铸件上从远离冒口的部分到冒口之间建立一个逐渐递增的温度梯度，从而实现由远离冒口的部分向着冒口的方向顺序地凝固，如图 2-12 所示。这样铸件上每一部分的收缩都得到稍后凝固部分的合金液的补充，冒口部分最后凝固，缩孔转移到冒口部位，切除后便可得到无缩孔的致密铸件。

（2）合理地确定内浇道位置及浇注工艺：内浇道的引入位置对铸件的温度分布有明显的影响，应按照顺序凝固的原则确定。例如，内浇道应从铸件厚实处引入，尽可能靠近冒口或由冒口引入，如图 2-12 所示。

（3）合理地应用冒口、冷铁和补铁等工艺措施：冷铁可以加快铸件厚壁处的凝固速度，控制铸件的凝固顺序，消除铸件的缩孔、裂纹和提高铸件的表面硬度与耐磨性，冷铁分为外冷铁和内冷铁。冒口的作用主要是补缩、排气和集渣，分为明冒口和暗冒口。冒口、冷铁和补铁的综合运用可以建立良好的顺序凝固条件，是消除缩孔、缩松的有效措施，如图 2-13 所示。

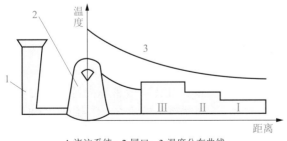

1-浇注系统；2-冒口；3-温度分布曲线

图 2-12　顺序凝固原则示意图

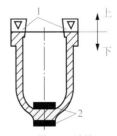

1-冒口；2-冷铁

图 2-13　冒口、冷铁的作用

2.2　合金铸件的生产工艺

2.2.1　铸铁件生产

1. 铸铁的分类和特点

铸铁是近代工业生产中应用最为广泛的一种铸造金属。铸铁可分为一般工程应用铸铁和特殊性能铸铁。在一般工程应用铸铁中，碳主要以石墨形态存在。按照石墨形貌的不同，这一类铸铁又可分为灰铸铁(片状石墨)、球墨铸铁(球状石墨)、可锻铸铁(团絮状石墨)和蠕墨铸铁(蠕虫状石墨)四种。特殊性能铸铁既有含石墨的，也有不含石墨的(白口铸铁)。这一类铸铁的合金元素含量较高，可应用于高温、腐蚀或磨料磨损的工况条件。

铸铁成本低，铸造性能良好，体积收缩不明显，其力学性能、可加工性、耐磨性、耐蚀性、热导率和减振性之间有良好的配合，由于先进的生产技术和检测手段的应用，铸铁件的可靠性有明显的提高。球墨铸铁在铸铁中力学性能最好，兼有灰铸铁的工艺优点，故其应用领域正在扩大。铸铁用于基座和箱体类零件可充分发挥其减振性和抗压强度高的特点，在批量生产中，与钢材焊接相比，可以明显降低制造成本。

2. 铸铁件生产工艺特点

1) 灰铸铁

目前大多数灰铸铁采用冲天炉熔炼，冲天炉炉料由金属炉料、燃料(焦炭、天然气)和熔剂(石灰石、氟石)组成。金属炉料包括高炉铸造生铁、回炉铁(废旧铸件、浇冒口等)、废钢和铁合金(硅铁、锰铁等)。近年来已经有不少工厂采用工频感应炉来熔炼灰铸铁，可获得洁净、高温、成分准确的优质铁液。灰铸铁主要采用砂型铸造，因其铸造性能优良，便于制出薄而复杂的铸件。一般不需要设置冒口和冷铁，使得铸造工艺简化；又因其浇注温度较低，故中小型铸件多采用经济简便的湿型铸造。湿型是黏土砂型的一种，是造好的砂型不经烘干，直接浇入高温金属液体。目前，湿型是使用最广泛的、最方便的造型方法，占所有砂型使用量的60%～70%，但是这种方法不适合很大或很厚实的铸件。

2) 球墨铸铁

球墨铸铁是经球化、孕育处理后制成的石墨呈球状的铸铁，其生产特点如下。

(1) 铁液的化学成分：与灰铸铁基本相同，但要求严格。要求高碳($w_C = 3.6\% \sim 4.0\%$)，以改善铸造性能和球化效果；要求低硫($w_S < 0.06\%$)，硫会增加球化剂损耗，严重影响球化效果；要求低磷，磷会降低塑性、韧性和强度，增加冷脆性。由于铁液温度经球化和孕育处理后要降低50～100℃，为了防止浇注温度过低，出炉的铁液温度必须高达1400℃以上。

(2) 球化处理和孕育处理：它和熔炼优质铁液同为生产球墨铸铁件的关键环节。球化剂的作用是使得石墨呈球状析出。常用的球化剂是稀土镁合金，其球化能力强，球化效果好，与铁液反应平稳，工艺过程简单。孕育剂的作用主要是进一步促进铸铁石墨球化，防止球化元素所造成的白口倾向。同时，通过孕育还可使石墨圆整、细化，改善球墨铸铁的力学性能。常用的孕育剂是硅的质量分数为75%的硅铁，加入量为铁液质量的0.4%～1.0%。球化处理普遍采用冲入法，如图2-14所示。冲入法是在浇包底部修成"堤坝"，把球化剂置于坝内，盖以硅铁粉或铁屑，以防止球化剂上浮，延缓反应速度，使得处理过程充分进行。球化剂的加入量为铁液质量的1.3%～1.8%(含硫量高时取上限)。处理时，先冲入铁液总量的1/3～1/2，待反应完毕后，加草灰扒渣，再加入其余铁液，经孕育处理，炉前检验合格后即可浇注。

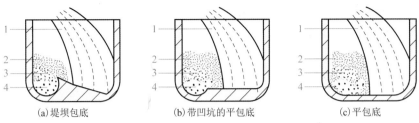

(a)堤坝包底　　　　　　(b)带凹坑的平包底　　　　　　(c)平包底

1-铁液；2-稻草灰；3-硅铁粉；4-球化剂

图 2-14　冲入法球化处理

(3)球墨铸铁的铸造工艺特点：球墨铸铁碳的质量分数高，接近共晶成分，其流动性与灰铸铁相近，可生产最小壁厚为 3~4mm 的铸件。球墨铸铁在浇注后的一个时期，内外壁与中心几乎同时凝固，造成凝固后期外壳强度低，同时球状石墨析出时膨胀力很大。若铸型刚度不够，则易造成铸件内部金属液的不足，易产生缩孔和缩松。因此，常增设冒口和冷铁，采用顺序凝固，同时使用干型或水玻璃快干型等措施增大铸型刚度，以防止上述缺陷的产生。另外，由于铁液中 MgS 与型砂中水分作用，生产 H_2S 气体，易产生皮下气孔，所以应严格控制型砂中水分和铁液中硫的含量。

3) 可锻铸铁

可锻铸铁是用低碳、低硅的铁液浇注出白口组织的铸件毛坯，然后经长时间高温(900~950℃)石墨化退火使白口铸铁中的渗碳体分解为团絮状石墨，从而得到由絮状石墨和不同基体组成的铸铁。可锻铸铁由于碳、硅含量低，凝固时没有石墨析出，凝固收缩大，熔点比灰铸铁高。结晶温度范围较宽，故其流动性差，易产生浇不足、冷隔、缩孔、缩松和裂纹等缺陷。因此，在工艺设计时，应特别注意冒口和冷铁的位置，以增强补缩能力。同时要求铁液出炉温度要高，一般不低于 1360℃。另外，由于白口铸铁液比灰铸铁的含气量要高，加上黏度大，易产生皮下气孔，为此要求型砂的含水量要低，并有足够的透气性。可锻铸铁主要用于制造形状复杂，承受冲击载荷的薄壁零件。

4) 蠕墨铸铁

蠕墨铸铁的生产与球墨铸铁件较为相似，但也具有不同的特点。

(1)蠕墨铸铁的铸造性能：在充分蠕化的条件下，其铸造性能与灰铸铁相近。它具有比灰铸铁更高的流动性(除气和净化好)，可浇注复杂铸件及薄壁铸件。收缩性介于灰铸铁和球墨铸铁之间，倾向于形成集中缩孔。因具有共晶成分或接近于共晶成分，故热裂倾向小。有一定的韧性，不易产生冷裂纹。

(2)蠕墨铸铁件的铸造工艺特点：蠕墨铸铁件的生产过程与球墨铸铁件相似，主要包括熔炼铁液、蠕化孕育处理和浇注等。但一般不进行热处理，而以铸态使用。因此，需特别重视其化学成分和蠕化孕育效果。蠕墨铸铁件的碳含量也较高，质量分数一般为 4.3%~4.6%，但以低碳高硅为原则，利于形成蠕虫状石墨。一般碳的质量分数为 4.3%~4.6%，铁素体蠕墨铸铁件硅的质量分数为 2.6%~3.0%，珠光体蠕墨铸铁件硅的质量分数为 2.4%~2.6%。原铁液硫的质量分数控制为 0.02%~0.06%(感应电炉熔炼时的控制严格一些，冲天炉熔炼时适当放宽)，磷的质量分数控制在 0.07%以下。蠕化孕育处理时，常用的蠕化剂是稀土硅铁蠕化剂(质量分数分别为 RE17%~20%，Si40%，Mg0.5%~1.0%，Ca2%，其余为铁)，镁钛铈蠕化剂和稀土硅钙合金等，一般也采用冲入法，把蠕化剂埋入浇包底部凹坑内，用铁液冲熔和吸收。

孕育剂采用 75%硅铁，多用液流法进行孕育处理。必要时可采用两次孕育处理，第一次在蠕化处理时，把硅铁放于出铁槽内，第二次把细粒度硅铁撒布于浇注的铁液流中。蠕墨铸铁件浇注时，也要注意防止蠕化孕育的衰退现象，并需特别注意铁液中有适宜的残留稀土量(稀土质量分数为 0.02%～0.03%)，以保证蠕化效果。

2.2.2　铸钢件生产

铸钢也是一种重要的铸造金属。按照化学成分，铸钢可分为铸造碳钢和铸造金属钢两大类。铸造碳钢应用最广，占总产量的 80%以上。

铸钢的综合力学性能高于各类铸铁，不仅强度高，且具有优良的塑性和韧性。此外，铸钢的焊接性好，可实现铸焊联合，制造重型零件。

铸钢件晶粒粗大，组织不均匀，且常存在残余内应力，致使铸件的强度，特别是塑性和韧性不够高。因此，铸钢件必须进行热处理，一般采用正火或退火。正火后铸钢的力学性能比退火高，且成本低，所以一般采用正火。但正火比退火的内应力大，因此对易产生裂纹或易硬化的铸钢件，应进行退火。

1. 铸钢的熔炼

目前在铸钢件生产中应用最普遍的炼钢设备是电弧炉。近年来，感应电炉炼钢发展很快。感应电炉炼钢的加热速度较快，氧化烧损较少。尤其采用酸性感应电炉不氧化法炼钢时，其熔炼过程基本就是炉料的重熔过程，操作简单。因此，广泛地应用于精密铸造生产。用于炼钢的感应电炉多为中频炉(500～1000Hz)，其容量多为 0.25～30t。

在重型机械厂中，也有使用平炉作为炼钢设备的，通常容量在 100t 以下，适于浇注重型铸件。

2. 铸钢的铸造工艺特点

铸钢的熔点高(约 1500℃)，流动性差，收缩率高(达到 2%)。在熔炼过程中，易吸气和氧化，在浇注过程中易产生黏砂、浇不足、冷隔、缩孔、变形、裂纹、夹渣和气孔等缺陷。因此，在工艺上必须采取相应措施来防止上述缺陷。

铸钢所用型砂(芯)须有良好的透气性、耐火性、强度和退让性。原砂要用颗粒大而均匀的硅砂。大型铸件用人造硅砂，为防止黏砂，型腔表面要涂以石英粉或锆砂粉涂料。为减少气体来源，提高强度，改善填充条件，大件多采用干砂型或水玻璃砂快干型。

由于铸钢的流动性差，收缩率大，其浇注系统的形状较简单，截面积较大，并且应遵守顺序凝固原则进行工艺设计，配置大量冒口和冷铁来防止缩孔的产生。对薄壁或易产生裂纹的铸钢件，采用同时凝固原则。

3. 铸钢件的应用

铸钢主要用于一些形状复杂，用其他方法难以制造，而又要求有较高力学性能的零件，如高压阀门壳体、轧钢机的机架或某些齿轮等。某些有很高耐磨性要求的零件，如碎石机颚板、挖掘机铲齿或坦克履带等，采用特种钢 ZGMn13 制造。由于材料切削性能极差，只能用铸造生产。许多特大型的零件，如大型发动机轴、轧辊或水压机缸体等零件也只能用铸钢件。航空发动机上的轴流转子、导风轮等零件，用沉淀硬化不锈钢制造；由于其零件形状复杂，材料切削性很差，因此采用熔模精密铸造生产，铸件只需经少量磨削就可以装配使用。高精度的无余量精密铸件，只需抛光加工就可以使用。有些钢件为了节省材料，减少切削加工量，降低生产成本，提高生产效率，也采用铸造方法生产，如齿轮、支架、联轴器或接头等。铸钢件可用砂型铸造和熔模铸造等方法生产。

2.2.3　铜、铝合金铸件生产

1. 铜合金铸件

在金属材料中，铜及其合金的应用范围仅次于钢铁。铜之所以用途广泛是由于它有如下优点：优良的导电性和导热性，优良的冷热加工性能和良好的耐腐蚀性能；其导电性仅次于银，导热性在银和金之间；铜为面心立方结构，强度和硬度较低，而冷、热加工性能都十分优良，可以加工成极薄的箔和极细的丝(包括高纯高导电性能的丝)，易于连接；铜还可与很多金属元素形成许多性能独特的合金。

铸造铜合金具有较高的力学性能，并具有良好的导电性、导热性和耐腐蚀性，因此铜合金铸件可以承受高应力，耐腐蚀、耐磨损，如轴承、密封环、阀门和螺旋桨等。然而，铸造铜合金熔铸比较困难，原因是吸气性大，易形成气孔、氢脆，易形成难以排除的夹杂物。另外，体收缩和线收缩大，制造复杂铸件易产生热裂和偏析。

铸造铜合金按其成分和性能分为青铜和黄铜两大类。青铜原意为铜锡合金，后来出现了无锡青铜，所以分为锡青铜和无锡青铜。普通黄铜即铜锌合金，再加入其他元素构成的合金称为特殊黄铜，如铝黄铜、锰黄铜和硅黄铜等。所以铸造黄铜分为普通黄铜和特殊黄铜。

1) 锡青铜

锡青铜是最古老的一种铸造金属，在我国商代就已经广泛应用。锡青铜铸件主要特点是具有优良的耐磨性能，在蒸汽、海水和碱溶液中具有很高的耐蚀性，还有足够的抗拉强度和一定的塑性。锡青铜的结晶温度范围大，具有糊状凝固特征，因而易产生疏松、偏析和致密性差等缺陷。当合金中锡的质量分数小于 5%时，由于锡的固溶强化作用，抗拉强度和断后伸长率都有所增加；当合金中锡的质量分数大于 7%时，断后伸长率急剧下降，强度继续升高；当合金中锡的质量分数达到 20%左右，断后伸长率很低，强度也很低，在工业上使用的价值不大，仅可以用来铸钟。工业青铜的锡的质量分数一般是 7%～10%。锡青铜的结晶温度间隔较大，为150～250℃，故分散缩松倾向很大，即使设置冒口、冷铁也难以消除，气密性很低。但锡青铜线收缩率小于其他铜合金，冷裂及应力均较小，不易氧化和形成夹杂物。因此，铸造工艺性好，浇注系统简单，适于铸造薄壁复杂零件。锡青铜有很强的枝晶偏析和反偏析现象，常在铸件表面渗出许多灰白色颗粒，使得铸件的致密性和力学性能恶化，生产中常用调整化学成分，提高冷却速度等方法综合解决。

2) 无锡青铜

锡的价格较贵，所以锡青铜成本高，目前已经研制出不少性能优良而成本低廉的无锡青铜，如铝青铜、铅青铜和锑青铜等。铝青铜是工业上最常用的一种无锡青铜，有较高的强度、塑性和延伸率。铝青铜比锡青铜更耐酸和碱溶液的腐蚀，特别突出的是有很高的腐蚀疲劳强度，可用于制造大吨位船舶螺旋桨，还可以代替不锈钢制造耐腐蚀机器零件。铝青铜结晶范围小，流动性好，不易产生分散疏松和枝晶偏析，气密性良好。但铝青铜的体收缩很大，容易形成集中大缩孔，并产生变形，冷却较快时还会产生裂纹；由于易氧化，容易形成氧化夹渣和气孔。铝青铜的缓冷脆性，在生产中可用提高冷速或合金化等措施加以解决。铅青铜耐磨性好，广泛用于制造轴承，可承受重负荷和高转速。铅青铜在浇注前应注意搅拌，浇注后采用水冷或金属型铸造，加快冷却，防止铅的偏析。

3) 普通黄铜

普通黄铜由铜和锌组成，比青铜有较好的固溶强化效果，有较高的力学性能。普通黄铜铸件广泛用在要求较高力学性能和耐压性能的工作场合，但普通黄铜铸件在耐磨性和抗腐蚀性方面不如青铜铸件。普通黄铜的结晶范围很小，且随着锌的质量分数增加，液相线温度下降很快，因此流动性好，偏析和疏松倾向也小。锌有较高的蒸气压，熔化时易蒸发并带出铜液中的气体，所以普通黄铜铸件不易产生气孔，组织致密，铸造工艺简单，宜用压铸和离心铸造。

4) 特殊黄铜

为了改善普通黄铜的耐磨性能，进一步提高其力学性能、铸造性能和其他性能，如切削性、耐磨性和焊接性等，在铜锌合金的基础上加入锰、铝、硅、铁、锡和镍等合金元素构成多元合金，即特殊黄铜，如铁黄铜、锰黄铜、铝黄铜和硅黄铜等。铁黄铜铸件中晶粒细化，强度和硬度高，但铁的质量分数过高，会造成强度、塑性、耐腐蚀性和切削性能下降，一般铁的质量分数为 1%～3%。锰能显著提高黄铜在海水和蒸汽中的抗腐蚀性，并提高耐热性，所以锰黄铜铸件广泛用于在淡水或静止海水中工作的阀门。锰黄铜含锌量较高，在熔炼和浇注过程中易产生较多的氧化夹杂物，而且注入型腔后会产生大量锌蒸气，阻碍合金流动，需在工艺上注意。铝黄铜流动性、气密性好，可用于压铸，其铸件耐腐蚀性、强度和耐磨性较高，广泛用于重型机器上承受高摩擦和高负荷的重要零件，如大齿轮、压紧螺母和大型蜗杆等。硅黄铜结晶范围小，充型能力强，疏松倾向小，铸造性能好，适于砂型和金属型铸造，也可压铸，其铸件组织致密，耐腐蚀性、切削性和焊接性良好，可用于制造泵壳、叶轮、活塞和阀门等零件。

2. 铝合金铸件

铝合金种类繁多，根据生产的方法不同，可以分成变形铝合金和铸造铝合金两大类。铸造铝合金合金元素含量高，有较多的共晶体，因而铸造性能好，但塑性低。常用的铸造铝合金分为铝硅合金、铝铜合金、铝镁合金和铝锌合金。

1) 铝硅合金

铝硅合金硅的质量分数为 6%～25%，还加入铜、镁和锰等强化元素使得合金铸件具有更好的强度、流动性、气密性和加工性能。铝硅合金有最小的结晶温度间隔，而且随着硅的质量分数增加，合金的结晶温度范围不断缩小，流动性提高，但由于硅的结晶潜热大，所以硅铝合金流动性最佳值位于硅的质量分数 18%左右。生产上常用铝硅合金 ZL102，有最佳的铸造性能，优良的致密性和小的热裂倾向，耐磨和抗腐蚀性强，可用来制造薄壁、形状复杂和强度要求不高的铸件。为了提高硅铝合金铸件的力学性能可采取变质处理、合金化、热处理、精炼和特种铸造方法。变质处理是通过加入变质元素来实现组织细化，当然也可以通过振动、激冷和高压结晶实现。合金化是加入 Mg、Cu 和 Mn 等其他合金元素组成多元硅铝合金，并配合适当的热处理工艺，使这些元素不同程度融入合金中，形成多种化合物，提高其力学性能。热处理主要有淬火和时效处理，使得合金铸件的强度和硬度升高。

2) 铝铜合金

铝铜合金在工业上应用最早，应用范围和重要性仅次于铝硅合金。铝铜合金中铜的质量分数超过 6%就使合金淬火效果降低，所以铜的质量分数超过 7%仅在铸态下使用。铜的质量分数在 5%～6%时，抗拉强度达到最大值。工业应用中的铝铜合金铸件的铜的质量分数多在 4%～5%。铝铜合金的铸造性能较差，是由于其结晶温度间隔较宽，液态下的黏度较大，因此其充型能力较低，缩松倾向也比铝硅合金大，同时这种合金的凝固收缩较大，塑性差，所以它的热裂倾向大。铝铜合金易引起电化学反应，所以抗蚀性也较差，需经过表面阳极化处理。

为了改善铝铜合金的铸造性能，并进一步提高室温和高温力学性能，常在铝铜合金中加入锰和钛等元素加以强化。

3) 铝镁合金

由于镁在铝合金中的固溶效果最好，所以铝镁合金铸件的强度极高，广泛用于航空工业。在铸造条件下，由于冷却速度较快，镁的质量分数大于 12% 时，使得力学性能下降，因此实用的铝镁合金铸件镁的质量分数不超过 11.5%。铝镁合金铸件表面有一层高抗腐蚀性的尖晶石型薄膜，故在海水等介质中有很高的抗腐蚀性。铝镁合金的结晶范围很大，因此合金的铸造性能很差。在铸造条件下，合金处于非平衡态，镁的质量分数在 4%~6% 时，结晶温度范围最大，所以形成热裂和缩松的倾向很大。当镁的质量分数增加时，由于结晶温度范围不断变小，铸态组织中的共晶体量不断增加，所以铸造性能得到改善。当镁的质量分数达到 9%~10% 时，不仅流动性好，热裂倾向减少，而且疏松也大为减轻。为改善铝镁合金铸件的铸造性能和组织稳定性，常加入硅、锌、碲和铍等构成多元合金，以防止合金熔炼的氧化和吸气，提高冶金质量，并大幅度提高力学性能。

4) 铝锌合金

铝锌合金是重要的压铸合金。在铸造冷却条件下，铝锌合金铸件能自动淬火，并在室温下能自然时效，大幅度提高力学性能，可以避免淬火变形和开裂。铝锌合金的抗腐蚀性和铸造性能很差。由于锌在高温下，从固溶体中析出，热强度极低，所以铝锌合金铸件不适合在高温条件下使用。由于锌熔点低，熔化温度和浇注温度比常用铝合金低得多，流动性好，易于铸造，同时铸件的表面质量和尺寸精度都较高，价格也比铝低，因此近来以锌为主的合金 Zn-Al 得到开发和应用。

2.3 砂 型 铸 造

砂型铸造是应用最广泛的最基本的铸造方法，它适用于各种形状、大小、批量及各种合金铸件的生产。目前，世界各国砂型铸件占铸件总产量的 80% 以上。掌握砂型铸造是合理选择铸造方法和正确设计铸件的基础。造型(造芯)是砂型铸造最基本的工序，按型砂(芯砂)紧实和起模方法不同，造型方法分为手工造型和机器造型两大类。

全部用手工或手动工具完成的造型工序称为手工造型。手工造型操作灵活，适用于各种形状和尺寸的铸件，可采用各种模样和型芯，对模样的要求不高，一般使用成本较低的实体木模样，工艺装备简单，适应性强。尽管手工造型生产率低，劳动强度大，对工人技术水平要求高，而且铸件的尺寸精度和表面质量较差，但在实际生产中仍然难以完全被取代。手工造型主要用于单件和小批量生产，有时也可用于较大批量的生产。

用机器全部完成或至少完成紧砂操作的造型工序称为机器造型。机器造型生产效率高，劳动条件好，对环境污染小。机器造型铸件的尺寸精度和表面质量高，加工余量小。但设备和工装费用高，生产准备时间较长，适用于中、小型铸件成批大量生产。

2.3.1 造型方法的选择

1. 手工造型

为了适应不同铸件和不同批量的生产，手工造型的方法很多，各种手工造型方法的特点和应用见表2-1。

表 2-1　常用手工造型方法的特点和应用

造型方法		动画演示	主要特点	适用范围
按模样特征分类	整模造型		整体模样，平面分型面，型腔在一个砂箱内；造型简单，铸件精度和表面质量较好	最大截面位于一端并为平面的简单铸件的单件、小批量生产
	分模造型		模样沿最大截面分为两半，型腔位于上、下两个砂箱内。造型简便，节约工时	最大截面在中部，一般为对称性铸件，如套、管和阀类零件的单件、小批量生产
	挖砂造型		模样为整体，但分型面不是平面。造型时手工挖去阻碍取模的型砂，生产率低，技术水平高	分型面不是平面的铸件的单件、小批量生产
	假箱造型		为省去挖砂操作，在造型前特制一个底胎(即假箱)，然后在底胎上造下箱；底胎可多次使用，不参与浇注	分型面不是平面的铸件的成批生产
	活块造型		对铸件上妨碍起模的小部分做成活动部分。起模时先取出主体部分，再取出活动部分	用于有妨碍起模部分的铸件的单件、小批量生产
	刮板造型		用刮板代替模样造型。节约木材，缩短生产周期，生产率低，技术水平高，精度较差	用于等截面或回转体大中型铸件的单件、小批量生产
按砂箱分类	两箱造型		铸型由上型和下型构成，操作方便	最基本的造型方法。用于各种铸型，各种批量
	三箱造型		铸件两端截面尺寸比中间大，必须有两个分型面	主要用于手工造型，具有两个分型面的铸件的单件、小批量生产
	脱箱造型		采用活动砂箱造型，合型后脱出砂箱	用于小型铸件的生产
	地坑造型		在地面砂坑中造型，不用砂箱或只用上箱	用于要求不高的中、大型铸件的单件、小批量生产

2. 机器造型

目前机器造型绝大部分都是以压缩空气为动力来紧实砂型的。机器造型的紧砂方法为压实、振实、振压和抛砂四种基本方式，其中以震压式应用最广，图2-15所示为震压紧砂机构原理图。工作时首先将压缩空气自震实进气口引入震实气缸，使震实活塞带动工作台及砂箱上升，震实活塞上升使震实气缸的排气孔露出空气排出，工作台便下落，完成一次震动。如此反复多次，将型砂紧实。当压缩空气引入压实气缸时，工作台再次上升，压头压入砂箱，最后排除压实气缸的压缩空气，砂箱下降，完成全部紧实过程。

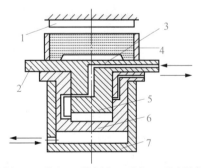

1-压头；2-工作台；3-模底板；4-砂箱；5-震实活塞；
6-压实活塞；7-震实气缸

图 2-15　震压紧砂机构原理图

抛砂紧实原理如图2-16所示，它是利用抛砂机头的电动机驱动高速叶片(900～1500r/min)，连续地将传送带运来的型砂在机头内初步紧实，并在离心力作用下，型砂呈团状被高速(30～60m/s)抛到砂箱中，使型砂逐层地紧实。抛砂紧实同时完成填砂与紧实两个工序，生产效率高，型砂紧实度均匀。

抛砂机适应性强，可用于任何批量的大、中型铸型或大型芯的生产。

型砂紧实以后，就要从砂型中正确地把模样起出，使砂箱内留下完整的型腔。造型机大都装有起模机构，如图 2-17 所示，其动力多半也是压缩空气，目前应用广泛的起模机构有顶箱、漏模和翻转三种。

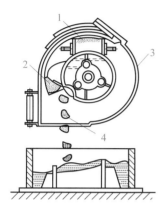

1-传送带；2-铁勺；3-抛砂头；4-砂团

图 2-16　抛砂紧砂原理图

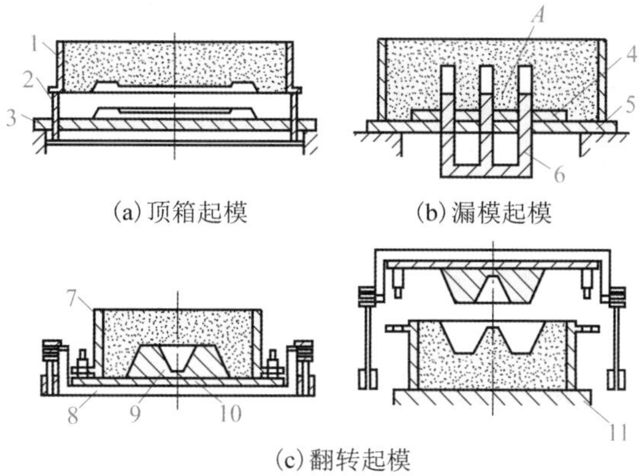

(a)顶箱起模　　(b)漏模起模

(c)翻转起模

1-砂箱；2-顶杆；3、5、10-模底板；4-模样平面部分；
6-模样凸起部分；7-砂箱；8-转板；9-模样；11-承受台

图 2-17　起模方法示意图

(1)顶箱起模：图 2-17(a)所示为顶箱起模示意图。型砂紧实后，开动顶箱机构，使四根顶杆自模底板四角的孔(或缺口)中上升，而把砂箱顶起。此时固定模样的模底板仍留在工作台上，这样就完成起模工序。顶箱起模的造型机构比较简单，但起模时易漏砂，因此只适用于型腔简单且高度较小的铸型，多用于制造上型，以省去翻箱工序。

(2)漏模起模：采用漏模起模方法如图 2-17(b)所示，为了避免起模时掉砂，将模样上难以起模部分做成可以从漏板的孔中漏下，即将模样分成两部分，模样本身的平面部分固定在模底板上，模样上的各凸起部分可以向下抽出，在起模过程中由于模板托住图中 A 处的型砂，因而可以避免掉砂。漏模起模机构一般用于形状复杂或高度较大的铸型。

(3)翻转起模：如图 2-17(c)所示，砂型紧实后，砂箱夹持器将砂箱夹持在造型机转板上，在翻转气缸推动下，砂箱随同模底板、模样一起翻转 180°。然后承受台上升，接住砂箱后，夹持器打开，砂箱随承受台下降，与模底板脱离而起模。这种起模方法不易掉砂，适用于型腔较深，形状复杂的铸型。由于下型通常比较复杂，而且本身为了合箱的需要，也需翻转 180°，因此翻转起模多用来制造下型。

2.3.2　浇注位置和分型面的选择

1. 浇注位置的选择

浇注位置是指浇注时铸件在铸型中所处的空间位置。浇注位置有水平浇注、垂直浇注和倾斜浇注等几种。浇注位置选择得正确与否对铸件质量影响很大。选择时应考虑以下原则。

(1)铸件的重要加工面应朝下或位于侧面。这是因为铸件上部凝固速度慢，晶粒较粗大，易在铸件上部形成砂眼、气孔和渣孔等缺陷。铸件下部的晶粒细小，组织致密，缺陷少，质量优于上部。当铸件有多个重要加工面或重要工作面时，应将主要的和较大的加工面朝下或侧立或位于倾斜位置，以保证铸件质量，受力部位也应置于下部。当无法避免在铸件上部出现加工面时，应适当加大加工余量，以保证加工后的铸件质量。如图 2-18 所示，机床床身导轨面和铸造锥齿轮的锥面都是主要的工作面，浇注时应朝下。图 2-19 所示为起重机卷筒，铸件圆周表面质量要求高，主要加工面为外侧圆柱面，采用图 2-19(b) 所示立位浇注，卷筒的全部圆周表面位于侧位，厚大部位放在铸型上部，冒口设在上部厚壁处最后凝固部位，便于补缩，从而实现自下而上的顺序凝固，能够保证铸件质量均匀一致。

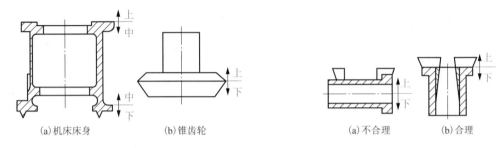

（a）机床床身　　　（b）锥齿轮　　　　　　　　　　（a）不合理　　　（b）合理

图 2-18　重要工作面朝下　　　　　　　　图 2-19　起重机卷筒浇注位置

（2）铸件宽大平面应朝下。这是因为在浇注过程中，熔融金属对型腔上表面的强烈烘烤辐射，容易使上表面型砂急剧地膨胀而拱起或开裂，在铸件表面造成夹砂结疤缺陷，如图 2-20 所示。

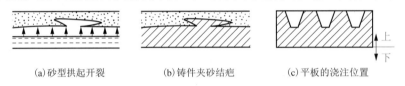

（a）砂型拱起开裂　　　　　（b）铸件夹砂结疤　　　　（c）平板的浇注位置

图 2-20　大平面的浇注位置选择

（3）面积较大的薄壁部分应置于铸型下部或垂直、倾斜位置。图 2-21 所示为箱盖铸件，将薄壁部分置于铸型上部，易产生浇不足、冷隔等缺陷，改置于铸型下部后，可避免出现缺陷。图 2-22 所示为双排链轮的浇注位置。

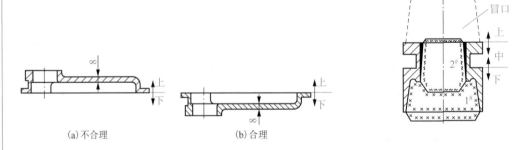

（a）不合理　　　　　　　　（b）合理

图 2-21　箱盖的浇注位置　　　　　　　　图 2-22　双排链轮的浇注位置

（4）容易产生缩孔的铸件，应将断面较厚大的部分置于上部或侧面。这样便于安放冒口，使铸件自下而上（朝冒口方向）顺序凝固，如图 2-13 和图 2-19(b) 所示。

（5）应尽量减小型芯的数量，且便于安放、固定和排气。图 2-23 所示为床脚铸件，采用图 2-23(a) 所示方案时，中间空腔需要一个很大的型芯，增加了制芯的工作量，而且下芯头尺寸较小，型芯不易固定；如采用图 2-23(b) 所示方案，中间空腔由自带芯（砂垛）形成，简化了造型工艺，并便于合型和排气，型芯安放牢固、合理。对于矮宽而不需加工的内腔，铸件结构应设计出足够的斜度，使之能够由砂型直接做出。

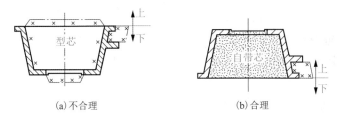

(a)不合理　　　　　　　　　　　(b)合理

图 2-23　机床床脚的浇注位置

2. 铸型分型面的选择

铸型分型面是指铸型组元之间的结合面或分界面。分型面选择是否合理，对铸件的质量及造型方法的繁简影响很大。选择不当将使制模、造型、造芯、合型、清理等工序复杂化，甚至还可增加切削加工工作量。分型面的选择应在保证铸件质量的前提下，使工艺尽量简化，节省人力物力。分型面选择应考虑以下原则。

1)便于起模，使造型工艺简化

(1)为了便于起模，分型面应选择在铸件的最大截面处。

(2)分型面的选择应尽量避免活块和型芯，以简化制模、造型、合型工序。

如图 2-24 所示支架，按照方案 I ，立壁上的凸台需要四个活块才可制出，而下部两个活块的位置较深，取出困难。如选用方案 II 则可避免活块，仅在 A 处挖砂即可。

型芯通常用于形成铸件的内腔，有时也可用来简化铸件的外形，用以制出妨碍起模的凸台和凹槽等。但制作型芯需要专门的芯砂、芯盒、芯骨，还需要烘干及下芯等工序，增加了工艺成本，因此选择分型面时要尽量避免型芯。图 2-25 为一底座铸件，如按照方案 I 分型，采用分开模造型，其上、下型腔均需使用型芯，如选用方案 II ，可采用整体模样造型，则上、下内腔均可由砂垛形成，省去了型芯。

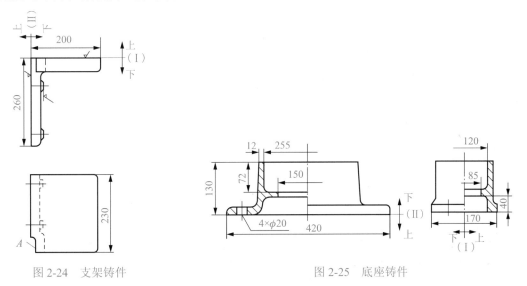

图 2-24　支架铸件　　　　　　　　　　图 2-25　底座铸件

(3)分型面应尽量平直，且数量要少。图 2-26 所示为起重臂分型面的选择，按图 2-26(a)所示方案，为弯曲分型面，必须采用挖砂造型或假箱造型，造型工艺复杂；采用图 2-26(b)所示方案，分型面为平面，可采用分开模造型，使造型工艺简化。但是图 2-26(a)方案可以采用整体模样造型，制模工艺简化，模样坚固耐用，模样造价低，铸件后续切削加工时采用划线找正装夹，适用于单件、小批量生产。图 2-26(b)方案需要分开模造型，批量大时可考虑机器造型，适用于大批量生产，随着产量的增加，可补偿模板的制造费用，铸件后续切削加工时采用夹具装夹。因此，选择铸型分型面时还应考虑铸件的生产类型。

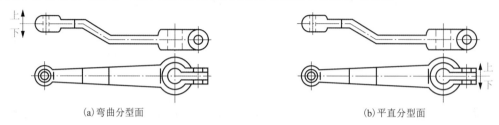

(a)弯曲分型面　　　　　　　　　　　　　　(b)平直分型面

图 2-26　分型面的选择

(4)尽量使铸型只有一个分型面，以便采用工艺简便的两箱造型。每多一个分型面，铸型就增加一些误差，使铸件的精度降低。机器造型不能紧实中箱，采用模板进行两箱造型，只能有一个分型面，不能进行三箱造型。机器造型也应尽量避免活块，因为取出活块费时，降低造型机的生产率。图 2-27 所示轮形铸件，外圆周面有环形侧凹，在生产批量不大的条件下，可采用三箱手工造型，分别从两个分型面取出模样，如图 2-27(a)所示。为了在大批量生产条件下能采用机器造型，并简化模样，可采用环状型芯形成侧凹，使铸型简化成只有一个分型面，机器造型所取得的经济效益可以补偿型芯的制作费用而有余，如图 2-27(b)所示。

(a)三箱造型　　　　　　　　　　　　　　(b)两箱造型

图 2-27　利用外芯减少分型面

如图 2-28(a)所示三通铸钢件，其内腔采用 T 字形芯形成，不同的分型方案，其分型面数量不同。当中心线 ab 垂直时(图 2-28(b))，铸型必须有三个分型面才能取出模样，采用四箱造型。当中心线 cd 垂直时(图 2-28(c))，铸型有两个分型面，采用三箱造型。当中心线 ab 和 cd 都处于水平位置时(图 2-28(d))，铸型只有一个分型面，采用两箱造型即可，这是合理的分型方案。

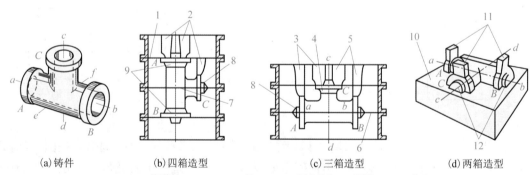

(a)铸件　　　　(b)四箱造型　　　　(c)三箱造型　　　　(d)两箱造型

1、6、10-分型面；2、3、5、11-冒口；4、9-可分部分；7-模样；8、12-芯头

图 2-28　三通铸件分型面的选择

2)尽量将铸件重要的加工面或大部分加工面、加工基准面放在同一个砂箱中

这样可以避免错箱、披缝和毛刺,提高铸件精度和减少清理工作量。图 2-29 所示箱体,如采用Ⅰ分型面造型,铸件分在两个砂箱内,容易产生错箱,铸件尺寸变动较大,以箱体底面为基准面加工 A、B 面时,凸台高度、铸件的壁厚难以保证;若采用Ⅱ分型面,整个铸件位于同一砂箱中,则不会出现上述问题。

3)尽量使型腔和主要型芯位于下箱

这样便于造型、下芯、合型和检查型腔尺寸,也便于保证铸件精度,如图 2-30 所示。

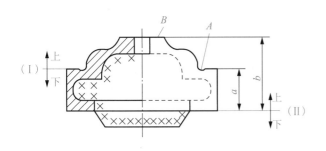

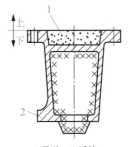

1-吊砂;2-活块

图 2-29　箱体分型面的选择　　　　　　图 2-30　机床床脚的铸造工艺图

上述各原则对于具体铸件来说难以兼顾,有时甚至相互矛盾。因此,需要全面考虑,综合分析,抓住主要矛盾解决主要问题,从工艺措施上设法解决。例如,质量要求很高的铸件,如机床床身、立柱、钳工平板等,应在满足浇注位置要求的前提下考虑造型工艺的简化。确定浇注位置后,再根据铸件的轮廓形状解决起模问题。对于没有特殊质量要求的一般铸件,则以简化工艺、提高经济效益为主要根据,不必过多地考虑铸件的浇注位置。对于机床立柱、曲轴等圆周表面质量要求很高又需要沿轴线分型的铸件,在批量生产中有时采用"平作立浇"法,使用专用砂箱先按轴线所在平面分型来造型、下芯,合型后将铸型翻转 90°,竖立后进行浇注。

2.3.3　工艺参数的选择

为了绘制铸造工艺图,在铸造工艺方案初步确定后,还必须确定铸造工艺参数,包括收缩余量、加工余量和最小铸孔、起模斜度、铸造圆角及芯头、芯座尺寸等。

1. 收缩余量

为了补偿合金收缩,模样尺寸比铸件图样尺寸增大的数值称为收缩余量。铸件收缩余量与铸件的尺寸大小、形状、结构的复杂程度和铸造金属的线收缩率有关,常以铸件线收缩率表示。通常,灰铸铁为 0.8%~1.0%,铸造碳钢及低合金钢为 1.3%~2.0%,铝硅合金为 0.8%~1.2%,锡青铜为 1.2%~1.4%。为简化尺寸计算,制造模样时使用各种比例的收缩尺来度量,将合金的收缩余量放大到尺子的刻度中,常用收缩尺有 1.0%、1.5%、2%等。

2. 加工余量和最小铸孔

铸件为进行机械加工而加大的尺寸称为机械加工余量。凡是零件图上标有加工符号的地方,制模时必须留有合理的加工余量。加工余量过大,机械加工费工且浪费材料;余量过小,则不能保证工件加工尺寸精度和表面质量,甚至余量不足而成为废品。加工余量的大小,要根据铸件的尺寸、生产批量、合金种类、铸件复杂程度及加工面在铸型中的位置来确定。灰铸铁件表面光滑平整,精度较高,加工余量小;铸钢件的表面粗糙,变形较大,其加工余量比铸铁件要大些;非

铁合金材料件价格较贵，且表面光洁、平整，尺寸精度较高，其加工余量可以小些；机器造型比手工造型铸件精度高，故加工余量可小一些。铸件尺寸越大，误差也越大，加工余量应随之增大。

零件上的孔与槽是否铸出，应考虑工艺上的可行性和使用上的必要性。一般说来，较大的孔与槽应铸出，以节约金属、减少切削加工工时，同时可以减小铸件的热节；较小的孔，尤其是位置精度要求高的孔、槽则不必铸出，留待机械加工反而更经济。对于零件图上不要求加工的孔、槽，无论大小均应铸出。砂型铸造最小铸孔见表 2-2。

表 2-2　砂型铸造最小铸孔

铸造金属	壁厚/mm	最小孔径/mm
灰铸铁	3～10	6～10
	20～25	10～15
	40～50	12～18
铸钢	—	30～50
铝合金、镁合金	—	20
铜合金	—	25

3. 起模斜度

为便于模样从铸型中取出或型芯自芯盒中脱出，凡平行于起模方向的模样表面或芯盒壁上所增加的斜度，称为起模斜度。起模斜度的大小根据立壁的高度、造型方法和模样材料来确定。如图 2-31 所示，立壁越高，斜度越小；外壁斜度比内壁小；机器造型的斜度一般比手工造型的小；金属模斜度比木模小。

4. 芯头和芯座

芯头是指型芯的外伸部分，不形成铸件轮廓，只落入芯座内，用以定位和支持型芯。模样上用以在型腔内形成芯座的突出部分也称芯头。芯头的作用是保证型芯能准确地固定在型腔中，并承受型芯本身所受的重力、熔融金属对型芯的浮力和冲击力等。此外，型芯还利用芯头向外排气。芯头可分为垂直芯头和水平芯头两大类，如图 2-32 所示。铸型中专为放置芯头的空腔称为芯座。芯头和芯座都应有一定斜度，便于下芯和合型。芯头和芯座的尺寸与形状，对型芯装配的工艺性和稳定性有很大影响。主要尺寸有芯头高度 H、芯头长度 L、配合间隙 S、斜度 α 等。

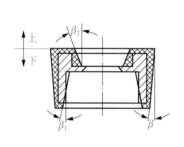

图 2-31　起模斜度

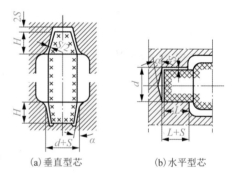

(a) 垂直型芯　　(b) 水平型芯

图 2-32　型芯头构造

5. 铸造圆角

铸件壁的连接和转角处要采用圆弧过渡，称为铸造圆角。其半径大小与铸件尺寸及壁厚有关，一般中小铸件的圆角半径可取 3～5mm。

2.3.4　铸造工艺图

为了获得质量合格的铸件、减少造型的工作量、降低生产成本，必须合理制定铸造工艺方案，并绘制铸造工艺图。铸造工艺图是在零件工作图上用各种工艺符号及参数表示铸造工艺方案的图形。内容包括：浇注位置，铸型分型面，型芯的数量、形状、尺寸及固定方法，加工余量，收缩率，浇注系统，起模斜度，冒口和冷铁的尺寸和布置等。铸造工艺图是指导模样和芯盒设计、生产准备、铸型制造和铸件检验的基本工艺文件。根据铸造工艺图，结合所选定的造型方法就可以绘制出模样图及合型图，如图 2-33 所示。

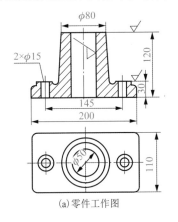
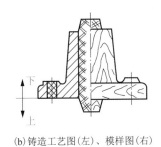

(a) 零件工作图　　　　　(b) 铸造工艺图(左)、模样图(右)　　　　(c) 合型图

图 2-33　铸造工艺图

2.3.5　综合分析举例

在确定铸造工艺方案时，需要了解铸件合金种类、生产批量和质量要求等。通过分析铸件结构，确定浇注位置和分型面的选择方案，然后根据选定的工艺参数，用特定的符号在零件工作图上绘制铸造工艺图，为制造模样、编写铸造工艺卡等做好准备。

图 2-34 所示为铸造支座，材料为 HT150，大批量生产，选择分型方案。支座属于支承件，没有特殊的质量要求，不必考虑浇注位置的特殊要求，主要着眼工艺上的简化。该件结构对称，形状较简单，但底板上有四个 $\phi 10$ 孔的凸台，两个轴孔的内凸台可能妨碍起模。轴孔如需铸出，还要考虑下芯的可能性。根据以上分析可供选择的分型方案有以下三种。

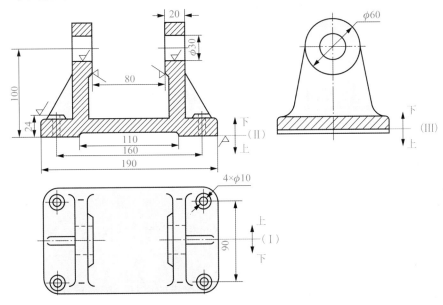

图 2-34　支座

(1)方案Ⅰ：沿底板对称面分型，可采用分开模造型。优点是底面上110mm凹槽容易铸出，轴孔下芯方便，轴孔内凸台不妨碍起模。缺点是底板上四个凸台必须采用活块，铸件均分在两箱中，容易产生错型缺陷，飞边清理的工作量大，另外如果使用木质模样，因肋板厚度过小，木质模样容易损坏。

(2)方案Ⅱ：沿支座底面分型，铸件全部位于下箱，可使用整体模样，为铸出110mm凹槽必须采用挖砂造型。方案Ⅱ克服了方案Ⅰ的缺点，但轴孔内凸台妨碍起模，必须使用两个活块或下型芯。当使用活块造型时，$\phi 30$轴孔难以下芯。

(3)方案Ⅲ：沿110mm凹槽底面分型。优缺点与方案Ⅱ类同，只是将挖砂造型改为分开模造型或使用假箱造型，以适应不同的生产条件。

分析可知方案Ⅱ、Ⅲ的优点多于方案Ⅰ，再考虑不同的生产批量，具体方案可选择如下。

(1)对于单件、小批生产，由于轴孔直径较小不必铸出，而手工造型便于进行挖砂造型和活块造型，方案Ⅱ分型较为合理。

(2)对于大批量生产，由于机器造型难以使用活块，故应使用型芯制出轴孔内凸台，同时应根据方案Ⅲ分型，以降低模板制造费用。图2-35为铸造工艺图（浇注系统图从略），由图可见，方型芯的宽度大于底板，便于上箱压住该型芯，防止浇注时上浮。如轴孔需要铸出，可以采用组合型芯实现。

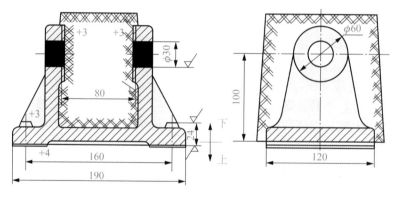

图2-35　支座的铸造工艺图

2.4　近净成形精密铸造

近净成形精密铸造与普通砂型铸造有较大的不同，通称为特种铸造。各种特种铸造方法均有其突出的特点和一定的局限性，下面简要介绍常用的特种铸造方法。

2.4.1　熔模铸造

在易熔模样（简称熔模）的表面包覆多层耐火材料，然后将模样熔去，制成无分型面的型壳，经焙烧、烧注而获得铸件的方法称为熔模铸造。

1. 熔模铸造工艺过程

(1)制造压型：压型如图2-36(a)所示，是制造熔模的模具。压型尺寸精度和表面质量要求高，它决定了熔模和铸件的质量。批量大、精度高的铸件所用压型常用钢或铝合金加工成，小批量可用易熔合金制成。

(2)制造熔模：熔模材料一般用蜡料、天然树脂和塑料(合成树脂)配制。生产中常把由 50%石蜡和 50%硬脂酸配成的糊状蜡基模料压入压型(图 2-36(b))，待其冷凝后取出，然后将多个熔模焊在蜡制的浇注系统上制成熔模组，如图 2-36(c)所示。

(3)制造型壳：在熔模组表面一般浸涂一层石英粉水玻璃涂料，然后撒一层细石英砂并进入氯化铵溶液中硬化。重复挂涂料、撒砂、硬化 4～8 次，便制成 5～10mm 厚的型壳。型壳内面层撒砂粒度细小，外表层(加固层)粒度粗大。制得的型壳如图 2-36(d)所示。

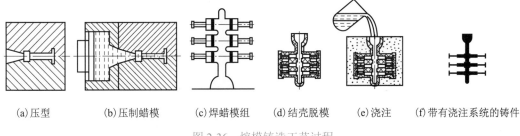

| (a)压型 | (b)压制蜡模 | (c)焊蜡模组 | (d)结壳脱模 | (e)浇注 | (f)带有浇注系统的铸件 |

图 2-36　熔模铸造工艺过程

(4)脱模、焙烧：通常脱模是把型壳浇口向上浸在 80～90℃的热水中，模料熔化后从浇注系统溢出。焙烧是把脱模后的型壳在 800～950℃焙烧，保温 0.5～2h，以去除型壳内的残蜡和水分，并使型壳强度提高。

(5)烧注、清理：型壳焙烧后可趁热浇注，如图 2-36(e)所示。去掉型壳，清理型壳型砂、毛刺便得到所需铸件，如图 2-36(f)所示。

2. 熔模铸造特点

熔模铸造方法由于其工艺过程的特殊性具有以下特点。

(1)由于铸型精密又无分型面，铸件精度高，表面质量好，尺寸公差等级为 CT4～CT7，表面粗糙度值可达 $Ra12.5～1.6\mu m$。

(2)可制造形状复杂的铸件，最小壁厚可达 0.7mm，最小孔径可达 1.5mm。

(3)能适应各种铸造金属，尤其适于生产高熔点和难以加工的合金铸件。

(4)工序复杂，生产周期较长，铸件成本较高，铸件尺寸和质量受到限制，一般不超过 25kg。

2.4.2　金属型铸造

动画

金属型铸造是将液体金属自由浇入到金属铸型内而获得铸件的方法。由于金属型可重复使用多次，故又称为永久型。

1. 金属型的构造

按照分型面的位置，金属型分为整体式、垂直分型式、水平分型式和复合分型式。图 2-37 所示为水平分型式和垂直分型式结构简图，其中垂直分型式便于布置浇注系统，铸型开合方便，容易实现机械化，应用较广。

生产中常根据铸造金属的种类选择金属型材料，浇注低熔点合金(锡、锌、镁等)可选用灰铸铁。浇注铝合金、铜合金可选用合金铸铁。浇注铸铁和钢可选用球墨铸铁、碳

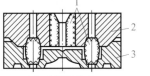
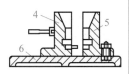

| (a)水平分型式 | (b)垂直分型式 |

1-型芯；2-上型；3-下型；4-动型；5-定型；6-模底板

图 2-37　金属型结构简图

钢和合金钢等。

2. 金属型铸造的工艺要点

(1) 金属型预热：金属型浇注前需预热，铸铁件预热温度为 250～350℃，非铁合金铸件预热温度为 100～250℃。预热目的是减缓铸型的激冷作用，避免产生浇不足、冷隔、裂纹等缺陷。

(2) 涂料：为保护铸型，调节铸件冷却速度，改善铸件表面质量，铸型表面应喷刷涂料。涂料由粉状耐火材料(氧化锌、石墨、硅粉等)、水玻璃黏结剂和水制成。

(3) 浇注温度：由于金属型导热快，所以浇注温度应比砂型铸造高 20～30℃，铝合金为 680～740℃，铸铁为 1300～1370℃。

(4) 及时开型：因为金属型无退让性，铸件在金属型内停留时间过长，容易产生铸造应力而开裂，甚至会卡住铸型。因此，铸件凝固后应及时从铸型中取出。通常铸铁件出型温度为 780～950℃，出型时间为 10～60s。

3. 金属型铸造的特点

金属型铸造与砂型铸造相比，在技术上与经济上有许多优点。

(1) 金属型生产的铸件，其力学性能比砂型铸件高，同种合金，其抗拉强度平均可提高约 25%，屈服强度平均可提高约 20%，其抗蚀性能和硬度也显著提高。

(2) 与砂型铸件相比，铸件的精度高、表面粗糙度低，而且质量和尺寸稳定，铸件尺寸公差等级为 CT9～CT6，表面粗糙度 Ra 值可达 12.5～6.3μm。

(3) 铸件成品率高，液体金属耗量减少，一般可节约 15%～30%。

(4) 实现了"一型多铸"，提高了生产率，改善了劳动条件。

此外，金属型铸造的铸件缺陷少，工序简单，易实现机械化和自动化。金属型铸造虽有很多优点，但也有如下不足之处。

(1) 金属型制造成本高。

(2) 金属型不透气，而且无退让性，易造成铸件浇不足、开裂和铸铁件白口等缺陷。

(3) 金属型铸造时，铸型的工作温度、合金的浇注温度和浇注速度，铸件在铸型中停留的时间，以及所用的涂料等，对铸件的质量的影响很大，需要严格控制。

2.4.3 压力铸造

熔融金属在高压下高速充型并凝固而获得铸件的方法称为压力铸造，简称压铸。常用压射比压为 30～70MPa，压射速度为 0.5～50m/s，有时高达 120m/s，充型时间为 0.01～0.2s。高压、高速充填铸型是压铸的重要特性。

1. 压铸设备及压铸工艺过程

压铸通过压铸机完成，压铸机分为热压室和冷压室两大类。热压室压铸机的压室与坩埚连成一体，适于压铸低熔点合金。冷压室压铸机的压室和坩埚分开，广泛用于压铸铝、镁、铜等合金铸件。卧式冷压室压铸机应用最广，其工作原理如图 2-38 所示。合型后，把金属液浇入压室，压射冲头将金属压入型腔，保压冷凝后开型，随后顶杆顶出铸件。

2. 压力铸造的特点

(1) 铸件尺寸精度高，尺寸公差等级为 CT8～CT4，表面粗糙度 Ra 值可达 5～0.32μm。压铸件大多不需要机加工即可直接使用。

(2) 可压铸形状复杂的薄壁精密铸件，铝合金铸件最小壁厚可达 0.4mm，最小孔径 $\phi 0.7$mm，在铸件表面可获得清晰的图案及文字，可直接铸出螺纹和齿形。

(3)铸件组织致密，力学性能好，其强度比砂型铸件提高 25%～40%。

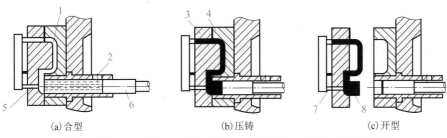

(a)合型　　　　　　　　(b)压铸　　　　　　　　(c)开型

1-型腔；2-浇口；3-动型；4-定型；5-浇道；6-压射冲头；7-顶杆；8-铸件及余料

图 2-38　卧式冷压室压铸机工作原理图

(4)生产率高，冷压室压铸机的生产率 75～85 次/h，热压室压铸机的生产率高达 300～800 次/h，并容易实现机械化和自动化。

(5)由于压射速度高，型腔内气体来不及排除而形成针孔，铸件凝固快，补缩困难，易产生缩松，这些因素都影响铸件的内在质量。

(6)设备投资大，铸型制造费用高，周期长，故适于大批量生产。

2.4.4　低压铸造

用较低的压力(0.02～0.06MPa)，使金属液自下而上充填型腔，并在压力下结晶以获得铸件的方法称为低压铸造。

1. 低压铸造的工艺过程

低压铸造的工艺过程如图 2-39 所示。把熔炼好的金属液倒入保温坩埚，装上密封盖，升液导管使金属液与铸型相通，锁紧铸型。将干燥的压缩空气通入坩埚内，金属液便经升液导管自下而上平稳地压入铸型并在压力下结晶，直至全部凝固。撤除液面压力，升液导管内金属液流回坩埚，开启铸型，取出铸件。

2. 低压铸造的特点和应用范围

(1)液体金属充型平稳，无冲击、飞溅现象，不易产生夹渣、砂眼、气孔等缺陷。

(2)借助压力充型和凝固，铸件轮廓清晰，对于大型薄壁、耐压、防渗漏、气密性好的铸件尤为有利。

(3)铸件组织致密，力学性能高。

(4)浇注系统简单，浇口兼冒口，金属利用率高，通常可达 90% 以上。

(5)浇充型压力和速度便于调节，可适用于金属型、砂型、石膏型、陶瓷型及熔模型壳等，容易实现机械化、自动化生产。

(6)劳动条件好，设备简单，易实现机械化和自动化。

1-进气管；2-紧固螺栓；3-坩埚；
4-升液导管；5-铸型

图 2-39　低压铸造示意图

动画

2.4.5　离心铸造

离心铸造是将液态金属浇入高速旋转的铸型，在离心力作用下凝固成形的铸造方法。离心铸造适合生产中空的回转体铸件，并可省去型芯。

1. 离心铸造的类型

根据铸型旋转轴空间位置不同，离心铸造机可分为立式和卧式两大类。

(1)立式离心铸造机的铸型绕垂直轴旋转，如图 2-40(a)所示。由于离心力和液态金属本身重力的共同作用，使铸件的内表面为一回转抛物面，造成铸件上薄下厚，而且铸件越高，壁厚差越大。因此，它主要用于生产高度小于直径的圆环类铸件，也能浇注成形铸件，如图 2-40(b)所示。

(2)卧式离心铸造机的铸型绕水平轴旋转，如图 2-40(c)所示。由于铸件各部分冷却条件相近，故铸件壁厚均匀。它适于生产长度较大的管、套类铸件。

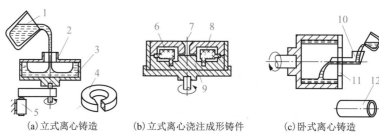

(a)立式离心铸造　　　　(b)立式离心浇注成形铸件　　　　(c)卧式离心铸造

1-浇包；2、9-铸型；3-金属液；4、12-铸件；5-电动机；6-型腔；7-浇口杯；8-型芯；10-浇注槽；11-端盖

图 2-40　离心铸造示意图

2. 离心铸造的特点

(1)铸件在离心力作用下结晶，组织致密，无缩孔、缩松、气孔、夹渣等缺陷，力学性能好。

(2)铸造圆形中空铸件时，可省去型芯和浇注系统，简化了工艺，节约了金属。

(3)便于铸造双金属铸件，如钢套镶铸铜衬，不仅表面强度高，内部耐磨性好，还可节约贵重金属。

(4)离心铸件内表面粗糙，尺寸不易控制，需增大加工余量来保证铸件质量，且不适宜铸造易产生偏析的合金。

2.4.6　其他特种铸造方法

除了上述五种特种铸造方法外，还有很多特种铸造方法，如挤压铸造、实型铸造和快速铸造等。

1. 挤压铸造

挤压铸造(又称液态模锻)是用铸型的一部分直接挤压金属液，使金属在压力作用下成形、凝固而获得零件或毛坯的方法。

最简单的挤压铸造法工作原理是在铸型中浇入一定量的液态金属，动型随即转动闭合，使液态金属自下而上充型。挤压铸造的压力和速度较低，无涡流飞溅现象，因此铸件致密而无气孔。

1)挤压铸造工艺过程

挤压铸造所采用的铸型大多是金属型，图 2-41 所示为挤压大型薄壁铝合金铸件的示意图。挤压铸型由两扇半型组成，一扇固定，另一扇活动。

(1)铸型准备：清理铸型和型腔内喷涂料、预热等，使铸型处于待浇注状态。

(2)浇注：向敞开的铸型底部浇入定量的金属液。

(3)合型加压：逐渐合拢铸型，液态金属被挤压上升，并充满铸型，而多余的金属液由顶部挤出。同时，金属液中所含的气体和杂质也随同一起挤出，进而升压并在预定的压力下保持一定时间，使金属液凝固。

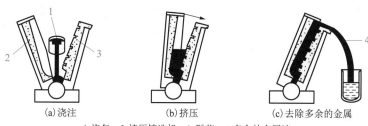

(a)浇注　　　　　　　(b)挤压　　　　　　(c)去除多余的金属

1-浇包；2-挤压铸造机；3-型芯；4-多余的金属液

图 2-41　挤压铸造工艺

(4)完成：卸压，开型，取出铸件。

2)挤压铸造特点

挤压铸造与压力铸造、低压铸造具有共同点，即利用比压的作用使铸件成形并予"压实"，获得致密铸件。其特点如下：

(1)挤压铸件的尺寸精度和表面质量高，尺寸精度达 IT11～IT13。表面粗糙度值 Ra 值达 6.3～1.6μm。

(2)无须开设浇冒口，金属利用率高。

(3)适用性强，大多数合金都可采用挤压铸造。

(4)工艺简单，节省能源和劳力，容易实现机械化和自动化。生产率比金属型铸造高一倍。

2. 实型铸造

实型铸造又称为气化模铸造和消失模铸造，其原理是用泡沫塑料(包括浇冒口系统)代替木模或金属模进行造型，造型后模样不取出，铸型呈实体，浇入液态金属后，模样燃烧气化消失，金属液充填模样的位置，冷却凝固成铸件。图 2-42 为实型铸造工艺过程。

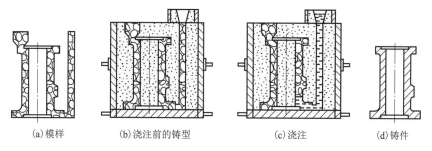

(a)模样　　　　　(b)浇注前的铸型　　　　　(c)浇注　　　　　(d)铸件

图 2-42　实型铸造工艺过程示意图

实型铸造由于铸型没有型腔和分型面不必起模和修型，与普通铸造相比有以下优点：工序简单、生产周期短、效率高、铸件精度高，可采用无黏结剂型砂，劳动强度低，而且零件设计自由度大。

实型铸造应用范围广，几乎不受铸件结构、尺寸、重量、材料和批量的限制，特别适用于生产形状复杂的铸件。

3. 快速成形技术在铸造的应用(快速铸造)

快速成形技术(Rapid Prototyping, RP)作为基于离散/堆积原理的一种崭新的加工方式，自出现以来除了在新产品开发阶段具有较为广泛的需求外，一直在铸造领域有着比较活跃的应用。在典型铸造工艺中（如砂型铸造、熔模铸造、消失模铸造等）为单件或小批量铸造产品的制造带来了显著的经济效益。

在铸造生产中，模样、芯盒、压型、压铸模等的制造通常采用机械加工的方法，有时还需要钳工修整，费时耗资，而且精度不高。特别是对于一些形状复杂的薄壁铸件，如飞机发动机的叶片、船用螺旋桨、发动机的缸体和缸盖等，模具的制造是一个重要的问题，快速成形技术为这个问题的解决提供了全新的方法。快速成形不仅可以成形高分子材料，也可以成形金属材料和陶瓷材料，材料的原始形态可以是薄板，也可以是粉末或线材，适应范围很广。目前快速成形技术的工艺方法已经有几十种，根据成形材料的不同，快速成形技术分为液相成形法（如立体光固化成形（Stereo Lithography Apparatus）SLA，熔积成形（Fused Deposition Modeling）FDM）、薄层材料成形法（如分层实体制造（Laminated Object Manufacturing）LOM）和粉末成形法（如选择性激光烧结（Selective Laser Sintering）SLS，三维印刷（Three Dimensional Printing）3DP）三大类；根据成形核心工具的不同，快速成形系统可分为基于激光技术（如 SLA、LOM、SLS）和基于微滴技术（如 FDM、3DP、实体磨削固化 SGC、多项喷射沉积 MJD、冲击微粒制造 BPM 等）两大类。应用比较成熟的快速成形主要还是以 SLA、LOM、SLS、FDM、3DP 为原理。

1) 快速制造砂型铸造用模

单件、小批量生产砂型铸件时，一般采用木质模样和芯盒，依靠传统手工制作，周期长，精度低，快速成形技术的出现为快速高精度制作砂型铸造的模样提供了良好的手段。现已开始采用分层实体制造技术（LOM），用纸叠加而成的纸基模样，其抗压强度和硬度相当高，可对其钻孔和机械加工。为了防潮，模样表面可喷涂清漆。为使模样尺寸符合要求，在成形过程中还要使用铸造工艺专用软件，以便增加加工余量、起模斜度、圆角等。

在大批量铸件生产中，传统上采用铸铝合金经机械加工的模样或模板，生产周期长，成本高。为提高 LOM 法制出的纸基模样的耐磨性，可在其表面喷涂铝合金或特殊塑料，抛光后再拼装成模板。LOM 法生产率高、成本低，成形过程也不需要防止变形的支撑，应用较广。

采用立体光固化成形技术（SLA）制作的树脂模也能代替木模用于砂型铸造，但因成本较高，只适合于小件生产。

2) 快速制造熔模铸件

压型制造是熔模铸造最困难的环节，压型通常采用金属材料经机械加工制成，生产周期长，成本高。用 LOM 法制成的纸基压型经表面处理后，可用于制造 100 件以上的蜡模。为了弥补纸基压型导热性差、蜡液凝固慢的缺点，可在纸基模表面进行金属喷镀，这种金属面压型能制造数千个蜡模。

用选择性激光烧结技术（SLS）可将蜡粉或聚碳酸酯粉快速制成易熔模样（简称熔模），可直接进行熔模铸造，省去了压型制造环节，提高了效率，降低了成本。其中蜡粉制成的熔模精度较低，表面较粗糙。当改用聚碳酸酯粉取代蜡粉后，熔模表面较光洁，且制造速度快，已逐步取代蜡模。尽管 SLS 法制出的产品表面粗糙度值高于其他成形法，但国外仍有相当比例的产品采用此种模样，说明 SLS 法仍有其优越之处。

3) 消失模铸造用模的快速制造

消失模铸造所用的泡沫塑料模是用压型制造出的，压型一般用金属材料经机械加工制成，生产周期长，成本高。由 LOM 法制成的纸基模能承受 200℃高温和一定的压力，经表面防水处理后，可用于试制压型。经表面喷镀金属的纸基压型具有较好的防水性、耐蚀性、强度、刚度和导热性，可由于消失模铸造的小批量生产。

采用 SLA 法可制成树脂原型，直接用于消失模铸造，省去了压型的制造。还可采用聚苯乙烯粉末进行激光烧结(SLS)，直接制出聚苯乙烯原型，用于消失模铸造。

4) 直接模壳铸造

直接模壳铸造(Direct Shell Production Casting，DSPC)是一项基于三维印刷(3DP)技术的铸造技术。DSPC 首先利用 CAD 软件定义所需的型腔，通过加入铸造圆角、消除可待后处理时通过机加工制出的小孔等结构，对模型进行检验和修饰，然后根据铸造工艺所需的型腔个数生成多型腔的铸模。DSPC 的工艺过程是：首先在成形机的工作台上覆盖一层氧化铝粉，然后将微细的黏结剂沿着工件的外廓有选择性地喷射在这层粉末上；黏结剂将氧化铝粉固定在当前层上，并为下一层的粉末提供黏着层；每一层完成后，工作台就下降一层的高度，使下一层粉末继续复敷和黏固，未黏固的粉末堆积在模型的周围和空腔内，起支撑作用，整个模型完成后，型腔内所填充的粉末要去除。这一过程如同将零件的截面形状印刷在粉末材料上，经过层层黏结后就获得三维实体零件。

利用快速成形直接制造金属型的技术，以快速成形件直接作为成形模具，可用作砂型铸造、低熔点合金浇注、试成形用注塑模及熔模铸造。该技术成本较低，成形材料选择性强，成形速度较快。对于熔模铸造该项技术可以直接制造模壳而节省制造蜡模压型和蜡模本身的成本。

2.5　砂型铸件的结构设计

2.5.1　铸件结构与铸造工艺的关系

合理的铸件结构设计，既要保证铸件的力学性能和工作性能要求，又要考虑铸造工艺和合金铸造性能对铸件结构的要求，应使其铸造工艺过程尽量简化，以提高生产效率，降低废品率。铸件结构工艺性是指铸件结构应符合铸造生产要求，即满足铸造性能和铸造工艺对铸件结构的要求。合理的铸件结构不仅能保证铸件质量，满足使用要求，而且工艺简单、生产率高、成本低。铸件结构应尽可能使制模、造型、造芯、合型和清理过程简化，并为实现机械化生产创造条件。

1. 铸件外形设计

细长形状或平板类铸件在收缩时易产生翘曲变形，应尽量设计成对称截面，由于冷却过程中产生的热应力互相抵消，而使铸件的变形大为减小，或采用加强肋，提高其刚度，均可有效地防止铸件变形，如图 2-43 所示。避免侧凹、窄槽和不必要的曲面，以简化外形便于操作。图 2-44(a)所示端盖存在侧凹，需三箱造型或增加环状型芯。若改为图 2-44(b)所示结构，可采用简单的两箱造型，造型过程大为简化。图 2-45(a)所示箱体两凸台间具有窄小沟槽，操作困难容易掉砂。若改为图 2-45(b)所示结构，既便于操作又能保证铸件质量。

如图 2-46(a)所示，托架 A、B 为曲面，制造模样、芯盒费工、费料。若改为 2-46(b)所示的直线结构，降低制模费用 30%。凸台和肋条的设计应便于起模，如图 2-47(a)所示，凸台和肋条的设计阻碍起模，需采用活块或型芯造型。图 2-47(b)所示结构，将肋条或凸台延伸到分型面或连成一体，避免了活块或型芯，造型简单。

2. 铸件内腔设计

使用型芯会增加材料消耗且工艺复杂，成本提高，并容易产生铸造缺陷。因此，设计铸件内腔时应尽量少用或不用型芯。图 2-48（a）所示铸件，其内腔只能用型芯成形，若改为图 2-48（b）所示结构，可自带型芯成形。图 2-49（a）所示结构，铸件有两个型芯，其中水平芯呈悬臂状态，为便于型芯固定、排气和清理，水平悬臂芯需用芯撑 A 支撑，提高了造芯下芯的工艺难度，浇注后芯撑与铸件熔焊在一起，熔焊处易形成气孔，使铸件致密性变差。若按图 2-49（b）所示结构，改为整体型芯，定位准确，支撑稳固，排气畅通，清砂方便。因此，薄壁或进行耐压实验的铸件或加工表面要求高的铸件尽量不用芯撑，可在铸件上设计工艺孔，增加芯头支持点，也便于排气和清理，工艺孔在加工后可用螺塞堵住。

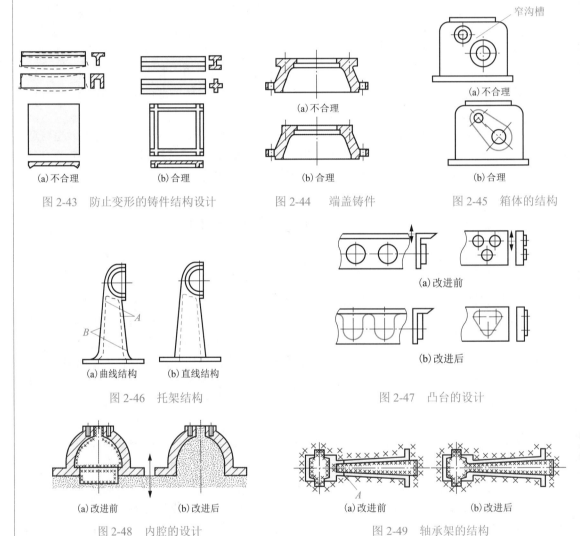

图 2-43　防止变形的铸件结构设计　　图 2-44　端盖铸件　　图 2-45　箱体的结构

图 2-46　托架结构　　　　　　　　　图 2-47　凸台的设计

图 2-48　内腔的设计　　　　　　　图 2-49　轴承架的结构

3．考虑结构斜度

为了方便起模，设计铸件结构时凡垂直于分型面的非加工表面应设计结构斜度。一般金属型或机器造型时，结构斜度可取 0.5°～1°，砂型和手工造型时可取 1°～3°。

2.5.2　铸件结构与合金铸造性能的关系

铸件的结构如果不能满足合金铸造性能（如充型能力、收缩性等）的要求，将可能产生浇不足、冷隔、缩松、气孔、裂纹和变形等铸造缺陷。

1. 铸件壁厚的设计

（1）铸件的最小壁厚：在确定铸件壁厚时，首先要保证铸件达到所要求的强度和刚度，同时还必须从合金的铸造性能的可行性来考虑，以避免铸件产生某些铸造缺陷。由于每种铸造金属的流动性不同，在相同的铸造条件下，所能浇注出的铸件最小允许壁厚也不同。如果所设计铸件的壁厚小于允许的"最小壁厚"，铸件就易产生浇不足、冷隔等缺陷。在各种工艺条件下，铸造金属能充满腔型的最小厚度，称为铸件的最小壁厚。铸件的最小壁厚主要取决于合金的种类、铸件的大小及形状等因素。表 2-3 给出了一般砂型铸造条件下的铸件最小壁厚。

表 2-3　砂型铸造条件下几种合金的铸件最小壁厚　(mm)

铸造方法	铸件尺寸	合金种类					
		铸钢	灰铸铁	球墨铸铁	可锻铸铁	铝合金	铜合金
砂型铸造	<200×200	8	5～6	6	5	3	3～5
	200×200～500×500	10～12	6～10	12	8	4	6～8
	>500×500	15～20	15～20	15～20	10～12	6	10～12

（2）铸件的临界壁厚：在浇注厚壁铸件时，容易产生缩孔、缩松、结晶组织粗大等缺陷，从而使铸件的力学性能下降。因此，在设计铸件时，如果一味地采用增加壁厚的方法来提高铸件的强度，其结果可能适得其反。因为各种铸造金属都存在一个临界壁厚，在最小壁厚和临界壁厚之间就是适宜的铸件壁厚。在砂型铸造条件下，各种铸造金属的临界壁厚约等于其最小壁厚的三倍。

（3）铸件壁厚应均匀，避免厚大截面：铸件壁厚过大容易使铸件内部晶粒粗大，导致力学性能下降，并产生缩孔、缩松等缺陷。图 2-50（a）所示的圆柱座铸件，因壁厚差别过大而出现缩孔。若采用图 2-50（b）所示挖空结构，或图 2-50（c）所示设置加强肋板，则其壁厚呈均匀分布，在保证使用性能的前提下，既可消除缩孔缺陷，又能节约金属材料。当铸件各部分的壁厚难以做到均匀一致，甚至存在有很大差别时，为减小应力集中采用逐步过渡的方法，防止壁厚突变。铸件壁间转角处一般应具有结构圆角。因直角连接处的内侧较易产生缩孔、缩松和应力集中，同时一些合金由于形成与铸件表面垂直的柱状晶，使转角处的力学性能下降，较易产生裂纹。圆角的大小应与铸件壁厚相适应，通常转角处内接圆直径小于相邻壁厚的 1.5 倍，如图 2-51 所示。

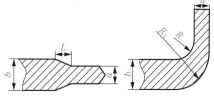

(a)圆柱座铸件　　(b)挖空结构　　(c)加强肋结构
1-缩孔；2-肋板

图 2-50　壁厚对铸件的影响　　　　　　图 2-51　壁厚逐步过渡

2. 铸件壁间连接的设计

为减少热节，防止缩孔和裂纹，减少内应力，铸件的垂直壁或转角处应有圆角连接，并逐步过渡。壁间连接避免十字交叉接头，改用环状接头和交错接头，这两种接头热节较小，可通过微量变形缓解内应力，抗裂性能较好，如图 2-52(a)、(b)所示。避免锐角接头，改用先直角接头后再转角的结构，如图 2-52(c)所示。

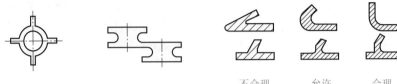

(a)环状接头　　　　　(b)交错接头　　　　　(c)锐角连接过渡形式

图 2-52　铸件接头结构

另外，还要避免铸件收缩受阻和铸件翘曲变形，尽量避免面积过大的水平面。当铸件收缩受到阻碍，产生的内应力超过材料的抗拉强度时将产生裂纹。对于轮形铸件，在设计轮辐时应尽量使其能够自由收缩，以防产生裂纹。当采用直线形偶数轮辐时，可因收缩不一致产生的内应力过大，使轮辐产生裂纹，奇数轮辐可通过轮缘的微量变形自行减缓内应力，弯曲的轮辐可借轮辐本身的微量变形而防止裂纹的产生，如图 2-53 所示。

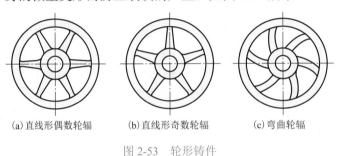

(a)直线形偶数轮辐　　　(b)直线形奇数轮辐　　　(c)弯曲轮辐

图 2-53　轮形铸件

习题与思考题

2-1 选择题

1. 单选题

(1)在铸造领域，螺旋形试样用来测试合金的(　　)，它反映了合金的充型能力。

　　A. 流动性　　　　　B. 黏度　　　　　C. 散热速度　　　　　D. 凝固速度

(2)影响合金充型能力的主要因素有合金的流动性、(　　)和铸型条件。

　　A. 浇注温度　　　　B. 浇注速度　　　　C. 浇注条件　　　　D. 充型压力

(3)合金的(　　)常用线收缩率表示。

　　A. 凝固收缩　　　　B. 固态收缩　　　　C. 液态收缩　　　　D. 体积收缩

(4)(　　)主要出现在结晶温度范围宽，并以糊状凝固方式凝固的合金或厚壁铸件中。

　　A. 缩孔　　　　　　B. 缩松　　　　　　C. 气孔　　　　　　D. 热裂

(5)(　　)是铸件在固态收缩时，因受铸型、型芯、浇冒口等外力的阻碍而产生的应力。

　　A. 机械应力　　　　B. 热应力　　　　　C. 临时应力　　　　D. 残余应力

2. 多选题

(1)铸件的凝固方式有(　　)。

　　A. 逐层凝固　　　　B. 糊状凝固　　　　C. 中间凝固　　　　D. 顺序凝固

(2)合金的收缩包括(　　)。

　　A. 液态收缩　　　B. 体积收缩　　　C. 凝固收缩　　　D. 固态收缩

(3)可以防止缩孔和缩松的措施有(　　)。

　　A. 采用顺序凝固原则　　　　　　B. 改善浇注工艺

　　C. 采用冷铁和补铁　　　　　　　D. 严格控制开箱时间

(4)防止热裂的措施有(　　)。

　　A. 合理选择合金　　　　　　　　B. 提高铸型和型芯的退让性

　　C. 采用反变形法　　　　　　　　D. 合理设计浇注系统

(5)机器造型中的起模方法包括(　　)。

　　A. 抛砂起模　　　　　　　　　　B. 漏模起模

　　C. 顶箱起模　　　　　　　　　　D. 翻转起模

2-2　影响合金充型能力的主要因素有哪些?

2-3　简述合金收缩的三个阶段。

2-4　简述铸铁件的生产工艺特点。

2-5　手工造型的方法有哪些? 各自的特点是什么?

2-6　浇注位置的选择原则是什么? 铸型分型面的选择原则是什么?

2-7　简述离心铸造的原理和分类。

2-8　铸件壁厚的设计原则有哪些?

2-9　消失模铸造的基本工艺过程与熔模铸造有何不同?

第 3 章

压 力 加 工

压力加工是利用外力使金属坯料产生塑性变形，从而获得具有一定形状、尺寸和力学性能的原材料、毛坯或零件的加工方法，又称金属塑性加工。

凡具有一定塑性的金属，如钢和大多数非铁金属材料及其合金等，均可在热态或冷态下进行压力加工。常用的压力加工方法有锻造、冲压、挤压、轧制和拉拔等。

锻造：是指金属坯料在砧铁间或锻模模膛内受冲击力或压力而变形的加工方法。

冲压：是指金属板料在冲模间受压产生分离或变形的加工方法。

挤压：是指金属坯料从挤压模的模孔中挤出而变形的加工方法。

轧制：是指金属坯料通过一对回转轧辊间的空隙而受压变形的加工方法。

拉拔：是指金属坯料从拉拔模的模孔中拉出而变形的加工方法。

压力加工具有以下优点。

(1) 力学性能高：金属铸锭经塑性变形能使组织致密，获得细晶粒结构，并能焊合铸造组织的内部缺陷(如微裂纹、气孔等)，从而提高了金属的力学性能。

(2) 节省金属：由于提高了金属的力学性能，在同样受力和工作条件下，可以减小零件的截面尺寸，减轻重量，延长使用寿命。压力加工成形是依靠塑性变形重新分配坯料体积的结果，与切削加工方法相比，可以减少零件制造过程中金属的消耗，如制造直径 $\phi 8mm$、长 22mm 的螺钉，压力加工所用金属材料仅为切削加工的 1/3。

(3) 生产率高：多数压力加工方法，特别是轧制、挤压、拉拔等，金属材料连续变形，而且变形速度很高，故生产率高。

因此，压力加工作为一种重要的加工方法被广泛地用于机械制造业中的各个领域。以汽车为例，汽车上 70%的零件是由压力加工成形的。

但是，压力加工与铸造方法相比也有不足之处，由于在固态下成形，无法获得截面形状(特别是内腔)较复杂的产品。

3.1 金属的塑性变形

压力加工时，为使金属坯料产生塑性变形，必须施加外力，使坯料中的应力超过材料的屈服点。例如，模锻直径为 140mm 的齿轮坯，需用 1.2×10^4 kN 的热模锻压力机，设备吨位不足就达不到预期的变形程度，故外力是坯料转化为锻件的外界条件。然而，在锻造过程中，还必须保证坯料产生足够的塑性变形量而不破裂，即要求材料具有良好的塑性。塑性是坯料转化为锻件的内因。坯料能够进行塑性变形，可从金属的晶体结构来说明。

3.1.1　金属塑性变形的实质

单晶体金属在变形前，其原子按一定规则排列。在外力作用下其内部将产生应力，迫使原子离开原来的平衡位置，从而改变了原子间的距离，使金属发生变形，这种状态引起原子位能增高，是不稳定的，由于原子有恢复到位能最低的平衡位置的趋势，当外力去除后，原子将返回原位，金属物体完全恢复原状，该类变形称为弹性变形。该变形是压力加工过程中所不希望的，但它又是不可避免的。

当外力增加，使金属的应力超过材料的屈服点时，原子间距离进一步增加，原子沿着某些晶面相对移动一个或若干个原子间距；当外力去除后，原子间距离恢复正常，弹性变形消失，而由于原子排列的相对位置发生变化而产生的变形为永久变形，称为塑性变形。其实质是晶体内部产生滑移的结果。滑移是在切应力的作用下，晶体的一部分相对其另一部分沿着一定的晶面产生相对滑动的结果。单晶体内的滑移变形如图 3-1 所示。

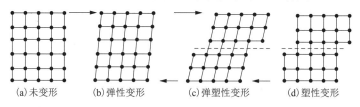

(a)未变形　　(b)弹性变形　　(c)弹塑性变形　　(d)塑性变形

图 3-1　单晶体滑移变形示意图

上述理论所描述的滑移运动，相当于滑移面上每个原子都同时移到另一个平衡位置上，即晶体作整体的刚性滑移。根据这种假设计算出晶体开始滑移所需的切应力(称为临界切应力)远比实际需要的大得多。例如，纯铜的临界切应力计算值为 1540MPa，而实际只要 1MPa。各种金属的这种理论计算值与实际测量值之差均达到 3~4 个数量级。可见，把滑移简单理解为刚性滑移是不对的。

现代位错理论研究证明，滑移是通过晶体中位错缺陷的移动来实现的。由于位错的存在(图 3-2(a))，部分原子处于不稳定状态，在比理论值低得多的切应力作用下，处于高能位的原子很容易从一个相对平衡的位置移动到另一个位置(图 3-2(b))，形成位错运动。位错运动的结果，就实现了整个晶体的塑性变形(图 3-2(c))。因此，通过位错运动方式的滑移，并不需要整个晶体上半部的原子相对其下半部一起位移，而仅需位错中心附近的极少量原子作微量的位移即可，所以它所需的临界切应力远远小于刚性滑移。

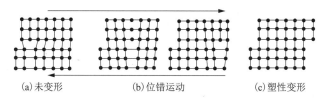

(a)未变形　　　(b)位错运动　　　(c)塑性变形

图 3-2　位错运动引起塑性变形示意图

一般使用的金属都是由大量微小晶体组成的多晶体。多晶体金属的塑性变形与单晶体比较并无本质上的差别，即每个晶粒的塑性变形仍主要以滑移方式进行，但由于晶界的存在和每个晶粒中的晶格位向不同，多晶体的塑性变形过程要比单晶体复杂得多。

晶界附近具有明显较高的塑性变形抗力，这主要是由于在晶界附近为两晶粒晶格位向的过渡之处，晶格排列紊乱，加之该处的杂质原子也往往较多，也增大其晶格畸变，从而使该处在滑移时位错运动的阻力较大，难以发生变形。同时，多晶体中各晶粒的晶格位向不同也会增大其滑移抗力，因为其中任一晶粒的滑移都必然会受到其周围不同晶格位向晶粒的约束和阻碍，各晶粒必须相互协调、相互适应，才能发生变形，晶粒之间同时也有滑动和转动。因此，多晶体金属的塑性变形抗力总是高于单晶体。

晶粒越细小，变形抗力越大，但能提高金属的塑性，因为同样的变形量可以分散在更多的晶粒中进行，变形比较均匀，减少了局部应力集中的程度，即使产生较大的塑性变形也不至于产生裂纹。因此，压力加工时希望金属坯料具有细晶粒组织，加热时应严格控制加热温度，以避免晶粒粗大。

3.1.2　塑性变形对组织和性能的影响

金属在常温下经塑性变形，内部组织和性能将发生一系列重大的变化：①晶粒沿变形方向伸长，性能趋于各向异性；②晶粒破碎，位错密度增加，产生加工硬化；③产生内应力。

金属发生塑性变形时，不仅外形发生变化，而且其内部的晶粒也会发生相应的变化，即随着金属外形的压扁或拉长，其内部晶粒的形状也会被压扁或拉长，当变形量很大时，晶粒将会被拉长为纤维状，晶界变得模糊不清，如图 3-3 所示。此时，金属的性能也将会具有明显的方向性，如纵向的强度和塑性远大于横向等，这种组织通常称为纤维组织。

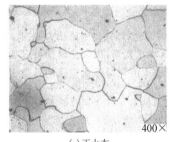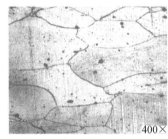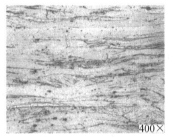

(a)正火态　　　　　　　　　　(b)变形 40%　　　　　　　　　　(c)变形 80%

图 3-3　纯铁在塑性变形后的组织变化

金属发生冷塑性变形时，随着变形量的增加，强度和硬度提高，塑性和韧性下降的现象称为加工硬化，又称冷变形强化。

塑性变形之所以产生加工硬化，是由于随着变形量增加，位错密度增大，位错与位错相遇，首先出现位错之间的相互堆积和缠结，继而随着位错缠结现象的发展，便会在滑移面附近产生碎晶，晶粒破碎和位错密度的增加，致使进一步滑移发生困难，金属的塑性变形抗力增大。实践证明：金属的变形量越大，其强度、硬度越高，塑性、韧性越差(图 3-4)。

加工硬化在生产中具有重要的意义，它是提高金属材料强度、硬度和耐磨性的重要手段之一，特别是对于那些不能以热处理方法提高强度的纯金属和某些合金(如纯铜、纯铝和部分不锈钢)尤为重要，如冷拉高强度钢丝、冷卷弹簧、坦克和拖拉机履带、铁路道岔等。但产生加工硬化后，塑性和韧性降低，给进一步加工带来困难，甚至导致开裂和断裂。如钢板在冷轧过程中会越轧越硬，以致轧制不动。此时需考虑消除其加工硬化现象，以恢复金属进一步变形的能力。

内应力是指平衡于金属内部的应力，它主要是由金属在外力作用下所产生的内部变形不均匀而引起的。内应力分为三类：第一类指由于金属表面与心部变形量不同而形成的平衡于表面与心部之间的宏观内应力；第二类指晶粒之间或晶内不同区域之间的变形不均匀形成的微观内应力；第三类指由晶格缺陷引起的晶格畸变内应力。第三类内应力是变形金属的主要内应力，也是使金属强化的主要原因，而第一和第二类内应力，虽然所占比例不大，但在大多数情况下不仅会降低金属的强度，而且会因随后应力松弛或发生重新分布而引起金属的变形。内应力的存在还会使金属的耐腐蚀性能下降，故金属在塑性变形后，通常要进行退火处理，以消除或降低内应力。

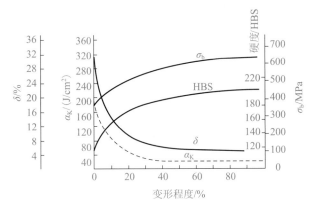

图 3-4   低碳钢冷变形程度与力学性能的关系

3.1.3   回复与再结晶

金属经冷塑性变形后，组织处于不稳定状态，有自发恢复到稳定状态的倾向。在常温下，原子扩散能力小，不稳定状态可以维持相当长的时间。当加热温度较低时，原子的活动能力不强，只是由于金属中一些点缺陷和位错的近距离迁移而引起的某些晶内变化，使晶格的畸变程度减轻，内应力明显降低，但晶粒的大小、形状和金属的强度、塑性等力学性能变化不大，这一过程称为回复(图 3-5(b))。这时的温度称为回复温度，即

$$T_{回}=(0.25\sim0.3)T_{熔} \tag{3-1}$$

式中，$T_{回}$ 为金属回复的热力学温度，K；$T_{熔}$ 为金属熔点的热力学温度，K。

当温度继续升高，金属原子具有较大的活动能力时，其晶粒的外形便开始发生变化，从破碎拉长的晶粒变成新的与变形前晶格结构相同的等轴晶粒。由于这一过程是以某些碎晶或杂质为核心，生核、长大，形成新晶粒的过程，故称为再结晶(图 3-5(c))。金属经再结晶以后，其强度和硬度显著降低，而塑性和韧性重新提高，加工硬化现象得以消除。金属开始再结晶的温度称为再结晶温度，各种金属的再结晶温度与其熔点间大致有如下关系：

$$T_{再}\approx0.4T_{熔} \tag{3-2}$$

式中，$T_{再}$ 为金属再结晶的热力学温度，K。

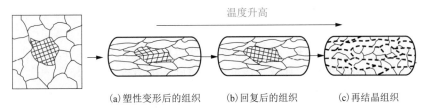

图 3-5   金属回复与再结晶过程组织

在塑性加工生产中，常采用加热的方法使金属发生再结晶，消除加工硬化，从而再次获得良好的塑性，这种工艺操作称为再结晶退火。

当金属在大大高于再结晶的温度下受力变形时，加工硬化和再结晶过程同时存在，此时变形中的强化和硬化随即被再结晶过程所消除。

再结晶过程完成后，若再继续升高加热温度或过分延长加热时间，金属的晶粒会不断长大，成为粗晶组织，从而使材料的力学性能下降。故在再结晶退火时应正确掌握加热温度（通常高出再结晶温度 100～200℃）和保温时间。

3.1.4　金属的热加工

由于金属在不同温度下变形后的组织和性能不同，因此，在塑性加工中有冷变形与热变形之分。凡是在再结晶温度以下进行的变形称为冷变形，其特征是存在加工硬化现象。所以冷变形的变形程度一般不宜过大，以避免产生破裂。金属的冷变形虽然变形抗力大，但是表面光洁、尺寸精确，往往无须切削加工即可达到装配精度。在再结晶温度以上进行的变形称为热变形，其特征是具有再结晶组织、无加工硬化痕迹。金属在热变形的情况下，能以较小的功达到较大的变形量，同时可使金属的组织得到很大的改善，因此，金属压力加工生产多采用热变形来进行。

金属压力加工生产采用的原始坯料大多是铸锭，其内部组织很不均匀，晶粒较粗大，并存在气孔、缩松、非金属夹杂物等缺陷。铸锭加热后经过压力加工，由于进行了较大的塑性变形和再结晶，从而改变了粗大、不均匀的铸态结构，获得细化了的再结晶组织。同时其中的气孔、缩松等缺陷被压合在一起，使金属组织更加致密，力学性能得到很大提高。

此外，铸锭中的塑性夹杂物（MnS、FeS 等）多半分布在晶界上，在压力加工中随晶粒的变形而被拉长，而脆性夹杂物（FeO、SiO_2 等）被打碎呈链状分布在金属的基体内。再结晶后变形的晶粒呈细粒状，而夹杂物却依然呈条状或链状被保留下来，形成了纤维组织，或称流线。

纤维组织的明显程度与金属的变形程度有关，变形程度越大，纤维组织越明显。压力加工过程中，常用锻造比 Y 来表示变形程度。

拔长时的锻造比为

$$Y_{拔} = A_0/A = L/L_0 \tag{3-3}$$

镦粗时的锻造比为

$$Y_{镦} = A/A_0 = H_0/H \tag{3-4}$$

式中，A_0、L_0、H_0 分别为变形前坯料的横截面积、长度和高度；A、L、H 分别为变形后坯料的横截面积、长度和高度。

由于纤维组织的形成，金属在性能上具有方向性。如纵向（平行于纤维方向）上的塑性和韧性好，横向（垂直于纤维方向）上的塑性和韧性差。当分别沿着纵向和横向拉伸时，前者有较高的抗拉强度，当分别沿纵向和横向剪切时，后者有较高的抗剪强度。

纤维组织的稳定性很高，热处理或其他方法都无法消除，只有经过锻造等压力加工手段才能改变它的方向和形状。因此，在设计和制造零件时，应充分发挥纤维组织纵向性能高的优势，限制横向性能差的劣势，具体应遵循以下原则：使零件工作时的最大正应力与纤维方向重合，最大切应力与纤维方向垂直，并使纤维沿零件轮廓分布而不被切断。

图 3-6(a)所示的曲轴，其拐颈直接锻出，纤维组织分布合理，可提高曲轴的使用寿命，

并降低了材料消耗。而图 3-6(b)所示是用切削加工出的拐颈，纤维组织被切断，使用时容易沿轴肩断裂。

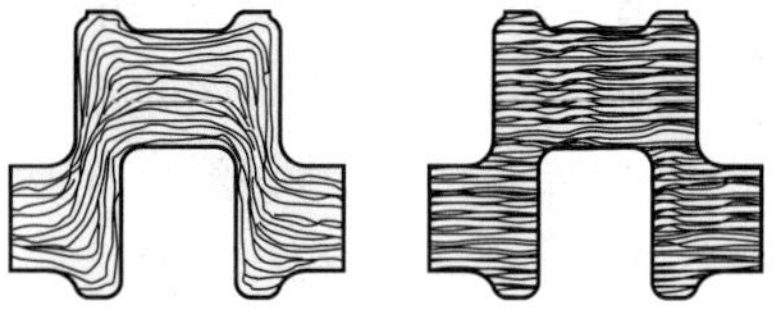

(a) 锻造的拐颈   (b) 切削的拐颈

图 3-6   曲轴中的纤维组织分布

3.1.5   金属的锻造性

金属的锻造性是衡量材料经受压力加工时成形难易程度的一项工艺性能。锻造性好表示该种材料适合用压力加工成形，锻造性差则说明不宜于采用压力加工成形。

锻造性的好坏，一般常用金属的塑性和变形抗力两个指标来衡量。塑性越好，变形抗力越小，则认为该金属的锻造性好，反之则差。低的变形抗力使设备耗能少，良好的塑性使产品获得准确的外形而不遭受破坏。

金属的锻造性一般取决于金属的本质和压力加工条件。

1. 金属的本质

(1)化学成分的影响：不同化学成分的金属锻造性不同。纯金属一般都具有良好的锻造性。加入合金元素后，锻造性变差。合金元素的种类、含量越多，特别是加入钨、钼、钒、钛等提高高温强度的元素，则锻造性更差。因此，低碳钢的锻造性比高碳钢好，碳素钢的锻造性比合金钢好，低合金钢的锻造性比高合金钢好。

(2)组织结构的影响：相同成分的金属在形成不同的组织结构时，其锻造性有很大差别。纯金属及固溶体(如奥氏体)的锻造性好，而化合物(如渗碳体)的锻造性差。铸态柱状组织和粗晶粒结构不如经过压力加工后的均匀细晶粒组织锻造性好。因此，碳钢锻造时，希望加热到奥氏体区域，而且要控制加热温度，避免晶粒长大，并且始锻时要轻打，待成为锻态组织后再重打。

2. 压力加工条件

(1)变形温度的影响：一般来说，随着变形温度的升高，金属内原子的动能增加，减小了产生滑移变形的阻力，使塑性提高，变形抗力减小，锻造性明显改善。热变形的变形抗力通常只有冷变形的 1/15～1/10，故在生产中得到广泛应用。

金属的加热应控制在一定的温度范围内。加热温度超过一定值后，晶粒急剧长大，使金属的力学性能降低，这种现象称为过热。过热的钢可用再次锻造或热处理的方法补救。当加热温度更高，接近金属的熔点时，晶界被氧化，破坏了晶粒间的结合，使金属完全失去了锻造性，成为无法挽救的废料，这种现象称为过烧。

对钢而言，加热温度过高、时间过长还将引起氧化、脱碳等加热缺陷。钢加热到一定温度后，表层的铁和炉气中的氧化性气体发生化学反应，使钢料表层形成氧化皮，这种现象称为氧化。氧化皮不仅造成金属的烧损，而且加剧了锻模的磨损，降低了锻件的表面质量。因此，要尽量缩短加热时间或在还原性炉气中加热。钢加热到高温时，表层中的碳被炉气中的 O_2、CO_2 等氧化，致使表层碳的质量分数下降，这种现象称为脱碳。脱碳的钢，工件表面变软，强度和耐磨性降低。钢中碳的质量分数越高，加热时越易脱碳。减少氧化的措施也都可以防止脱碳。

锻压时，金属允许加热到的最高温度称为始锻温度。锻压过程中，温度逐渐降低，当温度降低到一定程度后，塑性变差，变形抗力增大，不但锻压困难，而且容易开裂，故必须停止锻造。金属停止锻造的温度称为终锻温度。终锻温度不宜太高，否则，没有充分利用有利的变形条件，使锻件在冷却后得到粗晶组织。始锻温度与终锻温度间的温度区间称为锻造温度范围。确定锻造温度范围的理论依据是合金状态图。

碳钢的锻造温度范围较宽，如图 3-7 所示。其始锻温度在固相线 *AE* 以下 200℃左右，以防止过热或过烧；终锻温度在 800℃左右，以防锻造费力和产生锻裂，对于过共析钢还可将网状渗碳体破碎为粒状。高合金钢因含合金元素多，组织复杂，锻造温度范围窄，这是合金钢锻造性差的一个原因。各类钢的始锻温度和终锻温度可参见表 3-1。

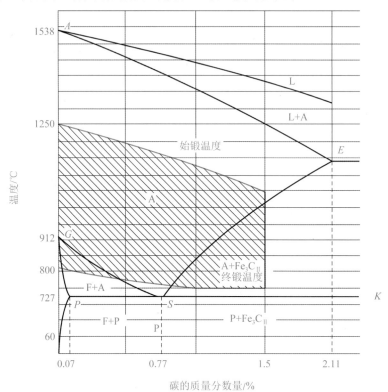

图 3-7 碳钢的锻造温度范围

表 3-1 常用钢的始锻温度、终锻温度

钢　　种	始锻温度/℃	终锻温度/℃	锻造温度范围/℃
碳素结构钢	1200~1250	800	400~450
碳素工具钢	1050~1150	800	250~350
合金结构钢	1100~1200	800~850	250~400
合金工具钢	1050~1150	800~850	200~350
高速钢	1100~1150	900	200~250

(2) 变形速度的影响：变形速度是指单位时间内的变形程度。变形速度对金属锻造性的影响有两种情况，一种是加工硬化被再结晶消除程度的影响，另一种是变形过程中热效应的影响。

金属在高温下锻造时，加工硬化被再结晶消除的程度直接影响金属在高温下的锻造性。高合金钢中合金元素含量多，其再结晶温度高，有些合金碳化物很稳定，再结晶速度十分缓慢。因此，有些合金钢不宜在锤上锻打，而应在速度低的压力机上锻压，以便于加工硬化的消除。

热效应是指塑性变形功部分转化为热能，使锻件温度升高的现象。普通锤的打击速度为 5～9m/s，由于变形速度较低、变形时间较长，锻件散失的热量大于变形热，故锻造过程中锻件温度下降，无热效应现象。但高速锤打击可以高达 9～20m/s，而锻件的变形时间仅为 0.001～0.002s，几乎无热量散失，故变形热使锻件温度迅速升高，呈现出明显的热效应现象，因此，锻件塑性提高，变形抗力降低，改善了金属的锻造性。

根据以上两种情况，变形速度 u 对锻造性的影响可以概括地用图 3-8 所示来表示。当变形速度 u 小于临界变形速度 u_a，即 $u < u_a$ 时，因再结晶起主要作用，变形速度越小，再结晶消除加工硬化就越充分，金属的变形抗力小，塑性增加，因而其锻造性越好；当 $u > u_a$ 时，因热效应起主要作用，变形速度越大，热效应越显著，同样使金属的变形抗力降低，塑性提高，锻造性也变好。

(3) 应力状态的影响：金属在采用不同的压力加工方法成形时，所产生的应力状态和变形抗力是不同的。例如，挤压变形时（图 3-9(a)）三向受压，表现出较高的塑性和较大的变形抗力；拉拔时（图 3-9(b)）两向受压、一向受拉，表现出较低的塑性和较小的变形抗力。

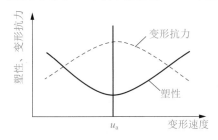

图 3-8　变形速度对塑性及变形抗力的影响

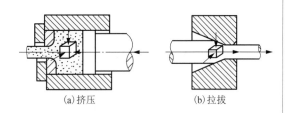

(a)挤压　　　　(b)拉拔

图 3-9　不同变形方法的金属应力状态

实践证明，在三个方向的应力中，压应力的数目越多，金属的塑性越好；拉应力的数目越多，金属的塑性越差。这是因为拉应力使金属原子间距离增大，尤其当金属内部存在气孔、微裂纹等缺陷时，在拉应力作用下，缺陷处易产生应力集中，使裂纹扩展；而压应力使金属原子间距离减小，不易使裂纹扩展，但压应力使金属的内摩擦阻力增加，使变形抗力增大。

综上所述，金属的锻造性既取决于金属的本质，又取决于变形条件。在压力加工过程中，应力求创造有利的变形条件，充分发挥金属的塑性，降低其变形抗力，消耗最少的功能，达到最佳的效果。

3.2　自　由　锻

自由锻是指金属坯料在锻造设备的上、下砧铁或简单的工具之间，受冲击力或压力产生塑性变形，从而获得所需形状和尺寸的锻件压力加工方法。由于金属坯料在砧铁间受力变形时，沿变形方向可以自由流动，不受限制，故而得名。

自由锻分为手工锻造和机器锻造两种。前者用手工操作，劳动强度大，生产率低，只适合于生产小型锻件。随着现代工业的发展，机器锻造是自由锻的主要方法。

自由锻所用设备和工具具有较大的通用性，使用范围广，锻件质量可以从数十克到二、三百吨。对于大型锻件，自由锻是唯一的加工方法。但是，自由锻生产时，锻件的形状和尺寸主要由锻工的操作技术来保证，对锻工技术水平要求较高，劳动强度大，生产率低，锻件的精度差，金属损耗多，且只能锻造形状简单的锻件。因此，自由锻只适用于单件、小批量生产以及维修工作。

自由锻所用设备按作用力的性质不同，可分为锻锤和压力机两大类。锻锤是以冲击力使金属变形，其公称压力是以落下部分的质量来表示。生产使用的锻锤有空气锤和蒸汽-空气锤两种。空气锤(图 3-10)的公称压力较小，一般为 650～7500kN，适用于生产小型锻件。蒸汽-空气锤的公称压力稍大，一般为 5000～50000kN，可以用来生产重量小于 15000kN 的锻件。压力机是以静压力使金属变形，其吨位是以产生的最大压力来表示的。自由锻通常使用水压机，其公称压力一般为 5000～150000kN，可以锻造质量达 300000kg 的大型锻件。压力机在使金属变形的过程中没有振动，并能很容易达到较大的锻透深度，所以压力机是完成特大型锻件自由锻的主要设备。

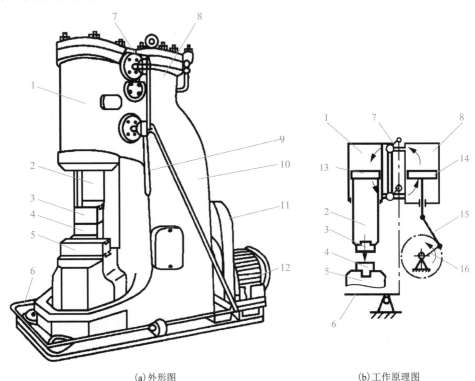

(a)外形图　　　　　　　　(b)工作原理图

1-工作缸；2-锤头；3-上砧铁；4-下砧铁；5-砧垫；6-踏杆；7-旋阀；8-压缩缸；9-手柄；
10-锤身；11-减速机构；12-电动机；13-工作活塞；14-压缩活塞；15-连杆；16-曲柄

图 3-10　空气锤

3.2.1　自由锻工序

自由锻的工序可分为基本工序、辅助工序和精整工序三大类。

1. 基本工序

它是使金属坯料实现主要的变形要求，达到或基本达到锻件所需形状和尺寸的工序。主要有以下几个工序。

(1)镦粗：是使坯料横截面积增大、高度减小的工序，也是自由锻生产中最常用的工序。适用于锻制饼块、盘类工件。若使坯料的局部截面增大，称为局部镦粗。

(2)拔长：是使坯料长度增加、横截面积减小的工序。适用于锻制长轴类、杆类工件。

(3)冲孔：是在坯料上锻出孔的工序。常用于锻造齿轮坯、环套类等空心锻件。为防止坯料胀裂，冲孔的孔径一般要小于坯料直径的 1/3，超过这一限制时，则要先冲出一个较小的孔，然后采用扩孔的方法达到所要求的孔径尺寸。心轴上扩孔(图 3-11(d))实际上是将带孔坯料在心轴上沿圆周方向拔长，扩孔量几乎不受限制，最适于锻制大直径的圆环件。

(4)弯曲：是将坯料弯成一定角度或弧度的工序。常用于锻造角尺、弯板、吊钩等一类轴线弯曲的零件。

(5)扭转：是在保持坯料轴线方向不变的情况下，将坯料的一部分相对于另一部分扳转一定角度的工序。多用于锻造多拐曲轴、麻花钻和校正某些锻件。

(6)错移：是使坯料的一部分相对于另一部分产生位移的工序。错移后其轴线仍保持平行。锻制曲轴时多采用错移工序。

(7)切割：是分割坯料或切除锻件余料的工序。常用于切除锻件的料头、钢锭的冒口等。

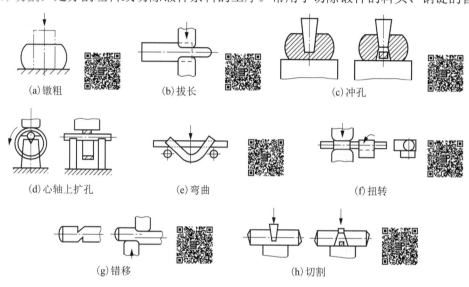

(a)镦粗   (b)拔长   (c)冲孔

(d)心轴上扩孔   (e)弯曲   (f)扭转

(g)错移   (h)切割

图 3-11   自由锻基本工序简图

2. 辅助工序

它是为基本工序操作方便而进行的预先变形工序，如压钳口、压肩、倒棱等。

3. 精整工序

它是在完成基本工序之后，用以提高锻件表面质量及尺寸精度的工序，如校直、滚圆、平整等。

3.2.2   自由锻工艺规程的制定

制定工艺规程、填写工艺卡片是进行自由锻生产必不可少的技术准备工作，是组织生产过程、规定操作规范、控制和检查产品质量的依据。自由锻工艺规程包括以下主要内容。

1. 绘制锻件图

自由锻件图是以零件图为基础，结合锻造工艺特点绘制而成的。绘制时主要考虑余块(也称为敷料)、加工余量和锻件公差。

(1)余块：某些零件上的精细结构，如键槽、齿槽、退刀槽以及小孔、不通孔、台阶等，难以用自由锻锻出，必须暂时添加一部分金属以简化锻件形状，这部分添加的金属称为余块。余块要在切削加工时予以切除，它虽然是必需的，却增加了金属消耗与切削加工工时，且切断纤维组织，降低锻件强度，所以应合理安排。

(2) 加工余量：由于自由锻件的精度和表面质量都较差，一般均需要进一步切削加工，所以表面应留有加工余量。余量的大小与零件形状、尺寸等因素有关。余量过小，难以保证工件的几何尺寸和表面质量，过大则浪费金属、增加切削加工工时。加工余量的具体数值应根据有关手册和实际条件而定。

(3) 锻件公差：在锻造生产中，各种因素的影响，如工人技术水平、热态测量误差、锻件冷缩量估计误差等，使锻件实际尺寸不可能达到其公称尺寸。锻件实际尺寸和公称尺寸之间所允许的偏差，称为锻件公差。通常公差为加工余量的 $1/4 \sim 1/3$，具体数值可根据锻件形状和尺寸从有关手册中查出。

在锻件图上，锻件的外形用粗实线描绘，为了便于了解零件的形状和尺寸，一般用双点画线描绘出零件的形状，锻件的尺寸和公差标注在尺寸线上面，零件的尺寸加括号标注在尺寸线下面。在图上无法表示的某些条件，可写成技术条件加以说明。图 3-12(b) 所示为自由锻件的锻件图。

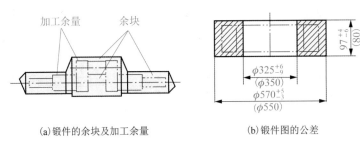

(a) 锻件的余块及加工余量   (b) 锻件图的公差

图 3-12 锻件图

2. 计算坯料重量和尺寸

坯料重量可按式(3-5)计算：

$$G_{坯料} = G_{锻件} + G_{烧损} + G_{料头} \tag{3-5}$$

式中，$G_{坯料}$ 为坯料重量；$G_{锻件}$ 为锻件重量；$G_{烧损}$ 为加热中坯料表面因氧化而烧损的重量（第一次加热取被加热金属重量的 2%~3%，以后各次加热取 1.5%~2%）；$G_{料头}$ 为锻造过程中冲掉或被切掉的那部分金属重量（如冲孔时坯料中被冲落的料芯、修切端部切除的金属重量；采用钢锭做坯料时，料头还包括切掉的钢锭头部和尾部金属的重量）。

确定坯料的尺寸时，首先根据材料的密度和坯料重量计算出坯料的体积，然后再根据基本工序的类型（如镦粗、拔长）及锻造比计算出坯料横截面积、直径、边长等尺寸。对于以钢锭作为坯料并采用拔长方法锻制的锻件，锻造比一般不小于 2.5~3。

例如，当采用拔长方法锻造时，有

$$A_{坯料} \geqslant Y A_{锻件} \tag{3-6}$$

式中，$A_{坯料}$ 为坯料最大横截面积；$A_{锻件}$ 为锻件最大横截面积；Y 为拔长时的锻造比。

3. 确定锻造工序

自由锻锻造的工序是根据工序特点和锻件类型来确定的。一般锻件的大致分类及所采用的工序如表 3-2 所示。

表 3-2   自由锻件分类及锻造工序

锻件类型	图 例	锻造工序	实 例
盘类锻件	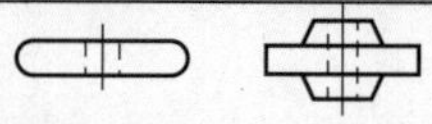	镦粗、冲孔	齿圈、法兰
轴类锻件	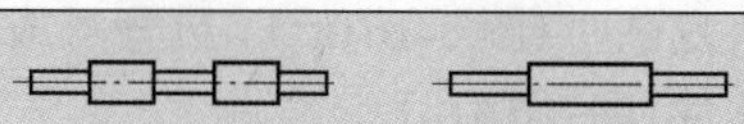	拔长、压肩、锻台阶	主轴、传动轴
筒类锻件		镦粗、冲孔、心轴上拔长	圆筒、套筒
环类锻件	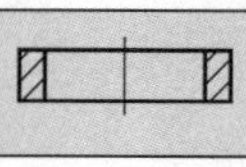	镦粗、冲孔、心轴上扩孔	套筒、圆环
曲轴类锻件	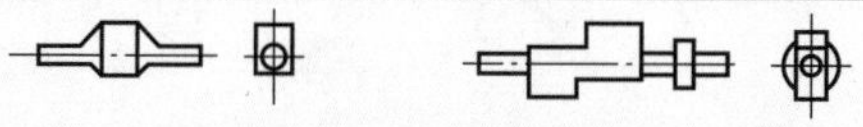	拔长、错移、压肩、锻台阶、扭转	曲轴、偏心轴
弯曲类锻件	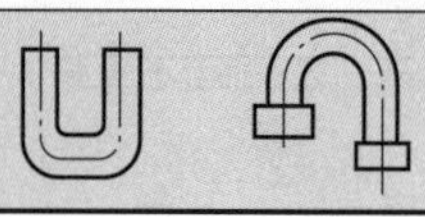	拔长、弯曲	吊钩、弯杆

工艺规程的内容还包括：确定所用工夹具、加热设备、加热规范、加热次数、冷却规范、锻造设备和锻件的后续处理等。

3.2.3   自由锻锻件的结构工艺性

设计自由锻锻件时，除应满足使用性能要求之外，还必须考虑自由锻成形的特点，锻件外形结构的复杂程度受到很大的限制。许多在铸造中是合理的零件结构，而在自由锻中很难锻出，甚至不能实现。因此，在设计自由锻锻件时，应考虑自由锻锻件的工艺性，使锻件结构合理，以达到锻造方便、节约金属、保证质量和提高生产率的目的。

1. 尽量避免锥体和斜面结构

锻造具有锥体或斜面结构的锻件时，需用专门工具，耗费工时多，质量不易保证，应尽量避免。在使用要求允许的前提下，宜用圆柱体代替锥体，用平面代替斜面，如图 3-13 所示。

2. 避免曲面相交的空间曲线

锻件由数个几何体构成时，几何体的交接处不应形成空间曲线。图 3-14(a) 所示结构采用自由锻方法极难成形，应改成平面与圆柱、平面与平面相接的结构(图 3-14(b))。

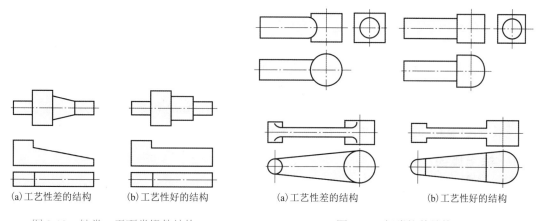

(a) 工艺性差的结构   (b) 工艺性好的结构

图 3-13   轴类、平面类锻件结构

(a) 工艺性差的结构   (b) 工艺性好的结构

图 3-14   杆类锻件结构

3. 避免加强筋、凸台、工字形截面或空间曲线形表面

图 3-15(a) 所示的锻件结构，难以用自由锻方法获得，如果采用特殊工具或特殊工艺措施，必将降低生产率，增加生产成本。应将锻件结构改成图 3-15(b) 所示结构。

4. 合理采用组合结构

锻件的横截面积有急剧变化或形状复杂时 (图 3-16(a))，应分解成几个容易锻造的简单部分，再用焊接或机械连接方式构成整体件 (图 3-16(b))。

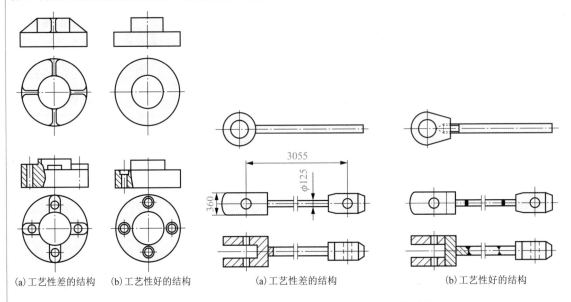

| (a) 工艺性差的结构 | (b) 工艺性好的结构 | (a) 工艺性差的结构 | (b) 工艺性好的结构 |

　　图 3-15　盘类锻件结构　　　　　　　　　　图 3-16　复杂件结构

3.3　模　　锻

模锻是在高强度金属锻模上预先制出与锻件形状一致的模膛，使坯料在模膛内受压变形，由于模膛对金属坯料流动的限制，因而锻造终了时能得到和模膛形状相符的锻件。

与自由锻相比，模锻的优点是：操作简便，生产率高；可以锻造形状较复杂的锻件；锻件的尺寸精确、表面较光洁，因而机械加工余量小，材料利用率高，成本较低；而且可使锻件的金属纤维组织分布更加合理，进一步延长了零件的使用寿命。

但模锻设备投资大，锻模成本高，生产准备周期长，锻件的质量受到模锻设备公称压力的限制，一般在 1500kN 下。因此，模锻不适合于单件小批生产，而适合于中小型锻件的大批量生产。模锻生产在汽车、拖拉机、飞机和动力机械等工业中得到广泛应用。按质量计算，飞机上的锻件中模锻件占 85%，坦克上占 70%，汽车上占 80%，机车上占 60%。

模锻按使用设备的不同，可分为锤上模锻、压力机上模锻和胎模锻。

3.3.1　锤上模锻

锤上模锻是将上模固定在锤头上，下模紧固在模垫上，通过随锤头做上下往复运动的上模，对置于下模中的金属坯料施以直接锻击，来获取锻件的锻造方法。锤上模锻所用设备为模锻锤，由它产生的冲击力使金属变形。

1. 锻模结构

锤上模锻生产所用的锻模如图 3-17 所示。上模 2 和下模 4 分别用紧固楔铁 10、7 固定在锤头 1 和模垫 5 上，模垫用紧固楔铁 6 固定在砧座上。锻模由专用的模具钢加工制成，必须具有足够的强度，较高的热硬性、耐磨性和耐冲击性能。

模腔根据其功用不同，分为模锻模腔和制坯模腔两种。

1) 模锻模腔

模锻模腔又分为终锻模腔和预锻模腔两种。

(1) 终锻模腔：其作用是使坯料最后变形到锻件所要求的形状和尺寸，因此它的型腔应与锻件的外形相同。但因锻件冷却时要收缩，终锻模腔的尺寸应比锻件尺寸大一个收缩量。钢件的收缩量取 1.5%。沿模腔四周有飞边槽，锻造时部分金属先压入飞边槽内形成毛边，毛边很薄，最先冷却，可以阻碍金属从模腔内流出，以促使金属充满模腔，同时容纳多余的金属。对于具有通孔的锻件，由于不可能靠上、下模的凸起部分把金属完全挤压到旁边去，故终锻后在孔内留下一薄层金属，称为冲孔连皮(图 3-18)。锻后利用压力机上的切边模将冲孔

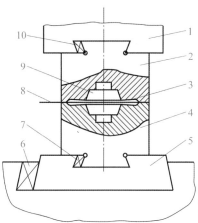

1-锤头；2-上模；3-飞边槽；4-下模；5-模垫；
6、7、10-紧固楔铁；8-分型面；9-模腔

图 3-17 锤上模锻用锻模

连皮和飞边去除。

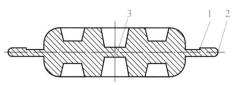

1-飞边；2-分型面；3-冲孔连皮

图 3-18 带有冲孔连皮及飞边的模锻件

(2) 预锻模腔：其作用是使坯料的形状和尺寸接近锻件，以保证终锻时金属容易充满终锻模腔，获得成形良好、无折叠、裂纹或其他缺陷的锻件，并减少终锻模腔的磨损，延长其使用寿命。对于形状比较复杂的锻件，如连杆、拨叉、叶片等，当生产批量较大时，常采用预锻模腔。对于形状简单或批量不大的锻件也可以不设预锻模腔。预锻模腔的尺寸和形状与终锻模腔的相近似，只是预锻模腔的高度应比终锻模腔大些，而宽度应小些，模锻斜度和圆角半径稍大，同时由于预锻模腔没有飞边槽，其模腔容积应稍大于终锻模腔。

2) 制坯模腔

对于形状复杂的模锻件，原始坯料进入模锻模腔前，先放在制坯模腔制坯，按锻件最终形状作初步变形，使金属合理分布并能很好地充满模锻模腔。制坯模腔有以下几种。

(1) 拔长模腔：用来减小坯料某部分的横截面积，以增加该部分的长度(图 3-19(a))。操作时一边送进坯料，一边翻转。

(2) 滚压模腔：用来减小坯料某部分的横截面积，以增加另一部分的横截面积，使其按模锻件的形状来分布(图 3-19(b))。操作时需不断翻转坯料，但不做送进运动。

(3) 弯曲模腔：对于弯曲的杆状锻件，需用弯曲模腔来弯曲坯料(图 3-19(c))。

(4) 切断模腔：它是由上模与下模的角部组成的一对刃口，用来切断金属(图 3-19(d))。单件锻造时，用它从坯料上切下锻件或从锻件上切下钳口；多件锻造时，用它来分割成单件。

除以上几种之外，还有成形模腔、镦粗台和击扁面等制坯模腔。

根据模锻件的复杂程度不同，所需变形的模腔数量不等，可将锻模设计成单腔锻模和多腔锻模。单腔锻模是在一副锻模上只具有终锻模腔，如齿轮坯模锻件即可将圆柱形坯料直接

放入单腔锻模中成形。多腔锻模是在一副锻模上具有两个以上模腔的锻模。图3-20是弯曲连杆的锻模（下模）及模锻工序图，锻模上共有五个模腔。坯料经过拔长、滚压、弯曲三个制坯模腔的变形工序后，已初步接近锻件的形状，然后再用预锻和终锻模腔制成带有毛边的锻件，最后还需在压力机上用切边模将毛边切除，获得所需外形的锻件。

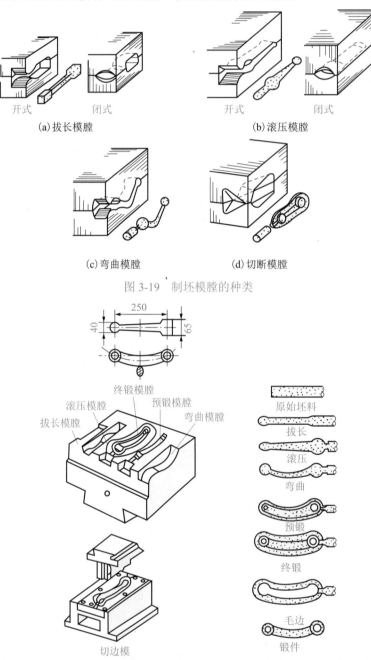

（a）拔长模腔　　　　　　　　　　（b）滚压模腔

（c）弯曲模腔　　　　　　　　（d）切断模腔

图3-19　制坯模腔的种类

图3-20　弯曲连杆的锻模（下模）及模锻工序图

　　锤上模锻虽然具有投资较少，锻件质量较好，适应性强，可以实现多种变形工步，锻制不同形状的锻件等优点，但由于锤上模锻振动大、噪声大，完成一个变形工步往往需要经过多次锤击，故难以实现机械化和自动化，生产率在模锻中相对较低。

2. 模锻工艺规程的制定

模锻工艺规程包括绘制模锻锻件图、计算坯料质量和尺寸、确定模锻工步、确定修整工序等。

1）绘制模锻锻件图

锻件图是设计和制造锻模、计算坯料及检验锻件的依据。绘制模锻锻件图时应考虑以下几个问题。

（1）分型面：分型面是上、下模的分界面。它在锻件上的位置是否合适，关系到锻件成形、锻件出模、材料利用率及锻模加工等一系列问题。选择分型面位置的原则如下。

① 要保证锻件能从模膛中顺利取出。一般情况下，分型面应选在模锻件的最大截面处。若选图 3-21 所示中的 $a—a$ 面为分型面，锻件就无法取出。

② 选定的分型面应使零件上所加的余块最少，以节省金属材料。若选图 3-21 中 $b—b$ 面为分型面，零件中间的孔不能锻出，孔部金属都是余块，既浪费金属、降低了材料的利用率，又增加了切削加工工作量，所以该面不宜选作分型面。

③ 为了便于锻模的机械加工和锻件的切边，同时也为了节约金属材料，盘类锻件的高度小于或等于直径时，应取径向分模（图 3-21 中 $c—c$ 面），而不宜用轴向分模（图 3-21 中 $b—b$ 面）。因径向分模的锻模型槽可车削加工，效率高，切边模刃口形状简单，制造方便；径向分模还可锻出内腔，节约金属。但当高度与直径之比较大时，若仍采用径向分模，则因模具高度尺寸太大，锻造困难，锻锤打击能量下降，需要的出模力也大。

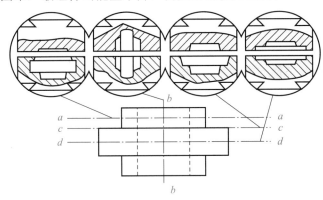

图 3-21　分型面选择比较图

④ 为使锻模结构尽量简单和便于发现上下模在模锻过程中的错移，应尽可能采用直线分模，并使上下两模沿分型面的模膛轮廓一致。若选图 3-21 所示中 $c—c$ 面为分型面，则不便于发现错移。

但对于头部尺寸明显偏大的锻件（图 3-22），最好用折线分模而不用直线分模，这样可使上、下模膛深度大致相等，有利于整个锻件填充成形。

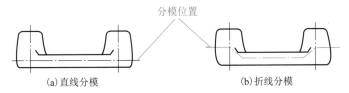

(a)直线分模　　　　　　　　　　(b)折线分模

图 3-22　直线分模与折线分模

⑤ 考虑到锻件工作时的受力情况，应使纤维组织与最大切应力方向垂直，如图 3-23 所示。

⑥ 锻件较复杂的部分应尽可能安排在上模。因为金属流动的惯性作用，上模充型效果比下模要好得多。

按上述原则综合分析，选用图 3-21 所示 d—d 面为分型面最合理。

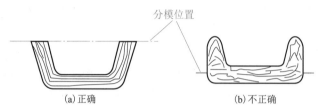

图 3-23　有纤维组织方向要求的锻件分模位置

(2) 加工余量和公差： 模锻件这些量的含义与自由锻件相同。模锻时由于坯料在模膛中成形，故锻件尺寸较精确、表面较光洁，因此，加工余量和公差比自由锻件小得多。加工余量一般为 1～4mm，公差一般为 0.3～3mm。具体数值可根据锻件轮廓尺寸、精度要求及锻件质量等查有关手册确定。

(3) 模锻斜度： 模锻件的侧面，即平行于锤击力方向的表面必须具有一定的斜度（图 3-24），称为模锻斜度。模锻斜度便于锻件从模膛中取出，但增加了金属消耗和机械加工量，因此应合理选择。对于锤上模锻，模锻斜度一般为 5°～15°，其值与模膛的深度和宽度之比（h/b）有关，h/b 越大时，则模锻斜度取较大值。内壁（当锻件冷却收缩时，锻件与模壁夹紧的表面）斜度 α_2，其值比外壁（当锻件冷却收缩时，锻件与模壁离开的表面）斜度 α_1 大 2°～5°。

(4) 模锻圆角半径： 模锻件上凡是面与面相交处都应做成圆角，如图 3-25 所示。锻件的外圆角半径（r）对应模具型槽的内圆角，有助于金属流动而充满模膛，还可避免锻模在凹入的尖角处产生应力集中而造成裂纹；锻件的内圆角半径（R）对应模具型槽上的外圆角，可以缓和金属充型时的剧烈流动，减缓锻模外角处的磨损，延长锻模的使用寿命，还可以防止因剧烈变形造成金属纤维组织被割断（转角处发生内裂），导致锻件力学性能下降。一般模锻件外圆角半径取 1.5～12mm，内圆角半径比外圆角半径大 2～3 倍。模膛深度越深，圆角半径值越大。为了便于制模和锻件检测，圆角半径尺寸已经形成系列，其标准是 1、1.5、2、2.5、3、4、5、6、8、10、12、15、20、25 和 30 等，单位为 mm。

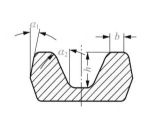

图 3-24　模锻斜度

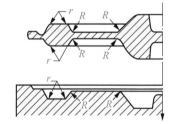

图 3-25　模锻圆角半径

(5) 冲孔连皮： 模锻件的孔径大于 25mm 时，孔应锻出，但由于模锻无法锻出通孔，需在孔中留出冲孔连皮。冲孔连皮也是锻件的多余部分，要在切边压力机上与飞边一起切除。连皮厚度应适当，如果连皮过薄，锻造时上、下模不易"打靠"，容易发生锻不足并要求较大的打击力，从而导致模具凸出部分加速磨损；如果连皮太厚，则因冲除连皮困难，容易使锻件变形，而且浪费金属。冲孔连皮的厚度与孔径有关，当孔径为 25～80mm 时，冲孔连皮的厚度应取 4～8mm。当孔径小于 25mm 时，一般不锻出，因为孔径越细、冲孔连皮越薄时，冲头越容易损坏。

上述各参数确定后，便可绘制锻件图。图 3-26 所示为齿轮坯的模锻锻件图。分型面选在锻件高度的中部。零件轮辐部分不加工，故不留加工余量。图中内孔中部的两条水平直线为冲孔连皮切除后的痕迹线。

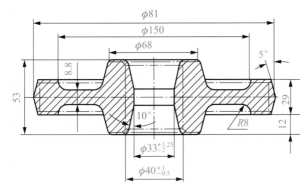

图 3-26　齿轮坯模锻锻件图

2)计算坯料质量和尺寸

其步骤与自由锻件相似。其坯料质量包括锻件、飞边、冲孔连皮、钳口料头以及加热产生的氧化皮等的质量。其中，飞边的多少与锻件的形状和大小有关，一般为锻件质量的 20%～25%；氧化皮质量占锻件和飞边质量总和的 2.5%～4%。

3)确定模锻工步

模锻工步主要根据锻件的形状与尺寸来确定。根据已确定的工步即可设计出制坯模膛、预锻模膛及终锻模膛。模锻件按形状可分为两类：长轴类零件与盘类零件。长轴类零件的长度与宽度之比较大，如阶梯轴、连杆等；盘类零件在分型面上的投影多为圆形或近于矩形，如齿轮、法兰盘等。

(1)长轴类模锻件：常用的工步有拔长、滚压、弯曲、预锻和终锻等。坯料的横截面积大于锻件的最大横截面积时，选用拔长工步。而当坯料的横截面积小于锻件的最大横截面积时，选用滚压工步。锻件的轴线为曲线时，还应选用弯曲工步。当大批量生产形状复杂、终锻成形困难的锻件时，还需选用预锻工序，最后在终锻模膛中模锻成形。对于小型长轴类锻件，为了减少钳口料和提高生产率，常采用一根棒料上锻造数个锻件的方法，锻好后利用切断工步，将锻件分离。

(2)盘类模锻件：常用镦粗、终锻等工序。对于形状简单的盘类零件，可只用终锻工步直接成形。对于形状复杂，有深孔或有高肋的锻件，则应增加镦粗、预锻等工步。

4)确定修整工序

包括切边、冲孔、热处理、清理、校正等。

(1)切边与冲孔：模锻件上的飞边及冲孔连皮，需在压力机上进行切除。切边与冲孔可以在热态或冷态下进行。对于大、中型锻件在终锻以后趁热放入另一台装有切边冲孔模的压力机上进行热切和热冲(图 3-27)。热切和热冲所需冲裁力小，但锻件容易变形。对于小型锻件和精度要求较高的锻件，则在模锻后集中进行冷切和冷冲。

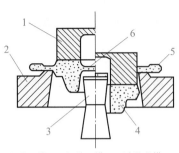

1—凸凹模；2—切边凹模；3—冲孔凸模；
4—锻件；5—飞边；6—冲孔连皮

图 3-27　冲孔切边复合模

（2）热处理：目的是消除模锻件的晶粒不均、加工硬化和残余应力，以达到所需的力学性能。常用的热处理方法为正火或退火。

（3）清理：为了提高模锻件的表面质量，模锻件需要去除在生产中产生的氧化皮、所沾油污及毛刺等其他表面缺陷。

（4）校正：上述修整工序过程中均可能引起锻件变形，因此需要最后进行校正。校正可在原来的终锻模膛或摩擦压力机的校正模上进行。

3. 模锻件的结构工艺性

设计模锻件时，应考虑模锻的工艺特点，使结构合理，易于锻造成形。

（1）应设计合理的分型面位置、模锻斜度和模锻圆角半径。

（2）为了使金属容易充满模膛和减少模锻工步，锻件形状应力求简单、平直和对称，并避免截面尺寸差别过大和薄壁、高筋、凸起等结构。最小与最大截面积之比应大于 0.5。图 3-28（a）所示锻件最小与最大截面尺寸差别过大，凸缘太薄、太高。图 3-28（b）所示锻件扁而薄，金属易于冷却，不易充满模膛。图 3-28（c）所示锻件有一个高而薄的凸缘，金属充型和取出锻件都较困难，如改成图 3-28（d）所示形状，则容易锻造。

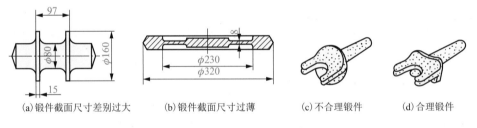

(a) 锻件截面尺寸差别过大　　(b) 锻件截面尺寸过薄　　(c) 不合理锻件　　(d) 合理锻件

图 3-28　模锻件结构工艺性

（3）应避免深孔或多孔结构，锻件上直径小于 30mm 的孔或深度大于直径两倍的孔，均不易锻出，只能设计余块，锻后机械加工成形。

（4）为减少余块，简化模锻工艺，在可能的条件下，应采用锻-焊组合工艺。

3.3.2　压力机上模锻

锤上模锻尽管仍在锻造生产中广泛应用，但模锻锤在工作中存在振动和噪声大、劳动条件差、蒸汽效率低、能源消耗多等难以克服的缺点。因此，近年来特别是大公称压力的模锻锤有逐步被压力机所取代的趋势。

常用的模锻压力机有曲柄压力机、摩擦压力机和平锻机等。

1. 曲柄压力机上模锻

曲柄压力机传动系统如图 3-29 所示。电动机通过带轮和齿轮副的传动，带动曲柄转动，通过连杆使滑块沿导轨做上下往复运动。锻模的上、下模分别安装在滑块和楔形工作台上。滑块和工作台内分别装有上顶杆（图中未画出）和下顶杆，用来从模膛中推出锻件。曲柄滑块机构的运动是靠摩擦离合器的作用，而停止则是由制动器控制。

曲柄压力机的公称压力是用滑块运行到接近最低位置时所产生的最大压力来表示的，一般是 2000～120000kN。

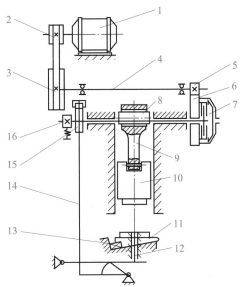

1-电动机；2-小带轮；3-大带轮；4-传动轴；5-小齿轮；6-大齿轮；7-摩擦离合器；8-曲柄；9-连杆；10-滑块；
11-楔形工作台；12-下顶杆；13-楔铁；14-顶料连杆；15-凸轮；16-制动器

图 3-29　曲柄压力机传动系统图

曲柄压力机上模锻具有下列主要特点。

(1)滑块的行程固定，坯料变形在一次行程内完成，加之机架刚性大，导轨与滑块的间隙小，装配精度高，上下模能够准确地合在一起，不产生错动，故锻件的尺寸精度高。

(2)滑块运行速度低(0.25～0.5m/s)，作用力是静压力，金属在模腔内流动较慢，这对低塑性合金的成形十分有利。另外，变形抗力由机架本身承受，不传给地基，因此工作时无振动、噪声小、劳动条件好。

(3)设有上、下顶出机构，能使锻件自动脱模，因此比锤上模锻的锻模斜度小，生产率高，且便于实现机械化和自动化。

(4)由于一次行程就使上、下模闭合，若采用一次成形，坯料难以充满终锻模腔，且氧化皮也无法清除，因此曲柄压力机上模锻多采用多腔锻模，使坯料经过制坯—预锻—终锻几个工步完成模锻过程。

(5)由于曲柄压力机的滑块行程和压力不能随意调节，不宜进行拔长、滚压等制坯工步，因此生产轴类锻件时，需要先在辊锻机上轧出周期断面坯料，再在曲柄压力机上模锻。

(6)由于冲击较小，锻模可采用镶块式锻模，以节省贵重锻模钢。

曲柄压力机上模锻虽然具有锻件精度高、节约金属、生产率高、劳动条件好等优点，但其设备复杂、造价高。由于不便于脱除氧化皮，常需无氧加热，有时还需采用其他设备来制坯，因此，曲柄压力机模锻主要用于具有现代辅助设备的大厂模锻件的大批量生产。

2. 摩擦压力机上模锻

摩擦压力机的传动系统如图 3-30 所示。当利用操纵手柄使摩擦轮向左或向右移动时，两个摩擦轮之一就与飞轮接触，带动飞轮和螺杆旋转。随着两个摩擦轮引起飞轮转向的不同，便使螺杆下端的滑块上下运动，从而实现模锻生产。上模装在滑块下端，下模固定在工作台上。工作台下装有顶出机构(图中未画出)，用以顶出长杆类锻件。

摩擦压力机主要靠飞轮、螺杆和滑块向下运动时所积蓄的能量来工作的，其公称压力用滑块到达工作行程终点时所产生的压力来表示，一般为800～3500kN。

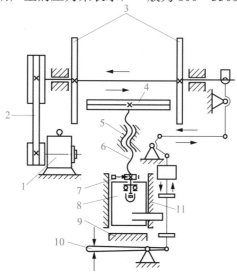

1-电动机；2-带传动；3-摩擦轮；4-飞轮；5-螺母；6-螺杆；
7-制动装置；8-滑块；9-工作台；10-操纵手柄；11-导轨

图3-30　摩擦压力机传动系统图

摩擦压力机上模锻的主要特点如下。

(1)摩擦压力机工作过程中滑块运动速度为0.5～1.0m/s，具有一定的冲击作用，且滑块行程可控，因而可实现轻打、重打，可在一个模膛内进行多次锻打。不仅能满足模锻各种主要成形工序的要求，还可以进行弯曲、压印、热压、静压、切飞边、冲连皮及校正等工序。

(2)由于滑块打击速度比锻锤低，故金属变形过程中再结晶能较充分地进行，这对于一些低塑性合金钢和非铁合金材料(如铜合金)的锻压非常适宜。但也因此其生产效率较低。

(3)摩擦压力机螺杆承受偏心载荷的能力差，一般用于单膛锻模，加预锻模膛时两模膛的中心距不应超过螺杆的节圆半径。复杂锻件需在自由锻设备或其他设备上制坯。

摩擦压力机的优点是结构简单、质量轻、容易制造、维修方便、节省动力、使用费低廉、基建要求不高、工艺用途广泛。缺点是生产率低、公称压力较小，因此适合于中小型锻件的小批或中批生产。

3. 平锻机上模锻

平锻机的工作原理与曲柄压力机相似，运动从电动机开始到主滑块的往复运动，也是通过曲柄滑块机构来实现的。与普通曲柄压力机的主要区别是主滑块在水平方向运动，故又称卧式锻造机。

平锻机的公称压力以主滑块的最大压力来表示，一般为500～31500kN。

图3-31(a)所示为平锻机的传动图。电动机的转动传至曲轴后，通过主滑块带动凸模做纵向往复运动，同时又通过凸轮、杠杆带动活动凹模做横向往复运动。挡料板通过辊子与主滑块的轨道相连，当主滑块向前运动时，轨道斜面迫使辊子上升，并使挡料板绕其轴线转动，挡料板末端便移至一边，给凸模让出路来。

图3-31(b)所示为平锻机的模锻过程图。将一端加热的棒料放在固定凹模内，棒料前端的

位置由挡料板决定。在凸模与棒料接触之前，活动凹模已将棒料夹紧，而挡料板自动退出。凸模继续运动将棒料一端镦粗，金属充满模膛。然后滑块反向运动，凸模从模膛中退出，活动凹模松开，挡料板又回复到原来的位置上，锻件即可取出。上述过程是在曲柄回转一周的时间内完成的。

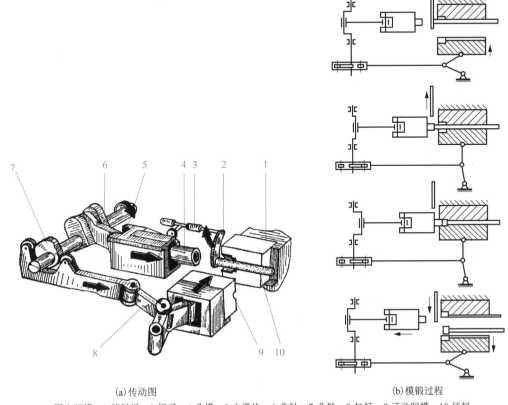

(a) 传动图　　　　　　　　　　　　　(b) 模锻过程

1-固定凹模；2-挡料板；3-辊子；4-凸模；5-主滑块；6-曲轴；7-凸轮；8-杠杆；9-活动凹模；10-坯料

图 3-31　平锻机示意图

由上可知，平锻机所用锻模由固定凹模、活动凹模和凸模三部分组成，具有两个相互垂直的分型面。

平锻机上模锻主要是利用凸模对棒料局部镦粗，以及成形、冲孔和切边等工作，还可利用两块凹模合模时的夹紧力对坯料进行弯曲、切断等，尤其是能锻造锻锤和曲柄压力机所不能锻造的带通孔或长杆类锻件。

平锻机上模锻具有以下特点。

(1) 扩大了模锻的使用范围，可以锻出在锤上和曲柄压力机上无法锻出的锻件。

(2) 平锻机的结构刚性好，工作时无振动，滑块行程准确，锻件尺寸精度高，表面光洁。

(3) 生产率高，每小时可生产 400～900 件。

(4) 能直接锻出通孔，无冲孔连皮，锻件毛边小，甚至没有，锻件外壁不需要模锻斜度，故能减少金属的损耗，材料利用率可达 85%～95%。

(5) 平锻机的造价较高，要求坯料尺寸精确，锻件形状有局限性，一般不宜平锻非回转体和中心不对称的锻件。

3.3.3 胎模锻

胎模锻是在自由锻设备上使用可移动模具生产模锻件的一种锻造方法。所用模具称为胎模，其结构简单，形式多样，且不固定在锤头和砧座上，只在使用时才放上去。一般选用自由锻方法制坯，然后在胎模中终锻成形。

胎模按其结构大致可分为扣模、套筒模及合模三种类型。

1. 扣模

扣模由上、下扣组成（图 3-32(a)），或只有下扣，上扣以上砧代替（图 3-32(b)）。扣模中锻造时锻件不翻转，扣形后翻转 90°在锤砧上平整侧面。锻件不产生飞边及毛刺。扣模用于具有平直侧面的非回转体锻件的成形。

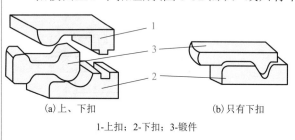

(a)上、下扣　　　　(b)只有下扣

1-上扣；2-下扣；3-锻件

图 3-32　扣模

2. 套筒模

套筒模简称套模，分开式套模和闭式套模两种。

(1) 开式套模（图 3-33(a)）：开式套模只有下模，上模以上砧代替。金属在模膛中成形，在上端面形成横向小毛边。开式套模主要用于法兰盘、齿轮等回转体锻件的最终成形或制坯，当用于最终成形时，锻件的端面必须为平面。

(2) 闭式套模（图 3-33(b)）：闭式套模由模套、冲头及垫模组成。与开式套模不同之处是，锤头的打击力通过冲头传给金属，使其在封闭模膛中变形，封闭模膛大小取决于坯料体积。闭式套模属于无毛边锻造，要求下料体积准确。主要用于端面有凸台或凹坑的回转体锻件的制坯与终锻成形，有时也可用于非回转体锻件。

3. 合模

合模由上、下模及导向装置组成（图 3-34）。在上下模的分型面上环绕模膛开有飞边槽。金属在模膛中成形，多余金属流入飞边槽，锻后需将飞边切除。合模多用于生产形状较复杂的非回转体锻件，如连杆、叉形锻件等。

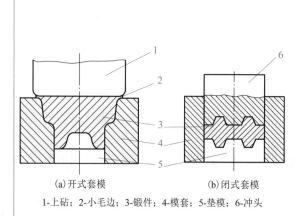

(a)开式套模　　　　(b)闭式套模

1-上砧；2-小毛边；3-锻件；4-模套；5-垫模；6-冲头

图 3-33　套模

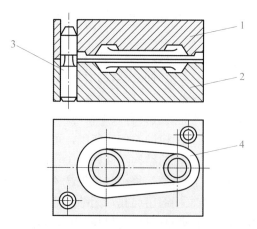

1-上模；2-下模；3-导销；4-飞边

图 3-34　合模

　　胎模锻与自由锻相比，具有生产率较高，锻件形状准确，精度较高，余块少，内部组织致密，纤维分布更符合性能要求等优点。与模锻相比，具有成本低、操作灵活、使用方便等优点。但胎模锻的锻件精度和生产率不如锤上模锻高，工人劳动强度较大，胎模寿命短。胎模锻一般用于小型锻件的中、小批量生产，在没有模锻设备的中小型工厂应用较广泛。

3.4　板料冲压

　　板料冲压是利用冲模使板料产生分离或变形，从而获得毛坯或零件的压力加工方法。板料冲压通常是在冷态下进行的，故又称为冷冲压。只有当板料厚度超过 8～10mm 时，才采用热冲压。

　　冲压加工的应用范围很广，既可冲压金属板料，也可冲压非金属材料；不仅能制造很小的仪表零件，而且能制造如汽车大梁等大型零件。在汽车、拖拉机、电机、电器、航空、仪表及日常生活用品等制造行业中，冲压加工都占有重要的地位。

　　板料冲压具有以下特点。

　　(1) 可冲压形状复杂的零件，废料较少，材料利用率高。

　　(2) 冲压件具有较高的尺寸精度和表面质量，互换性好，一般不必再经切削加工。

　　(3) 可获得强度高、刚度大、重量轻的零件。

　　(4) 操作简便，工艺过程便于机械化和自动化，生产率高，故成本低。

　　(5) 冲模制造复杂、周期长、费用高，所以只有在大批量生产的情况下，其优越性才能充分地显露出来。

　　(6) 板料必须具有足够的塑性，且厚度受到一定的限制。

　　板料冲压所用设备主要有剪床和冲床两类。剪床是把板料切成一定宽度的条料，以供冲压工序使用。除剪切工作外，冲压工作主要在冲床上进行。冲床的传动一般采用曲柄滑块机构，将电动机的旋转运动转变为滑块的往复运动。冲床的公称压力用滑块接近最低点时所产生的最大压力来表示。单柱冲床的公称压力为 40～4000kN，双柱冲床具有较高的结构稳定性，其公称压力为 1600～40000kN。常见小型冲床的结构如图 3-35 所示。电动机通过带传动带动大带轮(飞轮)转动，踩下踏板，离合器闭合并带动曲轴转动，再经过连杆带动滑块沿导轨做上下往复运动，进行冲压工作。如果将踏板踩下后立即抬起，离合器随即脱开，滑块冲压一次后便在制动器的作用下，停止在最高位置上；如果踏板不抬起，滑块就进行连续冲压。滑块和上模的高度以及冲程的大小，可通过曲柄连杆机构进行调节。

　　板料冲压的基本工序可分为分离工序和成形工序两大类。

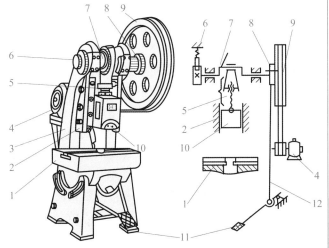

1-工作台；2-导轨；3-床身；4-电动机；5-连杆；6-制动器；
7-曲轴；8-离合器；9-带轮；10-滑块；11-踏板；12-拉杆

图 3-35　冲床

3.4.1　分离工序

分离工序是使板料的一部分与其另一部分产生分离的冲压工序，如落料、冲孔、修整、切断等。

1. 冲裁

冲裁是使板料沿封闭轮廓分离的工序。冲裁包括落料和冲孔两个具体工序，它们的模具结构、操作方法和分离过程完全相同，但各自的作用不同。落料时，从板料上冲下的部分是成品，而板料本身则成为废料或冲剩的余料。冲孔是在板料上冲出所需要的孔洞，冲孔后的板料本身是成品，冲下的部分是废料。

1) 冲裁变形过程

板料的冲裁过程分为如下三个阶段，如图3-36所示。

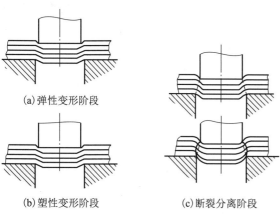

(a) 弹性变形阶段

(b) 塑性变形阶段　　(c) 断裂分离阶段

图 3-36　冲裁变形和分离过程

（1）弹性变形阶段：冲头（凸模）接触板料后，开始使板料产生弹性压缩、拉伸与弯曲等变形。随着冲头继续压入，材料内的应力达到弹性极限。此时，凸模下的材料略有弯曲，凹模上的材料则向上翘。间隙越大，弯曲和上翘越严重。

（2）塑性变形阶段：当冲头继续压入，冲压力增加，材料内的应力达到屈服极限时便开始进入第二阶段，即塑性变形阶段。材料内部的拉应力和弯矩都增大，位于凸、凹模刃口处的材料硬化加剧，直到刃口附近的材料出现微裂纹，冲裁力达到最大值。材料出现微裂纹，说明材料开始破坏，因而塑性变形阶段结束。

（3）断裂分离阶段：当冲头再继续深入时，已形成的上、下微裂纹逐渐扩大并向内延伸，当上、下裂纹相遇重合时，材料便被剪断分离。

冲裁件被剪断分离后其断裂面的区域特征如图3-37所示。冲裁件的断面上可以分为塌角、光亮带、剪裂带和毛刺四个部分。图3-37中 a 为塌角，形成塌角的原因是当冲头压入材料时，刃口附近的材料被牵连拉入变形的结果；图3-37中 b 为光亮带，是在塑性变形过程中，由冲头挤压切入所形成的，其表面很光滑，表面质量最佳；图3-37中 c 为剪裂带，是材料在剪断分离时所形成的断裂表面，较粗糙并略带斜度；图3-37中 d 为毛刺。其中，光亮带所占比例越大，剪裂带占比例越小，冲裁质量越好，而各区所占比例取决于板料性能及厚度、凸凹模间隙、刃口锋利程度等因素。塑性较好的材料变形容易，裂纹不易扩展，剪裂带小，冲裁质量较好，因此，冲压件通常采用低碳钢。

2) 冲裁模间隙

冲裁模间隙对冲裁件断面质量有极重要的影响，而且还影响模具寿命、冲裁力、卸料力、推件力和冲裁件的尺寸精度等。间隙过大或过小均将导致上、下两方的剪裂纹不能相交重合于一线，如图3-38所示。

间隙过小时，材料中拉应力成分减小，压应力增大，裂纹产生受到抑制，凸模刃口附近的剪裂纹比正常间隙时向外错开一段距离，上下裂纹不能很好地重合，两裂纹中间的材料随着冲裁过程的进行将发生第二次剪切，并在断面上形成第二个光亮带，这时毛刺也增大。间隙过大时，材料中的拉应力增大，塑性变形阶段结束较早，凸模刃口附近的剪裂纹较正常间隙时向内错开一段距离，因此光亮带小，剪裂带和毛刺均较大。间隙控制在合理的范围内时，上下裂纹基本重合于一线，这时光亮带占板厚的 1/3 左右，毛刺最小。

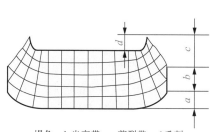

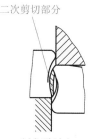 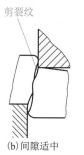 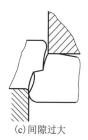

a-塌角；*b*-光亮带；*c*-剪裂带；*d*-毛刺　　　　(a)间隙过小　　(b)间隙适中　　(c)间隙过大

图 3-37　冲裁工件断裂面变形特征　　　　图 3-38　间隙对剪裂纹重合的影响

间隙的大小也是影响模具寿命的最主要因素。冲裁过程中，凸模与被冲的孔之间、凹模与落料件之间均有摩擦，间隙越小，摩擦越严重，模具的寿命将降低。间隙对卸料力、推件力也有较明显的影响。间隙越大，则卸料力和推件力越小。

当凸凹模间隙较大时，由于材料所受拉应力增大，冲裁结束后，因材料的弹性恢复使冲裁件尺寸向实体方向收缩，落料件尺寸小于凹模尺寸，冲孔孔径大于凸模直径。当间隙过小时，由于材料受凸凹模挤压力大，故冲裁后，材料的弹性恢复使落料件尺寸增大，冲孔孔径变小。

因此，正确选择合理间隙对冲裁生产至关重要。选用时主要考虑冲裁件断面质量和模具寿命这两个因素。当冲裁件断面质量要求较高时，应选取较小的间隙值。对冲裁件断面质量无严格要求时，应尽可能加大间隙，以利于延长冲模寿命。冲裁模间隙取决于板料材质和厚度，如板厚不大于 3mm 的低碳钢，冲裁模间隙一般取板厚的 7%～14%。

3)凸模与凹模刃口尺寸的确定

冲裁件尺寸和冲模间隙都取决于凸模和凹模刃口的尺寸，因此，正确地确定冲模刃口尺寸及其公差是冲模设计中一项很重要的工作。

冲裁件的尺寸取决于其光亮带的横向尺寸，即对于落料件尺寸取决于凹模刃口尺寸，冲孔件尺寸取决于凸模刃口尺寸。

设计落料模时，先按落料件确定凹模刃口尺寸，取凹模作为设计基准件，然后根据间隙确定凸模尺寸，即用缩小凸模刃口尺寸来保证间隙值。设计冲孔模时，先按冲孔件确定凸模刃口尺寸，取凸模作为设计基准件，然后根据间隙确定凹模尺寸，即用扩大凹模刃口尺寸来保证间隙值。

冲模在使用过程中必然有磨损，落料件的尺寸会随凹模刃口的磨损而增大，而冲孔件的尺寸则随凸模的磨损而减小。为了保证零件的尺寸要求，并延长模具的使用寿命，落料时所取凹模刃口的尺寸应靠近落料件公差范围内的最小尺寸；而冲孔时，所取凸模刃口的尺寸应靠近孔的公差范围内的最大尺寸。不管落料和冲孔，冲模间隙均应采用合理间隙范围内的最小值。

4)冲裁件的结构工艺性

冲裁件的结构工艺性主要包括以下几点。

(1)冲裁件的形状应力求简单、对称，尽可能采用圆形或矩形等规则形状，并使排样时材料利用率最高。图 3-39(b)比图 3-39(a)合理，材料利用率可达 79%。

(2)避免长槽或细长悬臂结构，以便于模具制造和维修，延长模具寿命，防止凸模折断。

（3）工件内、外轮廓上的直线相交处应以圆弧过渡，以避免尖角处因应力集中而产生裂纹。

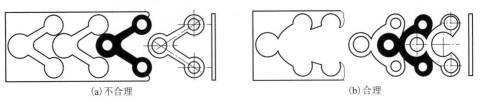

图 3-39　合理设计零件外形

（4）冲裁件的结构尺寸必须考虑材料的厚度（图 3-40）。工件上，孔径不得小于板料厚度 δ；方孔时边长不得小于 0.9δ；孔与孔之间、孔与工件边缘之间的距离不得小于 δ；外缘的凸起与凹入的尺寸不得小于 1.5δ。孔距过小时，凹模强度过低，容易破坏，且工件边缘容易产生歪扭变形。

2. 修整

用一般冲裁方法所冲出的零件，断面粗糙、带有锥度、尺寸精度不高。为了满足高精度零件的要求，冲裁后常需进行修整。修整是利用修整模将落料件的外缘或冲孔件的内缘刮去一层薄的切屑（图 3-41），以切掉冲裁面上的剪裂带和毛刺。

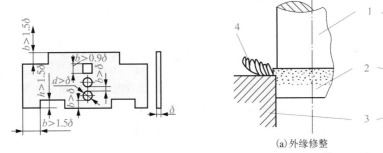

（a）外缘修整　　　　　　（b）内缘修整

1-凸模；2-工件；3-凹模；4-废屑

图 3-40　冲孔件尺寸与板料厚度的关系　　　　图 3-41　修整工艺

修整的机理与冲裁完全不同，而与切削加工相似。对于大间隙冲裁件，单边修整量一般为板料厚度的 10%；对于小间隙冲裁件，单边修整量在板料厚度的 8% 以下。

3. 切断

切断是利用剪刀或冲模将板料沿不封闭的曲线分离的一种冲压方法。它多用于加工形状简单的平板工件。

剪刀安装在剪床上，把大板料剪切成一定宽度的条料，供下一步冲压工序用。冲模是安装在冲床上，用以制取形状简单、精度要求不高的平板件。

3.4.2　成形工序

成形工序是使板料的一部分相对其另一部分产生位移而不破裂的工序，如弯曲、拉深、翻边、胀形等。

1. 弯曲

弯曲是将板料、棒料或管料完成一定曲率和角度的变形工序（图 3-42），如汽车大梁、自行车车把、挡泥板等都是经弯曲工序成形。

弯曲时材料内侧受压应力，而外侧受拉应力。当外侧拉应力超过坯料的抗拉强度时，就会造成金属破裂。弯曲变形量越大、板料越厚、内圆角半径越小，则拉应力越大，越容易弯裂。为防止工件弯裂，需规定出最小弯曲半径 r_{min}，通常 $r_{min}=(0.25\sim1)\delta$（$\delta$ 为板料厚度）。影响最小弯曲半径的因素有以下几点。

(1)材料的力学性能：塑性好的材料或经过再结晶退火的材料，允许的弯曲变形量大，r_{min} 可小。

(2)板料的纤维方向：板料弯曲时，若使弯曲线与纤维方向垂直(图 3-43(a))，则 r_{min} 可小，且弯曲后工件的强度高。若弯曲线与纤维方向一致(图 3-43(b))，则容易弯裂，此时应增大 r_{min}。

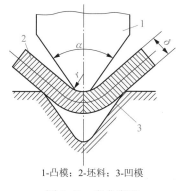

1-凸模；2-坯料；3-凹模

图 3-42　弯曲变形

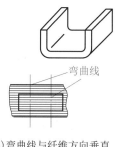
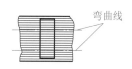

(a)弯曲线与纤维方向垂直　　(b)板料弯曲线与纤维方向一致

图.3-43　弯曲时的纤维方向

(3)板料表面质量：板料表面粗糙或边缘有冲裁毛刺，则容易引起应力集中，为防止弯裂，必须增大 r_{min}。反之，若板料表面光滑，r_{min} 可小些。

在弯曲工序中，另一个重要的工艺因素是回弹。它是由于弹性变形部分的恢复，使工件弯曲后弯曲角度增大，一般回弹角为 $0°\sim10°$。因此，在设计弯曲模时，应使模具弯曲角比零件弯曲角小一个回弹角，以保证成品件的弯曲角度准确。材料的屈服极限越高，回弹值越大；工件的弯曲角越小，弹性变形在总变形中所占的比例增加，回弹值增大。

弯曲件的结构工艺性主要包括以下几点。

(1)弯曲件形状应尽量对称，以保证弯曲时板料受力平衡，防止滑动。

(2)弯曲半径不能小于材料允许的最小弯曲半径，并应考虑材料的纤维方向，以免弯裂。

(3)弯曲带孔的板料时，应使弯曲区与孔边保持一定的距离，否则将引起孔的变形，如图 3-44 所示 L 应大于 2δ。

(4)弯边直线高度应大于板厚的两倍。否则不易成形，应先压槽后弯曲，或加高弯曲后再将多余的高度切除。

(5)在弯曲半径较小的弯边交接处，容易产生应力集中而开裂，可事先钻出止裂孔，能有效防止裂纹的产生(图 3-45)。

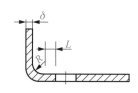

图 3-44　弯曲区孔边距离

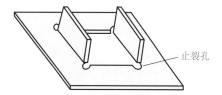

图 3-45　弯曲件上的止裂孔

2. 拉深

利用模具使平板坯料变成开口中空零件的冲压方法，称为拉深。用拉深的方法可以制成筒形、阶梯形、锥形、方盒形等多种形状的薄壁零件，如汽车盖板、仪表壳体、生活器皿等。

拉深过程如图 3-46 所示。

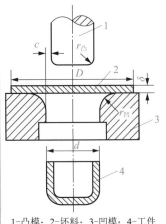

1-凸模；2-坯料；3-凹模；4-工件

图 3-46　拉深过程

为了防止坯料被拉裂，拉深模与冲裁模不同，拉深模的凸凹模工作部分不是锋利的刃口，而是具有一定的圆角，其半径 $r_{凸} \leqslant r_{凹} = (5 \sim 15)\delta$。同时为了减小坯料被拉穿的可能性，拉深模的凸凹模间隙远比冲裁模的大，并且间隙稍大于板料厚度，一般取单边间隙 $c = (1.1 \sim 1.2)\delta$。同样，为避免拉穿，拉深系数 m（拉深后工件直径 d 与坯料直径 D 的比值）不能太小，一般取 $m = 0.5 \sim 0.8$。m 越小，变形程度越大，坯料被拉入凹模越困难，从底部到边缘的转角部分的拉应力也越大，当拉应力超过材料的强度极限时，拉深件的转角处将被拉穿（图 3-47）。对于塑性好的材料，m 可取较小值；坯料的相对厚度 δ/D 大时，外环部分不易失稳、不易起皱，m 值可小；凸凹模的圆角半径大、润滑好，m 值也可小。在实际生产中希望采用较小的拉深系数，以减少拉深次数，简化工艺。

如果拉深系数 m 过小，不能一次拉出最终要求的高度和直径，可采用多次拉深工艺。但多次拉深过程中，加工硬化现象严重。为消除前几次拉深变形中所产生的加工硬化现象，使坯料具有足够的塑性，以便使后续的拉深能够顺利进行，在一两次拉深后，应安排中间退火处理。在多次拉深时，拉深系数 m 值应一次比一次略大些。

拉深过程中，在接触面上涂以润滑剂，可以减小摩擦、降低拉深件壁部的拉应力，也可起到防止拉裂的作用。

在拉深过程中，由于坯料外径 D 与工件直径 d 之间的环形部分在切向受到压应力作用，因而可能产生波浪形，最后形成折皱（图 3-48）。拉深坯料的相对厚度越小，拉深系数越小，越容易产生折皱。为防止产生折皱，可设置压板把坯料压紧（图 3-49）。

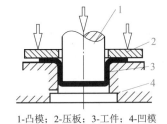

1-凸模；2-压板；3-工件；4-凹模

图 3-47　拉穿废品　　　　图 3-48　折皱拉深件　　　　图 3-49　有压板的拉深

拉深件的结构工艺性主要包括以下几点。

(1) 拉深件形状应力求简单、对称，尽量采用规则形状，使变形稳定。

(2) 空心零件不宜过高或过深，以便减少拉深次数，容易成形。

(3) 拉深件的圆角半径应尽量放大，在不增加工艺程序的情况下，最小允许半径如图 3-50 所示。半径过小将使拉深次数和模具数量增加，并容易产生废品。

3. 翻边

使带孔坯料在孔的周围获得凸缘的冲压工序称为翻边（图 3-51）。在翻边过程中，越接近孔的边缘，拉深变形越大。翻边的变形程度用翻边前的孔径 d_0 与翻边后的孔径 d 的比值 k

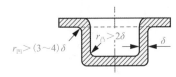

图 3-50　拉深件圆角半径

表示，$k = d_0/d$ 称为翻边系数。k 越小，变形程度越大。

4. 胀形

通过模具，利用塑性物质或液体使空心件或管状坯料在径向扩胀成形的方法称为胀形。图 3-52 所示是将橡胶棒置于半成品之中，在凸模轴向压力的作用下，通过橡胶棒的径向挤压，使工件扩胀成形。为了能够顺利取出工件，凹模是可以分开的。

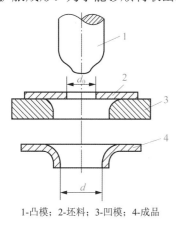

1-凸模；2-坯料；3-凹模；4-成品

图 3-51　翻边

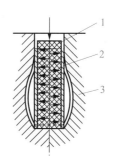

1-橡胶；2-工件；3-凹模

图 3-52　胀形

3.4.3　冲模

冲模是冲压工艺中必不可少的工具。按工序组合方式的不同，冲模可分为简单冲模、连续冲模和复合冲模三类。

1. 简单冲模

在冲床的一次行程中，只完成一道基本工序的冲模(如冲孔、落料、弯曲、拉深等)称为简单冲模。图 3-53 所示为简单冲裁模，凸模 1 用压板 6 固定在上模板 3 上，上模板 3 通过模柄 5 安装在冲床滑块的下端。凹模 2 用压板 7 固定在下模板 4 上，下模板 4 用螺钉固定在冲床的工作台上。导柱 12 和导套 11 的作用是保证凸模和凹模对准。导料板 9 和定位销 10 的作用是控制条料的送进方向与送进量，如图 3-54 所示。卸料板 8 使凸模在冲裁后从板料中脱出。

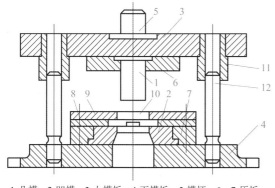

1-凸模；2-凹模；3-上模板；4-下模板；5-模柄；6、7-压板；
8-卸料板；9-导料板；10-定位销；11-导套；12-导柱

图 3-53　简单冲裁模

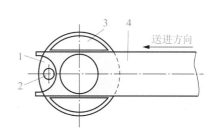

1-凹模；2-定位销；3-导料板；4-条料

图 3-54　条料的送进和定位

简单冲模结构简单，容易制造，适用于单工序完成的冲压件。对于需要多工序才能完成的冲压件，如采用简单冲模，则要制造多套模具，分多次冲压，故生产率和冲压件的精度都较低。

2. 连续冲模

在冲床的一次行程中，在不同工位上同时完成两个或多个冲压工序的冲模称为连续冲模。连续冲模所完成的冲压工序均匀分布在坯料的送进方向上。图 3-55 所示为冲制环形垫圈的连续冲模，冲孔凸模 8 和落料凸模 1、冲孔凹模 5 和落料凹模 4 分别做在同一个模体上，导板 7 起导向和卸料的作用，定位销 3 使条料大致定位，导正销 2 与已冲孔配合使落料时准确定位。

动画

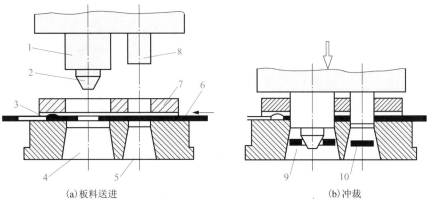

(a) 板料送进　　　　　　　　　　　　(b) 冲裁

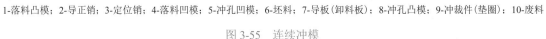
1-落料凸模；2-导正销；3-定位销；4-落料凹模；5-冲孔凹模；6-坯料；7-导板（卸料板）；8-冲孔凸模；9-冲裁件（垫圈）；10-废料

图 3-55　连续冲模

连续冲模可以减少模具和设备数量，提高生产率，而且容易实现生产自动化，但定位精度要求高，制造麻烦，成本较高，适用于一般精度工件的大批量生产。

3. 复合冲模

在冲床的一次行程中，在同一个工位上完成两个或多个工序的冲模称为复合冲模。图 3-56 所示为落料-拉深复合冲模，该模具最突出的特点是有一个凸凹模 1，其外圆是落料凸模，内孔为拉深凹模。板料入位后，凸凹模 1 向下运动，首先在凸凹模和落料凹模 3 中落料，然后拉深凸模 4 将坯料顶入凸凹模内，进行拉深。顶出器 6 和卸料板 7 在滑块回程时将拉深件顶出。

动画

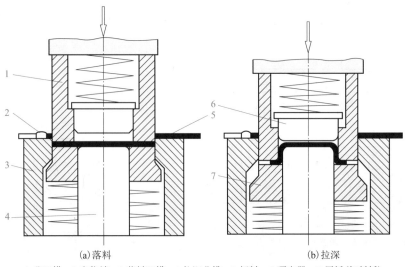

(a) 落料　　　　　　　　　　　　(b) 拉深

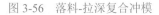
1-凸凹模；2-定位销；3-落料凹模；4-拉深凸模；5-坯料；6-顶出器；7-压板（卸料板）

图 3-56　落料-拉深复合冲模

复合冲模结构复杂，制造麻烦，但是具有较高的加工精度及生产率，适用于高精度工件的大批量生产。

3.5 近净成形压力加工

锻压件通常作为毛坯，经切削加工才能成为零件。随着工业的发展，对锻压加工提出了越来越高的要求，出现了许多特种压力加工工艺方法。其主要特点是尽量使锻压件形状接近零件的形状，以便达到少切削或无切削的目的；提高尺寸精度和表面质量；提高锻压件的力学性能；节省原材料和能源消耗，降低生产成本，提高生产率。

3.5.1 精密模锻

精密模锻是一种提高锻件尺寸精度和力学性能，并直接锻成高精度零件的锻造工艺。它能够锻造出形状复杂的零件，如伞齿轮、叶片等。

普通模锻存在的主要问题是毛坯在未加控制的环境中加热，表面氧化、脱碳现象严重，锻件尺寸精度较低，表面粗糙度值较大，因而加工余量仍较大，金属材料的利用率不高。而精密模锻件的公差和余量为普通锻件的 1/3 左右，表面粗糙度值 Ra 为 3.2～0.8μm，接近半精加工，完全可以不用切削加工或只经过磨削加工成形，因而大大减少了切削加工工作量，提高了材料的利用率。精密模锻必须采取相应的工艺措施才能达到相应的要求，其工艺要点如下。

(1) 精确计算原始坯料的尺寸，严格按质量下料。否则会增大锻件的尺寸公差，降低精度。

(2) 精细清理坯料表面，除净氧化皮、脱碳层及其他缺陷等。

(3) 应采用无氧化或少氧化加热法，尽量减少坯料表面形成氧化皮。

(4) 对精锻模膛的精度要求高，通常应比锻件的精度高 1～2 级。精锻模应有导柱、套筒结构，来保证合模精确。为了排除模膛中的气体，减少金属流动的阻力，更好地充满模膛，在凹模上应开有小出气孔。

(5) 精密模锻应在刚度大、精度高的曲柄压力机或摩擦压力机上进行。

(6) 模锻过程中要充分地进行润滑和冷却锻模。

因此，精锻件的锻造工序成本比普通锻件高，它主要靠减少后续的切削加工来降低成本。选用精密模锻工艺时，必须根据零件整个加工过程的综合经济指标来考虑，产品批量越大，单件成本则越低。

3.5.2 零件挤压

挤压是通过模具的压力将模膛内的金属坯料从模孔或凸、凹模间隙中挤出，以获得一定形状和尺寸工件的加工方法。

1. 按金属流向与凸模动向关系分类

根据金属的流动方向和凸模运动方向的关系，挤压可分为以下几种方式(图 3-57)。

(1) 正挤压：金属的流动方向与凸模运动方向相同。

(2) 反挤压：金属的流动方向与凸模运动方向相反。

(3) 复合挤压：金属的流动方向与凸模运动方向一部分相同，另一部分相反。

（4）径向挤压：金属的流动方向与凸模运动方向相垂直。

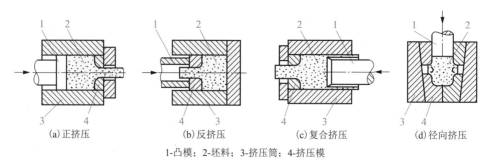

(a) 正挤压　　　　(b) 反挤压　　　　(c) 复合挤压　　　　(d) 径向挤压

1-凸模；2-坯料；3-挤压筒；4-挤压模

图 3-57　挤压方式

2. 按加热温度分类

挤压又可按坯料的加热温度不同分为以下三种。

（1）冷挤压：是指在室温下进行的挤压。冷挤压常用的材料有铝、铜等非铁合金材料和碳素钢、低合金钢等。冷挤压零件的精度可达 IT7～IT6，表面粗糙度值 Ra 为 1.6～0.2μm，同时因加工硬化作用提高了产品的强度。

但冷挤压时，在坯料与模具之间将产生极高的压力（达 2000MPa 以上）。为了降低挤压力、减小金属与模具表面的摩擦、提高零件的表面质量，挤压前应将坯料进行退火、磷化和皂化处理。退火的目的是降低材料的硬度，提高其塑性。磷化和皂化是为了进行润滑处理。因挤压时压力极高，不能采用一般的涂刷润滑剂的方法，而是先采用磷化处理，即将去油后的坯料浸入磷酸盐溶液中，使坯料表面生成一层多孔性的磷化薄膜，以储存润滑剂。磷化后需进行皂化处理，才能使其达到最佳性能。即把磷化后的坯料放入硬脂酸钠溶液中，在表面生成一层皂化膜，同时大量皂液进入磷化膜中，使得在变形中的坯料具有很好的润滑层，确保变形的成功。

（2）热挤压：坯料的挤压温度与锻造温度相同（高于再结晶温度）。因此，热挤压的变形抗力小，允许每次的变形程度大，生产率高。但由于表面氧化和脱碳，工件表面较粗糙。热挤压广泛应用于生产铝、铜、镁及其合金的型材和管材等。现在也越来越多地应用于机器零件和毛坯的生产。

（3）温挤压：是介于冷挤压和热挤压之间的挤压方法。对于钢铁材料来说，一般是指加热到再结晶温度以下的某个合适温度（100～800℃）进行挤压。与冷挤压相比，降低了变形抗力，增加每道工序的允许变形量，延长模具寿命，扩大冷挤压材料品种。与热挤压相比，坯料氧化脱碳少，零件表面粗糙度值低、尺寸精度高。温挤压材料一般不需要预先软化退火、表面处理和工序间退火。温挤压零件的精度和力学性能略低于冷挤压件，表面粗糙度值 Ra 可达 6.3～3.2μm，适用于挤压中碳钢和合金钢。用温挤压取代冷挤压既可解决压力机公称压力的不足，又能延长模具的使用寿命。

3. 零件挤压工艺的特点

（1）挤压时金属坯料在模腔内受三向压应力作用，可使塑性提高，能够采用较大的变形量，因而适合于挤压的材料品种多，可制出形状复杂、深孔、薄壁的零件，劳动生产率高。

（2）挤压件的纤维组织是连续的，而且沿截面轮廓分布，从而提高了零件的力学性能。

（3）由于大大减少了切削加工量，材料利用率得到显著提高，可达 **70%** 以上。

挤压是在专用的挤压机上进行的,有液压式、曲柄式、肘杆式等,也可在经过适当改进后的通用曲柄压力机或摩擦压力机上进行。

3.5.3 零件轧制

轧制法除了生产各种型材、板材和管材等原材料外,近年来已广泛用于生产各种零件,如火车轮箍、连杆、齿轮、丝杠及钻头等。零件的轧制具有生产率高、质量好、节省金属材料和能源消耗,以及成本低等优点。

根据轧辊轴线与坯料轴线所交的角度不同,轧制可分为纵轧、横轧、斜轧等几种。

1. 纵轧

纵轧是轧辊轴线与坯料轴线互相垂直的轧制方法。包括各种板、管、型材的轧制和辊锻轧制等。

辊锻轧制是把轧制工艺应用到锻造生产中的一种工艺,是用一对相向旋转的扇形模具使坯料受压产生塑性变形的压力加工方法(图 3-58)。它既可以作为模锻前的制坯工序,也可以直接辊压锻件。

2. 横轧

横轧是轧辊轴线与坯料轴线互相平行,且轧辊与坯料作相对转动的轧制方法,如辗环轧制、齿轮轧制等。

(1)辗环轧制:圆环坯是由水压机镦粗冲孔后的毛坯,再经辗轧而扩大环形坯的内径和外径,从而获得环形零件的轧制方法。图 3-59 给出了辗环轧制简图,图中驱动辊 1 由电动机带动旋转,靠摩擦力使坯料 5 在驱动辊和芯辊 2 之间碾压变形。驱动辊还可用油缸推动上下移动,从而改变 1、2 两辊之间的距离,使坯料厚度逐渐变薄,而直径增大。导向辊 3 用以保持坯料正确运送。信号辊 4 用来控制环件直径。当圆环直径达到要求尺寸与辊 4 接触时,信号辊发出信号,使驱动辊 1 停止工作。用这种方法生产的环类件,其横截面可以是各种形状的,如火车轮箍、轴承座圈、齿轮及法兰等。

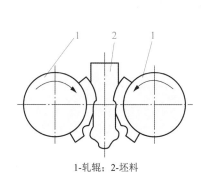

1-轧辊;2-坯料

图 3-58 辊锻轧制示意图

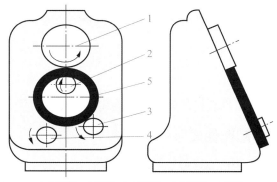

1-驱动辊;2-芯辊;3-导向辊;4-信号辊;5-坯料

图 3-59 辗环轧制示意图

(2)齿轮轧制:这是一种无切削或少切削加工齿轮的新工艺。直齿轮和斜齿轮均可采用热轧来生产(图 3-60)。齿坯装在工件轴上使其转动,用感应加热器将轮缘加热,使轮缘处于良好的塑性状态,然后将带有齿形的轧轮 3 作径向进给,使轧轮与齿坯对辗,并在对辗过程中施加压力,齿坯上一部分金属受压形成齿槽,而相邻部分金属被轧轮齿部反挤成齿顶。为了降低轧制时的变形抗力和延长轧轮的使用寿命，轧制时需在轧轮上涂刷润滑剂。

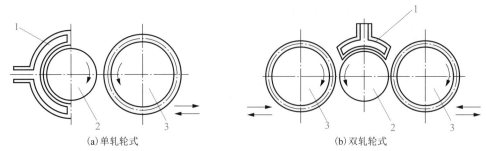

(a) 单轧轮式   (b) 双轧轮式

1-感应加热器；2-齿坯；3-轧轮

图 3-60   热轧齿轮示意图

图 3-60(a)、(b)所示分别是单轧轮式和双轧轮式。单轧轮轧制时，因加热器内弧比较长，加热所需时间短，故轧成后的齿面氧化皮较薄，齿面质量较好。双轧轮轧制时，加热器内弧较短，加热效果稍差，由于有两个轧轮同时向齿坯两侧进给和对辗，故对工件轴的刚度要求较低，而对两个轧轮之间的相对位置要求却十分高。目前国内热轧齿轮机床大多为单轧轮轧机。

3. 斜轧

斜轧是轧辊相互倾斜配置，并以相同方向旋转，坯料在轧辊的作用下反向旋转，同时还做轴向运动，即螺旋运动，与此同时坯料受压变形获得所需产品的轧制方法。因此，斜轧也称为螺旋轧制。图 3-61(a)所示为钢球轧制，图 3-61(b)所示为周期截面轧制。

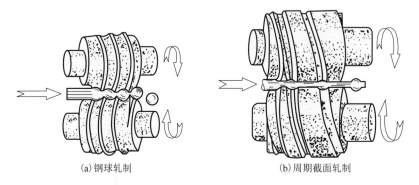

(a) 钢球轧制   (b) 周期截面轧制

图 3-61   斜轧示意图

斜轧可以直接热轧出带螺旋线的高速滚刀体、自行车后闸壳体以及冷轧丝杠等产品。

3.5.4   超塑性成形

断后伸长率是表示金属塑性的指标之一。通常，室温下黑色金属断后伸长率不大于 40%，铝、铜等有色金属也只有 50%～60%。

超塑性成形也是压力加工的一种新工艺。超塑性是指金属或合金在特定条件下，其断后伸长率超过 100%以上的特性。如钢超过 500%、纯钛超过 300%、锌铝合金可超过 1000%。

按实现超塑性的条件，超塑性主要有以下两种。

(1)细晶粒超塑性：要具有三个条件，即具有等轴稳定的细晶组织(晶粒平均直径为 0.2～5μm)；一定的变形温度(变形温度一般是绝对熔点温度的 50%～70%)，且温度恒定；极低的变形速度(应变速度通常在 $10^{-4}/s$～$10^{-2}/s$)。

(2)相变超塑性：这类超塑性不要求材料具有超细的晶粒，主要条件是在材料的相变或同素异构转变温度附近经过多次加热冷却的温度循环，则可以获得大断后伸长率。

目前常用的超塑性成形材料主要是锌铝合金、铝基合金、铜合金、钛合金及高温合金。

具有超塑性的金属在变形过程中不产生缩颈，变形应力可降低几倍至几十倍，即在很小的应力作用下，产生很大的变形。具有超塑性的材料可采用挤压、模锻、板料冲压和板料气压等方法成形，制造出形状复杂的工件。

3.6　快速模具制造技术

模具是工业生产的基础工艺装备，是工业之母。现代工业的发展离不开模具，在电子、汽车、电机、电器、仪器、仪表、家电和通信等产品中，60%～80%的零部件都要依靠模具成形。用模具生产制作所具备的高精度、高复杂程度、高一致性、高生产率和低消耗，是其他加工制造方法所不能比拟的。

传统模具制造的方法很多，如数控铣削加工、成形磨削、电火花加工、线切割加工、铸造模具、电解加工、电铸加工、压力加工和照相腐蚀等。由于这些工艺复杂、加工周期长、费用高而影响了新产品对于市场的响应速度。

快速模具(Rapid Tooling，RT)技术是随着快速原型制造(Rapid Prototyping Manufacturing，RP)技术的发展而迅速发展起来的一门新技术。应用快速原型技术制造快速模具，在最终生产模具开模之前进行新产品试制和小批量生产，可以大大提高产品开发的一次成功率，有效缩短开发时间和节约开发费用。快速原型＋快速模具技术提供了一条从模具的 CAD 模型直接制造模具的新的概念和方法，快速模具技术能够解决大量传统加工方法(如切削加工)难以解决甚至不能解决的问题，可以获得一般切削加工不能获得的复杂形状，可以根据 CAD 模型无须数控切削加工直接将复杂的型腔曲面制造出来。从模具的概念设计到制造完毕仅为传统加工方法所需时间的 1/3 左右，使模具制造在提高质量、缩短研制周期、提高制造柔性等方面取得了明显的效果。

利用快速模具技术制造模具可以分为直接模具制造和间接模具制造两大类。

3.6.1　用快速原型直接制造模具

直接快速模具制造指的是利用不同类型的快速原型技术直接制造出模具本身，然后进行一些必要的后处理和机加工以获得模具所要求的力学性能、尺寸精度和表面粗糙度。直接快速模具制造环节简单，能够较充分地发挥快速原型技术的优势，特别是与计算机技术密切结合，快速完成模具制造，对于那些需要复杂形状的内流道冷却的注塑模具，采用直接 RT 有着其他方法不能替代的独特优势。例如，采用分层实体制造(LOM)方法直接生产的模具，可以经受 200℃的高温，可以作为低熔点合金的模具或蜡模的成形模具，还可以代替砂型铸造用的木模。目前能够直接制造金属模具的快速原型工艺包括激光选区烧结(SLS)、三维印刷(3DP)、熔融沉积(FDM)等。

但是，快速原型直接模具制造在模具精度和性能控制方面比较困难，特殊的后处理设备与工艺使成本提高较大，模具的尺寸也受到较大的限制。与之相比，间接快速模具制造，通过快速原型技术与传统的模具翻制技术相结合制造模具，可以根据不同的应用要求，使用不同复杂程度和成本的工艺，可以较好地控制模具的精度、表面质量、力学性能和使用寿命，同时也可以满足经济性的要求。

3.6.2 用快速原型间接制造模具

用快速原型制母模，利用硅橡胶、浇注蜡、环氧树脂、聚氨酯等软材料可构成软模具。用快速原型作母模或制作的软模具，与熔模铸造、陶瓷型精密铸造、电铸、冷喷等传统工艺结合，即可制成硬模具，能够批量生产塑料件或金属件。

1. 电弧喷涂模

金属电弧喷涂快速制模技术是一种基于"复制"的制模技术，它以一个实物模型(或原型)作为母模，以电弧为热源，通过高速气流将熔融状态的金属材料雾化，并使其喷射、沉积在母模表面上，形成一定厚度的致密金属涂层，即模具型壳。模具型壳精确复制了原型的形状，获得了所需的模具型腔，在完成补强、脱模、抛光等后处理工艺后，即可完成模具的快速制造。金属电弧喷涂快速制模工艺流程如图3-62所示，主要包括：母模的制备；母模表面预处理；金属电弧喷涂；填充背衬材料；脱模及后处理等。电弧喷涂模具制造完成后一般不再需要另外的机械加工，就可以直接用于成形制造。根据实际情况与需要也可以进行少切削量的数控精加工，以获得更高的形状精度、尺寸精度和表面质量。

  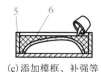 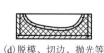

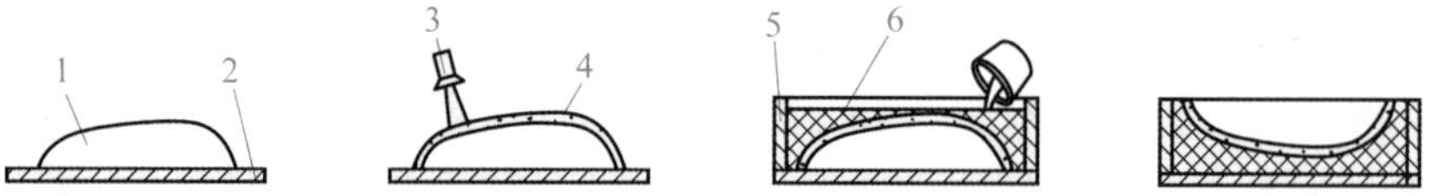

(a)表面处理　(b)金属电弧喷涂　(c)添加模框、补强等　(d)脱模、切边、抛光等

1-母模；2-底板；3-喷枪；4-金属涂层；5-模框；6-背衬材料

图3-62　金属电弧喷涂快速制模工艺流程

在国外，高硬度金属材料用于喷涂制模已有相关报道，如美国Gen Magnaplate公司采用铁镍合金，日本东京大学以不锈钢作为喷涂材料，美国福特汽车公司以碳钢作为喷涂材料等。总体而言，美国福特汽车公司的电弧喷涂制模技术处于领先水平，其科学研究实验室开发了一种利用碳钢作为喷涂材料的喷涂制模技术，模具金属型壳由机器人系统制作，通过精确控制喷涂工艺过程，目前已经可以制作厚度达76mm的金属喷涂层，而且还可以制作更大厚度的涂层，涂层没有翘曲变形和开裂，没有内应力，模具表面硬度可以达到HRC60。根据零件外形及结构情况，福特汽车公司最快可以在6天内制作出喷涂模具并提供样件。例如，福特利用该技术制作的液力变矩器的叶片模具，制作时间4个星期，传统方法需要16~20个星期，该模具在生产线上生产零件75万个，仍完好无损。

在国内，喷涂制模的材料主要是中低熔点金属，西安交通大学和烟台机械工艺研究所为国内最早的研发单位。因为喷涂材料是中低熔点的Zn和Al合金，强度和硬度相对较低，模具寿命较短，所制得的模具只能用于新产品试制和小批量生产。

2. 粉末金属浇注模具

粉末金属模具是一种低成本的钢制快速模具制造方法，其突出优点是低耗快速。由该工艺制作的模具生产的工件可以达到钢制模具制件的质量，而模具成本却只有钢制模具的1/3，制作时间也由几个月减少到几天。粉末金属浇注模具制作的工艺过程如图3-63所示，该工艺利用快速原型制作的母模作为原型，复制出硅橡胶软模，据此软模具可浇注出环氧树脂、石膏、陶瓷、低熔点金属、金属基复合材料等硬模具。根据不同应用场合的需要，对浇注金属粉形成的模具进行烧结、渗铜等增强处理，如图 3-63(d)所示。

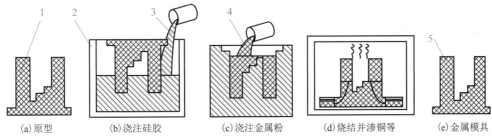

(a)原型　　(b)浇注硅胶　　(c)浇注金属粉　　(d)烧结并渗铜等　　(e)金属模具
1-母模；2-模框；3-硅胶；4-金属粉；5-金属模具

图 3-63　粉末金属浇注模具制模工艺流程

习题与思考题

3-1　何谓塑性变形？塑性变形的实质是什么？

3-2　什么是加工硬化？怎样消除金属的加工硬化？

3-3　冷变形和热变形的根本区别何在？铅(熔点为 327℃)、铁(熔点为 1538℃)在 20℃时的变形是哪种变形？

3-4　何谓纤维组织？是怎样形成的？有何特点？选择零件坯料时，应怎样考虑纤维组织的形成和分布？

3-5　金属的锻造性与什么有关？

3-6　自由锻造的结构工艺性主要表现在哪些方面？

3-7　锤上模锻时，预锻模膛起什么作用？为什么终锻模膛四周要开飞边槽？

3-8　模锻时如何确定分型面的位置？

3-9　锻件上为什么要有模锻斜度和圆角？

3-10　曲柄压力机上模锻和平锻机上模锻有哪些特点？

3-11　试比较自由锻、锤上模锻、胎膜锻的优缺点。

3-12　板料冲压生产的特点及应用范围如何？

3-13　冲模间隙对冲裁件断面质量有何影响？应如何考虑？

3-14　用 ϕ30mm 的落料模具生产 ϕ30mm 的冲孔件，能否保证冲压件的精度？结果会怎样？

3-15　板料冲压工序中落料和冲孔有何异同？冲裁模和拉深模的结构有何不同？

3-16　按坯料的加热温度不同，挤压方法有几种？各自的特点如何？

3-17　零件轧制的方法有几种？各有何特点？

3-18　何谓超塑性成形？具有超塑性的金属应有哪些条件？在变形过程中有何特点？

第4章

焊　接

焊接是在工业产品的制造过程中，将零件(或构件)永久性连接起来最常采用的一种加工方法。据工业发达国家统计，每年仅需要进行焊接加工之后使用的钢材就占钢材总产量的45%左右。我国也有35%~45%的钢材要经过焊接才能变为工业的最终产品。焊接作为制造业的基础工艺与技术，为工业经济的发展做出了重要的贡献。

4.1　焊　接　基　础

1. 焊接方法分类

焊接方法的种类很多，通常按焊接过程的特点可分为三大类，即熔焊、压焊和钎焊。

(1)熔焊：焊接过程中，将焊件接头加热至熔化状态，不施加压力完成焊接的方法。熔焊的加热速度快，加热温度高，接头部位经历熔化和结晶的过程。熔焊适合于各种金属和合金的焊接加工。

(2)压焊：焊接过程中，必须对焊件施加压力(加热或不加热)，以完成焊接的方法。压焊适合于各种金属材料和部分非金属材料的焊接加工。

(3)钎焊：采用熔点比母材低的金属材料作钎料，焊接时加热到高于钎料熔点、低于母材熔点的温度，利用液态钎料润湿母材，填充接头间隙并与母材相互扩散实现连接焊件的方法。在钎焊过程中，由于钎料的熔化与凝固会形成一个过渡连接层，所以钎焊不仅适合于同种材料的焊接加工，也适合于不同金属或异类材料的焊接加工。

焊接方法还可以按其他方式来分。归纳起来，主要的焊接方法如图4-1所示。

2. 焊接的优点

焊接之所以能得到广泛应用，是因为它具有以下一系列的优点。

(1)连接性能好：焊接接头可达到与工件金属等强度或相应的特殊性能，能耐高温、高压，能耐低温，具有良好的密封性、导电性、耐腐蚀性、耐磨性等。例如，对于大型的核电站锅炉，要求炉体连接处不能出现泄漏，这样的设备只有采用焊接的方法才能制造出来。

(2)节省材料，成本低，质量轻：焊接的金属结构件一般比铆接件节省材料10%~20%。焊接加工快、工时少、生产周期短，并可节省大量昂贵的合金材料。采用焊接方法还可以修复已磨损或损坏的零部件，这样可在一定程度上节省材料和工时，从而获得良好的经济效益。另外，采用焊接方法制造车、船及飞机等运载工具，可以减轻自重，提高运载能力。

(3)简化制造工艺：焊接方法灵活，可以化大为小，以简拼繁，所以采用焊接方法制造重型、复杂的机器零部件，可以简化铸造和锻造工艺，简化切削加工工艺。

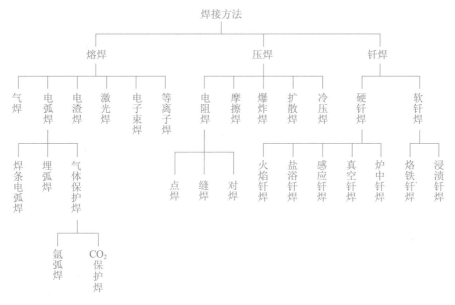

图 4-1 主要焊接方法

（4）适应性强：多样化的焊接方法几乎可焊接所有金属材料和部分非金属材料，焊接范围较广。而且，将不同材料焊接到一起时，能使零件的不同部分或不同位置具备不同的性能，从而满足使用要求。

3. 焊接存在的一些不足之处

（1）焊接结构是不可拆卸的，不便更换、修理部分零部件。

（2）不同焊接方法的焊接性有较大差别，焊接接头的组织不均匀。

（3）存在一定的焊接残余应力和焊接变形，有可能影响焊接结构件的形状、尺寸，增加结构件工作时的应力，降低承载能力。

（4）存在诸如裂纹、夹渣、气孔、未焊透等焊接缺陷，这会引起应力集中，降低承载能力，缩短使用寿命。

4. 焊接方法在工业生产中的主要应用

（1）制造金属结构件：焊接方法广泛应用于各种金属结构件的制造，如桥梁、船舶、压力容器、化工设备、机动车辆、矿山机械、发电设备及飞行器等。

（2）制造机器零件：在现代机械制造中，有不少零件的毛坯采用焊接结构件，或者采用铸-焊结构件、锻-焊结构件，如机床机架和床身、大型齿轮和飞轮、专用夹具等。

（3）制造电子产品：焊接作为电子技术发展的辅助技术，一直起着重要的作用。电器、电子产品制造等，都离不开焊接方法。

（4）修复零部件：采用焊接方法修复某些有缺陷、失去精度或有特殊要求的零部件，可延长其使用寿命，提高使用性能。目前修复工程已成为机械制造领域不可缺少的重要组成部分。

近年来焊接技术发展迅速，新的焊接方法不断出现，而许多常用的焊接方法也由于应用了计算机等新技术，使其功能不断增强。焊接方法的精密化和智能化必将在未来的焊接生产中发挥强大的效力。

4.2　熔　　焊

　　熔焊的焊接过程一般是利用热源(如电弧、气体火焰等)把工件待焊处局部加热到熔化状态形成熔池，然后随着热源的移走，熔池液体金属冷却结晶而形成焊缝。熔焊是最重要的焊接工艺方法，其中电弧焊又是熔焊中最基本、应用最广泛的焊接方法。下面就以电弧焊为对象，来介绍熔焊的有关内容。

　　电弧焊是利用电弧作为热源的一种焊接方法。电弧焊的方法很多，常见的有手工电弧焊、埋弧自动焊、气体保护焊等。手工电弧焊过程如图 4-2 所示，它具有操作方便灵活，设备简单，适用于各种接头形式，焊缝的长度与形状不受限制，可在室内外和高空进行各种位置的焊接等优点。

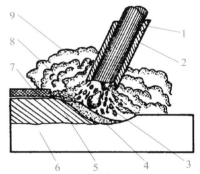

4.2.1　焊接电弧

　　电弧是在一定条件下，在电极之间的气体介质中有大量电荷通过的强烈持久气体放电现象。在这一导电过程中，气体电阻热效应把电能转换成热能，产生高能量密度的热和耀眼的强光。

　　1. 电弧的产生

　　产生焊接电弧时，由焊接电源提供两极电压，两极接触时有较大的短路电流通过，产生大量的固态电阻热使部分金属液化。当两极分开时，它们之间会形

1-焊芯；2-焊条药皮；3-金属熔滴；4-金属熔池；5-焊缝；6-焊件；7-固态渣壳；8-液态熔渣；9-气体

图 4-2　手工电弧焊过程示意图

视频

成金属细颈，电阻热猛烈增加，致使细颈部分的液体金属温度急剧升高，金属迅速蒸发而导致两极间液体金属断开，这时两极间充满了灼热的空气和金属蒸气。在电流断开的瞬间，线路中的电流由最大值急剧地减小，而感应电动势急剧增大，在两极间形成强大的电场。在热和强电场的作用下，阴极发射出大量的电子，这些电子在电场中加速前进，高速运动的电子碰撞上中性的灼热气体分子(或原子)、气态金属原子时就会使其发生电离，形成自由电子和正离子。在电场力作用下，带电粒子分别向两极运动，正离子向阴极加速前进并以较大的动能撞击阴极。这样，在焊接电路的阴极到阳极这段气体空间内有大量的电子、正离子流过，而它们在运动途中又不断发生相互碰撞和复合，产生气体电阻热效应，它们碰撞两极表面时，动能转变为热能，由此获得焊接需要的热能。

　　若要维持电弧稳定燃烧，首先要提供并维持一定的电弧电压，保证能量条件。同时要保证电弧空间介质有足够的电离程度，并将电弧长度控制在一定范围内。具备上述条件的电弧可不间断地持续燃烧。

　　2. 电弧构造和特性

　　焊接电弧通常由阴极区、阳极区和弧柱区三部分组成，电弧的组成如图 4-3 所示。阴极区指电弧紧靠负电极的区域，此区域很窄；阳极区指电弧紧靠正电极的区域，此区域比阴极区宽；弧柱区指阴极区与阳极区之间的部分。阳极区产生的热量

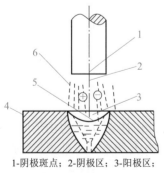

1-阴极斑点；2-阴极区；3-阳极区；4-焊件；5-阳极斑点；6-弧柱区

图 4-3　电弧结构图

最大，约为总电弧热量的 43%，温度为 2400～4200K。阴极区由于发射电子，消耗了逸出功，其发热量和温度都低于阳极，发热量约为总电弧热量的 36%，温度为 2200～3500K。而弧柱内产生的热量虽然只占 21%，但因散热差，温度可达 5000～8000K。接头处及焊条金属的熔化主要靠两极的热量，电流越大，熔化速度越快。

由于电弧的阳极(正极)和阴极(负极)的热量、温度相差较大，正极的热量(温度)比负极高，所以正极金属熔化速度比负极快。如果将工件接正极，焊条接负极，称为正极性(正接法)。反之，工件接负极，焊条接正极，称为反极性(反接法)。一般在焊接一定厚度的钢、铁工件时，采用正接法，而在焊接薄板、钢和铝等非铁合金材料时则采用反接法。当采用交流电焊接时，由于正负极交替变化，则不存在正接和反接的问题，所以两极的温度相等。

电弧的静特性是指在一定弧长的条件下电弧稳定燃烧时，电弧电压与焊接电流之间的关系。通常金属的电阻可看成常数，其电压与电流的关系满足欧姆定律，电弧也可视为一个电阻性负载，但其电阻不是常数。当焊接电流过小时，焊条与焊件间电弧温度较低，气体电离不充分，电弧电阻大，要求较高的电压才能维持必需的电离度；随着电流增大，气体电离度增加，电弧电阻减小，电弧电压降低；当气体充分电离后，电弧电阻降到最低稳定值，只要维持一定的电弧电压即可，此时电弧电压的大小与焊接电流无关，只取决于弧长。

电弧的稳定性是指电弧在燃烧过程中，电压与电流保持一定，且电弧能维持一定的长度、不偏吹、不摇摆、不熄弧的特性。电弧的稳定性受焊接电源、焊条药皮、焊接气流、电弧的磁偏吹等因素影响。其中，电弧的磁偏吹是指在采用直流电焊接时，由于自身磁场的作用而使电弧偏离原来轴线方向的现象。在用交流电焊接时，由于电弧周围的磁场为交变磁场，所以不存在电弧的磁偏吹现象。

4.2.2 焊条

在进行电弧焊时，焊条作为一个电极，一方面起传导电流和引弧的作用，另一方面作为填充金属与熔化的母材形成焊缝。

1. 焊条的组成

焊条由中心部的金属焊芯和表面涂层药皮两部分组成，其结构如图 4-4 所示。

(1)焊芯：主要起到填充金属和传导电流的作用。焊芯由专门冶炼的焊条钢经轧制和拉拔而成，常用的焊芯成分见表 4-1。焊条直径是用焊芯直径来表示的，一般为 1.6mm、2.0mm、2.5mm、3.2mm、4.0mm、5.0mm、6.0mm 等规格，焊芯长度一般为 200～650mm。

(2)药皮：由多种矿物质、铁合金、有机物和化工材料等原料混合而成，按照它们的作用不同

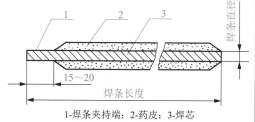

1-焊条夹持端；2-药皮；3-焊芯

图 4-4　焊条结构示意图

可分为稳弧剂、造气剂、造渣剂、脱氧剂、渗合金剂、黏结剂等。药皮在焊接过程中主要有三大作用，一是利用药皮熔化时产生的熔渣及气体，使电弧空间及熔池与大气隔离；二是通过药皮的冶金作用，保证焊缝金属的脱氧、脱硫、脱磷，并向焊缝添加必要的合金元素，使焊缝具有一定的力学性能；三是使焊条具有好的焊接工艺性，通过往药皮中加入某些成分，使电弧燃烧稳定、飞溅小，适用于各种空间位置的焊接。

表 4-1　常用的焊芯化学成分

钢　号		化学成分(质量分数/%)							用　途
牌号	代号	C	Mn	Si	Cr	Ni	S	P	
焊 08	H08	≤0.10	0.30～0.55	≤0.03	≤0.20	≤0.30	≤0.04	≤0.04	一般焊接结构
焊 08 高	H08A	≤0.10	0.30～0.55	≤0.03	≤0.20	≤0.30	≤0.03	≤0.03	重要焊接结构及埋弧焊用
焊 08 锰高	H08MnA	≤0.10	0.80～1.10	≤0.07	≤0.20	≤0.30	≤0.03	≤0.03	埋弧焊焊丝
焊 15 锰	H15Mn	0.11～0.18	0.80～1.10	≤0.07	≤0.20	≤0.30	≤0.04	≤0.04	埋弧焊焊丝
焊 10 锰 2	H10Mn2	≤0.12	1.50～1.90	≤0.07	≤0.20	≤0.30	≤0.04	≤0.04	埋弧焊焊丝

2. 焊条的类型

根据用途不同，可将焊条分为如下十大类，具体内容见表 4-2。

表 4-2　焊条类别的划分

序　号	焊条类别	代　号		序　号	焊条类别	代　号	
		拼音	汉字			拼音	汉字
1	结构钢焊条	J	结	6	铸铁焊条	Z	铸
2	钼及铬钼耐热钢焊条	R	热	7	镍及镍合金焊条	Ni	镍
3	不锈钢焊条	G	铬	8	铜及铜合金焊条	T	铜
		A	奥	9	铝及铝合金焊条	L	铝
4	堆焊焊条	D	堆	10	特殊用途焊条	TS	特
5	低温钢焊条	W	温				

焊条按其药皮性质可分为酸性焊条和碱性焊条两大类。药皮熔化后形成的熔渣是以碱性氧化物为主的焊条就属于碱性焊条；药皮熔化后形成的熔渣是以酸性氧化物为主的焊条就属于酸性焊条。酸性焊条适合焊接一般的结构钢件，用碱性焊条焊成的焊缝含氢量很低，抗裂性及强度好，适合焊接重要的结构钢和合金结构钢。但是，碱性焊条的工艺性能和抗气孔性能差，所以在采用碱性焊条时，必须将焊件接缝处及其附近的油污、锈蚀等清除干净，烘干焊条除去水分并采用直流电源。

焊条型号是指国家标准中的焊条代号，各类焊条都制定有相应的国家标准。按 GB/T 5117—2012 的规定，碳钢焊条型号的表示方法如下：

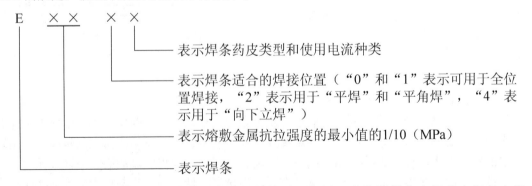

焊条牌号是焊条行业中的统一代号，焊条牌号一般用一个大写拼音字母代表焊条大类，前两位数字表示焊缝金属的抗拉强度等级，最后一个数字表示药皮类型和使用电源种类。如

J507 焊条中 J 表示结构钢焊条，50 表示焊缝的抗拉强度不低于 500MPa，7 表示低氢钠型和要求直流电源。药皮类型和适用电源种类见表 4-3。

表 4-3 药皮类型和适用电源种类

牌 号	药皮类型	适用电源	牌 号	药皮类型	适用电源
×× 0	不属于规定类型	不规定	×× 5	纤维素型	直流或交流
×× 1	氧化钛型	直流或交流	×× 6	低氢钾型	直流或交流
×× 2	氧化钛钙型	直流或交流	×× 7	低氢钠型	直流
×× 3	钛铁矿型	直流或交流	×× 8	石墨型	直流或交流
×× 4	氧化铁型	直流或交流	×× 9	盐基型	直流

3．焊条的选择

焊条的种类繁多，各种类型的焊条均有一定的特性和用途，在选用焊条时应注意以下几个原则。

（1）考虑被焊材料类别：根据被焊金属材料的类别选择相应的焊条种类。例如，焊接碳钢和低合金结构钢时，应选用结构钢焊条。

（2）考虑母材的力学性能和化学成分：在选用焊条时，应使焊缝金属的强度与被焊金属的强度基本相等。同时，使焊缝金属的合金成分符合或接近被焊金属的化学成分。若母材碳、硫、磷的质量分数较高，应选择抗裂纹、抗气孔性好的焊条。

（3）考虑焊件的工作条件和使用情况：焊件如果在承受动载荷或冲击载荷条件下工作，则除应保证强度指标外，还应选择韧性和塑性较好的低氢型焊条。如果被焊工件在低温、高温、磨损或有腐蚀介质条件下工作，则应优先选择相应特殊性能的焊条。

（4）考虑焊件的结构特点：由于几何形状复杂或厚度大的工件在焊接加工时易产生较大的应力而引起裂纹，因此宜选择抗裂性好、强度较高的焊条。对存在铁锈、油污和氧化物且不宜清除的位置，宜选用酸性焊条。

（5）考虑施工操作条件：受不同施工现场条件的限制，在考虑焊条种类时，应同时考虑作业条件与环境以及必要的辅助设备，使焊条的工艺性能满足施焊操作的需要。

4.2.3　焊接的接头

焊接是一个局部加热的过程，熔池中的金属液凝固形成焊缝，与此同时，在焊缝两侧一定范围内的焊件，也因受热作用而温度升高并发生金相组织和力学性能的变化，形成所谓的热影响区。另外，焊缝与母材交接的过渡区称为熔合区。焊缝、热影响区和熔合区统称为焊接接头。

1．焊缝的形成

焊缝的形成实际上是先在焊接处发生局部加热熔化，由欲焊接的两工件结合部位形成熔池，然后再经冷凝结晶而使两工件成为一个整体的过程。如图 4-5 所示，在电弧的高温作用下，焊条和工件同时发生局部熔化而形成熔池。在电弧沿焊接方向的移动过程中，熔池前部的金属不断参与熔化，熔池后部的金属由于电弧的远离而冷却结晶。所以，电弧的移动形成了一个动态熔池，熔池前部金属的加热熔化与后部金属的顺序冷却结晶是同时进行的，随着这个过程的不断进行就形成了完整的焊缝。同时，焊条药皮在电弧高温作用下一部分分解为

视频

气体，包围电弧空间和熔池形成保护层，另一部分则直接进入熔池，与熔池金属发生冶金反应而形成浮于焊缝表面的熔渣。

2. 焊接接头的组织与性能

熔焊是局部加热的过程，焊缝及其附近的母材要经历一个加热和冷却过程。焊接的热过程要引起焊接接头组织和性能的变化，影响焊接质量。在焊接热源的加热及随后的冷却过程中，焊件上某点的温度随时间变化的过程称为焊接热循环。与焊缝相邻的母材上，距离焊缝不同远近的点所经历的焊接热循环是不同的，它们的最高加热温度不同，加热速度和冷却速度也不相同。图4-6所示为低碳钢焊接接头的组织变化情况。

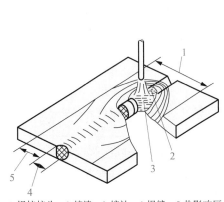

1-焊接接头；2-熔渣；3-熔池；4-焊缝；5-热影响区

图4-5　焊接接头区域示意图　　　图4-6　低碳钢焊接接头的组织变化情况

1）焊缝

焊缝是由熔池金属结晶形成的焊件结合部分。焊接熔池的结晶过程，首先从熔池和母材的交界处开始，随后以联生结晶的方式，即依附于母材晶粒现成表面而形成共同晶粒的方式向熔池中心生长，形成柱状晶。熔池结晶过程中，由于冷却速度很快，已凝固的焊缝金属中的化学成分来不及扩散，造成合金元素分布的不均匀性，这种现象称为偏析。焊缝中的偏析有显微偏析和区域偏析等。熔池结晶时，柱状晶体的不断长大和推移，会使杂质流向熔池中心，结果在最后凝固的部位出现较严重的区域偏析。

焊接熔池金属由液态转变为固态的过程称为一次结晶。对有固态相变的金属，高温的焊缝金属在冷却过程中还会发生相的转变，称为二次结晶。通过焊接材料向熔池金属中加入某些细化晶粒的合金元素，可以改善焊缝一次结晶组织；采用焊后热处理等方法，可以改善焊缝二次结晶组织，从而保证焊缝金属的性能满足使用要求。

2）热影响区

热影响区各点的最高加热温度不同，所以其组织变化也不相同。根据组织和性能变化特征不同，热影响区一般包括过热区、正火区和部分相变区。

（1）过热区：指最高加热温度在1100℃以上的区域。在该区域内，奥氏体晶粒急剧长大，形成粗大的过热组织。过热区的塑性和韧性明显下降，特别是冲击韧性降低更为显著，是焊接接头中力学性能最差的区域。

（2）正火区：指最高加热温度从A_{c3}到1100℃之间的区域。在该区域内，铁素体和珠光体全部转变为奥氏体。由于焊接时加热速度快，高温时间短，所以奥氏体晶粒尚未长大，焊后在空气中冷却便得到了均匀细小的铁素体和珠光体，这相当于热处理中的正火组织。正火区的力学性能明显改善，是焊接接头中组织和性能最好的区域。

（3）部分相变区：指最高加热温度从 A_{c1} 到 A_{c3} 之间的区域。在该区域内，一部分金属发生相变重结晶过程，成为晶粒细小的铁素体和珠光体，而另一部分铁素体来不及转变，并随温度的升高晶粒有所长大。所以，在冷却后此区域的晶粒大小不一，组织不均匀，力学性能也较差。

以上三个区域是低碳钢焊接热影响区的主要组织特征。如果钢材在焊接前经过冷变形，则在 A_{c1} 以下将发生再结晶过程，因而会出现再结晶区，这对焊接接头的性能没有影响。

对于易淬火钢的热影响区，由于焊后冷却速度很快，会产生淬硬组织。因此，它的热影响区一般分为淬火区和部分淬火区。对于焊前是调质状态的合金钢，还有软化区。其中，淬火区力学性能严重下降，甚至导致冷裂纹，对此需要引起特别的注意。

3）熔合区

熔合区是焊缝与热影响区之间的过渡区域。焊接加热时，该区域的温度处于固相线和液相线之间，金属也处于半熔化状态。对于低碳钢而言，由于固相线和液相线的温度区间小，温度梯度又大，所以熔合区的范围很窄。熔合区的化学成分和组织性能都有很大的不均匀性，其组织中包含少量的铸造组织和粗大的过热组织，所以塑性差、强度低、脆性差，易产生焊接裂纹和脆性断裂，是焊接接头的薄弱区域之一。

影响焊接接头组织和性能的因素有焊接材料、焊接方法、焊接工艺参数、焊接接头形式等。在实际生产中，应结合母材本身的特点合理考虑各种因素，对焊接接头的组织和性能进行控制。对于重要的焊接结构，如果焊接接头的组织和性能不能满足要求，可采用焊后热处理（正火或退火）的方式来消除和改善。

4.2.4　焊接应力与变形

焊接是一个局部加热的过程，焊接时焊件的各部分不能同步加热和冷却而导致温度不均匀，使焊件不能自由地热胀冷缩，从而会产生焊接应力与变形。焊接应力不但降低焊接结构件的承载能力，而且可能会引起裂纹。焊接变形会改变焊接结构件的形状尺寸，影响焊接结构件的制造成本和使用要求。因此，要从设计及制造上采取措施，减小焊接应力和防止焊接变形。

1. 焊接应力与变形产生的原因

焊接过程中对焊件进行不均匀的加热和冷却，是产生焊接应力和变形的根本原因。下面以平板焊件对接接头为例进行说明。

如图 4-7（a）所示，焊接时平板中心处的焊接区域被加热，图中虚线表示加热时接头横剖面的温度分布，也表示金属若能自由膨胀的伸长量分布。由于受到平板上未加热部分金属的限制，焊接区域的金属不能实现自由膨胀，平板也就只能在整个长度上伸长 ΔL。所以，焊缝区中心部分因膨胀受阻而产生压应力（用符号"－"表示），两侧则因为中心部分膨胀的牵制形成拉应力（用符号"＋"表示）。当焊缝区中心部分的压应力超过其屈服强度时，便产生塑性变形。

如图 4-7（b）所示，当焊件冷却时若能实现自由收缩，则焊缝区将缩短至图中虚线位置，焊缝两侧则缩短到焊前长度。但是这种自由收缩同样因平板各部分之间的牵制而无法实现，使平板在整个长度上缩短了 $\Delta L'$。焊缝区两侧将阻碍中心部分的收缩，所以焊缝中心部分形成拉应力，焊缝两侧则形成压应力。

　　由此可见，焊件冷却后同时存在焊接应力和变形。当焊件塑性较好和结构刚度较小时，焊件能较自由地收缩，则焊接变形较大，而焊接应力较小。此时，应主要采取预防和矫正变形的措施，使焊件获得所需的形状和尺寸；当焊接塑性较差和结构刚度较大时，则焊接变形较小，而焊接应力较大。此时，应主要采取减小或消除应力的措施，以避免裂纹的产生。焊接完成后，焊缝区总是会产生收缩并存在拉应力的，对于不同的结构形式其应力与变形的大小可相互转化，变形的实质是应力释放。

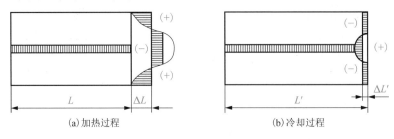

(a)加热过程　　　　　　　　　　　(b)冷却过程

图 4-7　平板对接焊时变形与应力的形成

2. 减小和消除焊接应力的措施

　　减小焊接应力可以从设计和制造两方面综合考虑。在设计焊接结构时，应采用刚性较小的焊接接头形式，尽量减小焊缝数量和焊缝截面尺寸，避免焊缝过分集中等。在制造工艺方面可以采用以下措施。

　　(1)合理选择焊接顺序和焊接方向：确定焊接顺序应尽量使焊缝能较自由地收缩，先焊接收缩量较大的焊缝。

　　(2)锤击法：是指用一定形状的小锤均匀迅速地敲击焊缝金属。焊缝区金属在冷却收缩时受到阻碍而产生拉应力，锤击焊缝金属使其产生局部塑性变形而得以伸展，抵消了部分收缩，从而减小焊接应力。为了防止锤击时出现裂纹，应选择焊缝塑性较好的热状态时进行，表层焊缝一般不锤击。

　　(3)预热法：是指焊前对待焊构件进行加热。焊前预热可以减小焊接区金属与周围金属的温度差，使焊接加热和冷却时的不均匀膨胀和收缩减小，从而使不均匀塑性变形尽可能减小，以达到减小焊接应力的目的。

　　(4)加热"减应区"法：选择构件的适当部位加热使之伸长，加热这些部位后，再实施某些拘束度较大焊缝的焊接，可以显著减小焊接应力，称这些加热部位为"减应区"。

　　(5)热处理法：为了消除焊接结构中的焊接应力，生产中通常采用高温回火(或称为去应力退火)。对于碳钢和低、中合金钢结构，焊后可以把构件整体或焊接接头局部区域加热到 $600\sim650^\circ\mathrm{C}$，经保温一定时间后缓慢冷却。整体高温回火一般可以消除 80% 以上的焊接应力，局部高温回火可以降低焊接结构内部应力的峰值，使应力分布趋于平缓，从而部分消除焊接应力。

3. 防止和减小焊接变形的措施

　　常见的焊接变形见表 4-4。在实际焊接结构中，这些变形往往不是单独存在的，而是多种变形同时存在并互相影响的。

表 4-4 常见焊接变形的种类及产生原因

变形种类	图 示	产 生 原 因
收缩变形		由于焊缝收缩引起的变形,包括纵向收缩变形和横向收缩变形
角变形		由于焊缝截面形状上下不对称或受热不均匀,造成焊缝横向收缩在厚度方向上分布不均匀而引起的变形
弯曲变形		由于焊缝位置在焊接结构中布置不对称,焊缝的纵向收缩不对称,引起工件向一侧弯曲而产生的变形
扭曲变形		对于多焊缝和长焊缝结构件,由于焊接时各构件的放置不当或焊接顺序、焊接方向不合理,容易引起扭曲变形
波浪变形		在焊接薄板类结构件时,由于焊缝收缩使薄板局部产生较大的压应力,导致焊接件失去稳定性,会引起不规则的波浪变形

从控制焊接变形的角度出发,也可以在结构设计和制造工艺方面采取一定的措施来防止和减小焊接变形。在设计焊接结构时,焊缝的位置应尽量对称于结构中性轴,并且在保证结构有足够承载能力的条件下,尽量减小焊缝的长度和数量。

在结构设计合理的前提下,还可采用下面的工艺措施达到防止和减小焊接变形的目的。

(1)反变形法:根据经验或测定,预测焊接后可能出现的变形大小和方向,在焊接前人为地使焊接件产生一个变形,并使该变形与焊后产生的变形方向相反且大小相等,这样就可以抵消发生的焊接变形,如图 4-8 所示。

(2)刚性固定法:焊接刚性较小的结构件时,在焊接前利用外加刚性约束的方式强行限制焊接变形,如图 4-9 所示。

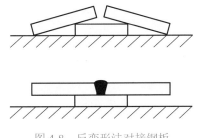

图 4-8 反变形法对接钢板

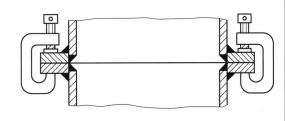

图 4-9 刚性固定法焊接法兰盘

(3)合理选择焊接方法和工艺参数:选用能量密度较低的焊接方法,可以有效地防止焊接变形。

(4)合理安排焊接顺序:通过合理安排焊接顺序,使焊接时加热尽量均匀而冷却尽量缓慢,从而减小焊接变形。常用的安排焊接顺序的方法有对称法、跳焊法和分段倒退法等。

(5)焊前预热和焊后缓冷:通过这样的方法可以减小焊缝区与其他部分的温差,使焊接件比较均匀地冷却，以减小焊接应力和变形。

4. 矫正焊接变形的方法

当焊接后的变形超过允许值时，要对焊接件进行矫正。矫正变形的基本原理是通过产生新的变形来抵消原来的焊接变形，常用的矫正变形方法有机械矫正法和火焰矫正法。

（1）机械矫正法：是利用压力机加压或锤击的冷变形方法，产生塑性变形来矫正焊接变形，如图 4-10 所示。机械矫正法可以利用机械外力所产生的变形，抵消焊接变形并降低内应力，通常适用于塑性较好的低碳钢和普通低合金钢。

（2）火焰矫正法：是利用火焰加热的热变形方法，通过产生新的收缩变形来矫正原来的变形。火焰矫正法可使焊接件的形状得以恢复，但矫正后焊接件的应力并未消失。这种矫正变形方法一般也仅适用于塑性较好、没有淬硬倾向的低碳钢和普通低合金钢。

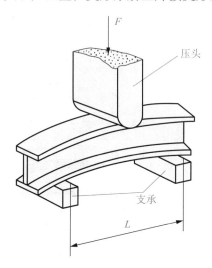

图 4-10　机械矫正法矫正工字梁变形

4.2.5　其他熔焊方法简介

除了上面介绍的手工电弧焊以外，熔焊还包括埋弧焊、气体保护焊、电渣焊等方法，下面对这些方法做一简单介绍。

1. 埋弧自动焊

手工电弧焊的生产率低，对操作者的技术要求比较高，焊接质量不稳定且不易保证。埋弧焊就是针对这些缺点而发展起来的一种方法，它把电弧引燃、焊条送进和电弧移动等动作都采用机械装置自动地完成，而且焊接时电弧掩埋在焊剂层下燃烧不外露。

1）焊接过程

图 4-11 所示为埋弧自动焊的原理图。焊接前在焊件接头上覆盖一层 30～50mm 厚的颗粒状焊剂，然后将焊丝插入焊剂中，使它与焊件接头处保持适当距离。当焊丝和焊件之间引燃电弧后，电弧产生的热量使周围的焊剂熔化成熔渣，部分焊剂分解、蒸发形成高温气体，高温气体将熔渣排开形成一个空腔，电弧就在这一空腔中燃烧。焊丝在电弧高温作用下熔化，并与熔化的焊件金属混合形成熔池。覆盖在金属熔池上面的液态熔渣和最外面未熔化的焊剂将电弧与外界空气隔离，并使有碍于操作的电弧光辐射不能散射出来。随着焊丝的不断移动，熔池中的液态金属也随之凝固形成焊缝，同时浮在熔池上面的熔渣也凝固成渣壳。由于熔渣的凝固温度低于液态金属的结晶温度，熔渣总是比液态金属凝固得迟一些，这就使熔池中的熔渣和气体可以不断地逸出，使焊缝不易产生夹渣和气孔等缺陷。

图 4-12 所示是埋弧自动焊的焊接过程示意图。在焊接时，焊件放在垫板上，垫板的作用是保持焊件具有适宜焊接的位置。为避免调节电流时电弧不稳定所造成的焊缝质量差的现象，在焊件端头放一块导向板作为过渡。焊丝通过送丝机构插入焊剂中。焊丝和焊剂管一起固定在可自动移动的小车上，按焊接移动方向匀速运动。焊丝送进的速度与小车运动的速度相配合，以保证电弧的稳定燃烧，使焊接过程自始至终正常进行。

2）特点和应用

埋弧自动焊与手工电弧焊相比，具有以下特点。

（1）生产率高、节省材料：由于埋弧自动焊的电流比手工电弧焊大得多，电弧在焊剂层下稳定燃烧，热量集中，没有飞溅等，所以其生产率比手工电弧焊要高。同时，埋弧自动焊熔深大，可以不开或少开坡口，这样可以节省坡口加工工时和费用，节省焊接材料，节省电能等。另外，焊接时没有焊条头，焊丝利用率高，焊剂用量少，焊接经济性较好。

（2）焊接质量好：埋弧自动焊的熔池金属得到焊剂层的保护，使有害气体难以侵入，而且焊接操作实现了自动化，工艺参数比较稳定，无人为操作的不利影响，所以焊缝成形光洁平直，内部组织均匀，焊接质量好。

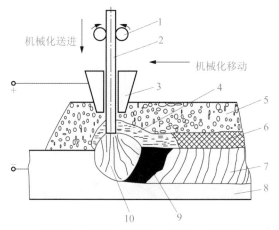

1-送丝轮；2-焊丝；3-导电嘴；4-渣池；5-焊剂层；

6-渣壳；7-焊缝；8-工件；9-熔池金属；10-电弧

图 4-11　埋弧自动焊的原理图

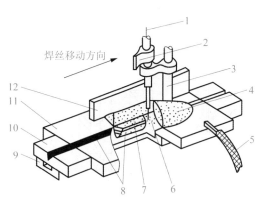

1-焊丝；2-导电嘴；3-焊丝管；4-焊剂；5-电缆；6-熔池；

7-渣壳；8-焊缝；9-垫板；10-导向板；11-焊件；12-挡板

图 4-12　埋弧自动焊的焊接过程

视频

（3）劳动条件好：埋弧自动焊操作过程的自动化，大大降低了操作者的劳动强度。由于电弧在焊剂层下燃烧，没有刺眼的弧光，焊接烟雾少，无飞溅，劳动条件得到大幅度改善。

（4）适应性较差：埋弧自动焊适用于焊接长直的平焊缝或较大直径的环焊缝，不适用于焊接空间位置焊缝与不规则形状的焊缝。

（5）设备较复杂：埋弧自动焊的设备费用一次性投资较大，而且焊前的准备工作量大，对焊件坡口加工、接缝装配均匀性等要求较高。

埋弧自动焊适用于成批生产的中、厚板结构长直缝及较大直径环缝的平焊和平角焊。随着焊接技术的不断发展，埋弧自动焊可以适用的材料有碳素结构钢、低合金结构钢、不锈钢、耐热钢以及诸如镍基合金、铜合金的某些非铁合金材料。

2. 气体保护电弧焊

气体保护电弧焊是用外加气体来保护电弧区的熔滴、熔池以及焊缝的电弧焊，简称气体保护焊。焊接中通常使用的保护气体有两种：惰性气体（氩气和氦气）和二氧化碳气体。

1）氩弧焊

氩弧焊是采用氩气作为保护气体的气体保护焊方法。氩弧焊可以分为熔化极（金属极）氩弧焊和不熔化极（钨极）氩弧焊两种。

图 4-13（a）所示为熔化极氩弧焊原理图。焊丝既作电极又起填充金属作用，焊接时焊丝与焊件之间产生电弧，电弧在氩气保护下燃烧，焊丝经送丝机构从喷嘴中心位置连续送出并不断熔化，形成熔滴后以喷射方式进入熔池，待熔池冷凝后便形成焊缝。图 4-13（b）所示为不熔化极氩弧焊原理图。常用钨或钨合金作电极，焊丝只起填充金属作用。焊接时在钨极和焊件

视频

之间产生电弧，电弧在氩气保护下将焊丝和焊件局部熔化，冷凝后形成焊缝。

氩弧焊的主要特点有以下几个方面。

(1) 氩气不与金属发生化学反应，是一种理想的保护气体，特别适用于易氧化的非铁合金焊接。另外，可以获得质量高，成形美观的焊缝。

(2) 氩弧焊的电流稳定，电弧直径小且能量集中，因此焊接过程容易控制，焊接变形小。

(3) 因为采用明弧焊接，表面没有熔渣，所以便于操作，易观察焊缝成形，可以进行全位置焊接。

(4) 氩弧焊设备和控制系统比较复杂，氩气较贵，故焊接成本高。

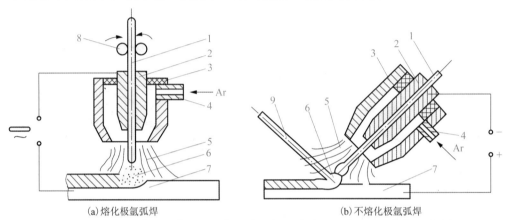

(a) 熔化极氩弧焊　　　　　　　　　　(b) 不熔化极氩弧焊

1-焊丝或电极；2-导电嘴；3-喷嘴；4-进气管；5-氩气流；6-电弧；7-工件；8-送丝辊轮；9-填充焊丝

图 4-13　氩弧焊示意图

氩弧焊常用于焊接化学性质活泼的金属及其合金，以及不锈耐蚀钢、耐热钢、低合金钢，也可用来焊接稀有金属。

2) CO_2 气体保护焊

CO_2 气体保护焊是以活性气体(CO_2)作为保护气体的气体保护焊方法。

图 4-14 所示为 CO_2 气体保护焊的原理图。在焊接时焊丝由送丝机构经导电嘴送进，CO_2 气体从喷嘴沿焊丝周围喷射出来。电弧引燃后，焊丝末端、电弧及熔池被 CO_2 气体所包围，可防止空气对熔池的影响作用，熔池冷凝后形成焊缝。

CO_2 气体保护焊的主要特点有以下几个方面。

(1) 因为 CO_2 气体比较便宜，CO_2 气体保护焊的成本明显低于手工电弧焊和埋弧自动焊。

(2) CO_2 气体保护焊的电流密度大，熔深大，焊接速度快，还可以节省敲渣时间，所以焊接生产率高。

(3) 由于 CO_2 气体保护焊的焊缝含氢量低，且采用合金钢焊丝，容易保证焊缝质量，所以焊缝出现裂纹的可能性小，而且焊件变形小，焊接质量比较好。

(4) 采用明弧焊接操作，能用于全位置焊接，易于实现自动化。

(5) CO_2 气体的氧化性强，焊缝处金属和合金元素易氧化、烧损，而且飞溅大。

CO_2 气体保护焊不能用于易氧化的非铁合金材料焊接，适用于低碳钢和强度级别不高的普通低合金结构钢的焊接。

3. 电渣焊

电渣焊是利用电流通过液体熔渣所产生的电阻热熔化母材与电极(填充金属)以实现焊接

的一种方法。根据所使用电极形状的不同，电渣焊可分为丝极电渣焊、板极电渣焊、熔嘴电渣焊和熔管电渣焊等。

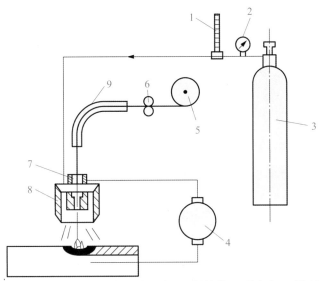

1-流量计；2-压力表；3-CO₂气瓶；4-电焊机；5-焊丝盘；6-送丝机构；7-导电嘴；8-焊炬喷嘴；9-送丝软管

图 4-14　CO₂ 气体保护焊示意图

1) 焊接过程

图 4-15 所示为电渣焊的原理示意图。在焊接开始时引燃电弧，熔化焊剂和工件后形成渣池和熔池，待渣池达到一定深度时，增加送丝速度使焊丝插入渣池，然后电弧熄灭转入电渣过程。电流通过渣池的液体熔渣产生电阻热，不断将工件和电极加热并熔化，所形成的金属熔池沉在渣池下面。其中，渣池既作为焊接热源，又起保护作用，可以防止空气进入熔池。随着熔池的增大渣池不断上升，远离渣池的熔池金属在水冷装置的作用下冷却结晶形成焊缝。

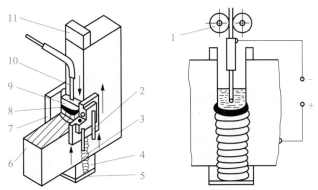

1-送丝滚轮；2-冷却水管；3-焊缝；4-引入板；5-引弧板；6-焊件；7-滑块；8-熔池；9-渣池；10-焊丝；11-引出板

图 4-15　电渣焊过程示意图

2) 特点和应用

电渣焊的主要特点有以下几个方面。

(1) 在焊接厚件时可一次焊成，生产率高；同时，可节省开坡口工时，节省焊接材料和焊接工时，焊接成本低。

（2）由于渣池保护性能好，空气不易进入；熔池存在时间长，焊缝不易产生气孔、夹渣等缺陷，焊缝质量好，金属比较纯净。

（3）焊缝金属在高温停留时间长，过热区大，焊缝金属组织粗大，焊后要进行正火处理。

电渣焊适于焊接厚度为 40mm 以上的板类工件，一般用于直缝焊接，也可用于环缝焊接。

4. 等离子弧焊

等离子弧焊是指借助水冷喷嘴对电弧的拘束作用，获得较高能量密度的等离子弧进行焊接的方法。

图 4-16 所示为等离子弧焊的原理图。当电弧通过水冷喷嘴的细小孔道时受到机械压缩效应、热压缩效应和磁压缩效应的共同作用，电弧便成为弧柱直径很细、气体高度电离、能量非常密集的等离子弧。等离子弧能直接加热工件，可在无填充金属的条件下完成焊接。

视频

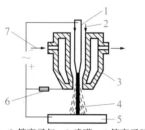

1-钨极；2-等离子气；3-喷嘴；4-等离子弧；
5-工件；6-限流电阻；7-冷却水

图 4-16　等离子弧发生装置示意图

等离子弧焊的主要特点有以下几个方面。

（1）等离子弧能量密度大，弧柱温度高，穿透能力强，厚度 12mm 以下的工件可不开坡口。

（2）焊接速度快，生产率高，焊缝质量好，热影响区小，焊接变形小。

（3）焊接电流调节范围大，当电流小到 0.1A 时，电弧仍能稳定燃烧，可焊接超薄件。

（4）设备比较复杂，造价较高，气体消耗量很大。

等离子弧焊适合于焊接难熔金属、易氧化金属、热敏感性强材料以及不锈耐蚀钢等，也可以焊接一般钢材或非铁合金材料。

5. 真空电子束焊

电子束焊是指利用加速和聚焦的电子束轰击置于真空或非真空的工件所产生的热能进行焊接的方法。根据焊接时工件所处环境真空度的不同，电子束焊可分为真空电子束焊、低真空电子束焊和非真空电子束焊。目前，应用最广泛的是真空电子束焊。

图 4-17 所示为真空电子束焊的原理图。在焊接时，电子枪和工件等全部置于真空室内（真空度必须保持在 666×10^{-4}Pa 以上）。当阴极被灯丝加热后，即能发射出大量电子，这些电子在阴极和阳极间受高电压的作用被加速，然后经聚焦透镜聚成电子束，并以极大速度射向工件，电子的动能转变为热能使工件迅速熔化而实现熔化焊。利用磁性偏转装置可调节电子束射向工件的方向和位置。

真空电子束焊的主要特点有以下几个方面。

（1）焊接过程是在真空中进行的，保护效果极佳，金属不会被氧化、氮化，所以焊接质量好。

（2）能量密度大，熔深大，焊接速度快，焊缝窄而深。

（3）由于热量高度集中，焊接热影响区小，所以基本上不产生焊接变形。

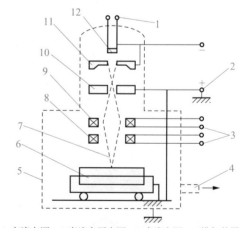

1-交流电源；2-直流高压电源；3-直流电源；4-排气装置；
5-真空室；6-工件；7-电子束；8-磁性偏转装置；
9-聚焦透镜；10-阳极；11-阴极；12-灯丝

图 4-17　真空电子束焊示意图

(4)焊接工艺参数可在较大范围内进行调节，控制灵活，适应性强。

(5)焊接设备复杂，造价高，对工件清理、装配质量要求较高，工件尺寸受真空室限制。

真空电子束焊可以焊接普通低合金钢、不锈钢，也可以焊接非铁合金材料、难熔金属、异种金属以及复合材料等，还能够焊接一般焊接方法难以施焊的复杂形状工件，所以它被称为多能的焊接方法。

6. 激光焊

激光焊是指利用聚焦的激光束轰击工件所产生的热量进行焊接的方法。激光是利用原子受激辐射的原理，使工作物质受激而产生一种单色性好、方向性强、亮度高的光束。聚焦后的激光束能量密度极高，可在极短时间内将光能转变为热能，其温度可达万摄氏度以上，极易熔化和气化各种对激光有一定吸收能力的金属和非金属材料。

根据使用激光器的工作方式不同，激光焊可分为脉冲激光焊和连续激光焊两大类。图 4-18 所示为激光焊的原理图，当激光器受激产生激光束后，通过聚焦系统聚焦成十分微小的焦点，

其能量进一步集中，当调焦到工件焊缝处时，光能转变为热能，从而使金属熔化形成焊接接头。

激光焊的主要特点有以下几个方面：

(1)能量密度大，热量集中，焊接时间短，热影响区小，工件变形极小，所以可进行精密零件、热敏感性材料的焊接。

(2)焊接装置不需要与被焊工件接触，借助于棱镜和光导纤维等可完成远距离焊接和难接近处的焊接。

(3)激光辐射放出的能量极其迅速，工件不易被氧化，所以不需真空环境或气体保护，可在大气中进行焊接。

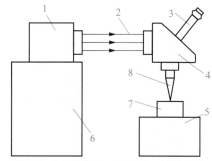

1-激光器；2-聚焦光束；3-观察器；4-聚焦系统；
5-工作台；6-电源；7-焊件；8-激光束

图 4-18 激光焊示意图

(4)设备比较复杂，功率较小，可焊接厚度受到限制。

激光焊适用于焊接微型、精密、排列密集和热敏感的工件，它可对绝缘材料直接焊接，也可将金属与非金属材料焊成一体。

4.3 压焊与钎焊

4.3.1 压焊

视频

压焊是通过对焊件施加一定的压力来实现焊接的一类方法。压焊加工时不需要外加填充金属，可对金属加热(或不加热)。通过加压使两个工件之间接触紧密，并在焊接部位产生一定的塑性变形，促进原子的扩散使两工件焊接在一起。此外，加压还可以使连接处的晶粒细化。常用的压焊方法主要有电阻焊和摩擦焊。

1. 电阻焊

电阻焊是工件组合后通过电极施加压力，利用电流通过接头的接触面及邻近区域产生的电阻热进行焊接的方法。

电阻焊时金属的电阻很小，焊接电流较大，所以焊接时间极短，生产率高，焊接变形小。另外，电阻焊不需要用填充金属和焊剂，焊接成本较低，操作简单，易于实现机械化和自动

化。焊接过程中没有弧光和烟尘污染，噪声小，劳动条件好。但焊接过程中电阻大小和电流波动均会导致电阻热的变化，所以电阻焊的接头质量不稳。另外，电阻焊的设备复杂，价格昂贵，耗电量大。

电阻焊通常分为点焊、缝焊和对焊三种形式。

1）点焊

点焊是焊件装配成搭接或对接接头，并压紧在两电极之间，利用电阻热熔化母材金属以形成焊点的电阻焊方法。如图 4-19(a)所示，焊接前先将表面清理好的两工件预压夹紧，接通电流后由于两工件接触处存在电阻而产生大量的电阻热，焊接区温度迅速升高，接触处金属开始局部熔化，形成液态熔核。断电后继续保持或加大压力，使熔核在压力作用下凝固结晶，形成组织致密的焊点。一个焊点形成后，移动焊件便依次形成其他焊点。

点焊方法广泛应用于飞行器、车辆、各种罩壳、电子仪表和日常生活用品的制造中，主要适用于厚度小于 4mm 的薄板冲压结构及钢筋焊接。点焊可焊接低碳钢、不锈钢、铜合金和铝镁合金等。

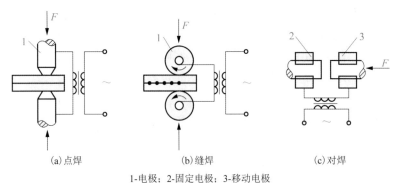

(a)点焊　　　　　　　(b)缝焊　　　　　　　(c)对焊

1-电极；2-固定电极；3-移动电极

图 4-19　电阻焊类型示意图

2）缝焊

缝焊是将工件装配成搭接或对接接头，并置于两滚轮电极之间，滚轮加压工件并转动，通过连续或断续送电而形成一条连续焊缝的电阻焊方法。如图 4-19(b)所示，缝焊的焊接过程与点焊相似，只是用圆盘形电极代替点焊时的柱状电极。缝焊时圆盘形电极既对焊件加压又起导电作用，同时还通过旋转带动工件移动，最终在工件上焊出一条由许多相互重叠的焊点组成的焊缝。

缝焊分流现象严重，只适合于焊接 3mm 以下的薄板结构。缝焊主要用于制造要求密封性的薄壁结构，如油箱、小型容器和管道等。

3）对焊

对焊是将焊件装配成对接的接头，使其端面紧密接触，利用电阻热加热至塑性状态，然后迅速施加顶锻力完成焊接的方法。根据工艺过程的不同，对焊可分为电阻对焊和闪光对焊。

(1)电阻对焊：电阻对焊是利用电阻热使焊件以对接的形式在整个接触面上被焊接起来的一种电阻焊。如图 4-19(c)所示，焊接时将两个工件装夹在对焊机的电极夹具中，施加预压力使两工件端面压紧并通电。当电流通过工件时产生电阻热，使接触面及附近区域加热至塑性状态，然后向工件施加较大的顶锻压力并同时断电，这时处于高温状态的工件端面便产生一定的塑性变形而焊接在一起。在顶锻力的作用下冷却时，可促使工件端面金属原子间的溶解和扩散作用，并可获得致密的组织结构。

电阻对焊操作简便，接头光滑，生产率高，但接头力学性能较低，焊前需对工件端面进行加工和清理工作，否则接触面容易发生加热不均匀，容易发生氧化物夹杂，焊接质量不易保证。所以，电阻对焊一般适用于焊接截面简单、直径较小、强度要求不高的杆件和线材。

(2)闪光对焊：闪光对焊时将两个工件装配成对接接头，然后接通电流并使两工件的端面逐渐移近达到局部接触，局部接触点会产生电阻热(发出闪光)使金属迅速熔化，当端部在一定深度范围内达到预定温度时，迅速施加顶锻力使整个端面熔合在一起完成焊接。

闪光对焊接头质量高，对工件端面清理要求不高，可焊接截面形状复杂或具有不同截面的工件，但金属损耗较大，工件需留出较大的余量，焊后要清理接头毛刺，可用于焊接重要的工件。闪光对焊可焊接同种金属，也可焊接异种金属，如焊接钢与铜、铝与铜等。目前，它被广泛用于刀具、钢筋、钢轨、钢管、车圈等的焊接中。

2. 摩擦焊

摩擦焊是利用工件表面相互摩擦所产生的热，使端面达到热塑性状态，然后迅速顶锻完成焊接的一种压焊方法。

图 4-20 所示为摩擦焊的原理图，焊接时将两个工件夹紧在夹头里，其中一个工件作高速旋转运动，另一个工件沿轴向移动并使两工件接触，则在接触面处因摩擦会产生热量。随着接头部分的温度升高，待工件端面加热到塑性状态时，停止工件的转动并对接头施加压紧力，使接头处产生塑性变形而完成焊接。

摩擦焊的接头组织致密，质量好且稳定，不易产生夹渣和气孔等缺陷；焊接中不需要焊剂或填充金属，对接头的焊前准备要求不高；加工成本低，焊接生产率高；操作简单，易于实现机械化和自动化，劳动条件好；焊接金属范围广，

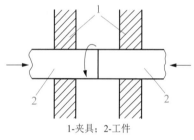

1-夹具；2-工件

图 4-20 摩擦焊原理图

可用于异种金属的焊接。但是，受旋转加热方式的限制，摩擦焊一般仅限于焊接圆形截面的棒料或管材，对于不规则截面及大型管状工件焊接起来比较困难。目前，摩擦焊作为一种快速有效的压焊方法，已经被广泛应用于刀具制造、汽车、拖拉机、石油化工、锅炉和纺织机械等部门。

4.3.2 钎焊

钎焊是指采用比母材熔点低的金属材料作钎料，将工件和钎料加热到高于钎料熔点、低于母材熔点的温度，利用液态钎料润湿母材，填充接头间隙并与母材相互扩散实现连接工件的焊接方法。钎焊时要求两焊件的接触面处很干净，所以需要用钎剂去除接触面处的氧化膜和油污等杂质，保护焊件接触面和钎料不受氧化，并增加钎料润湿性和毛细流动性。

钎焊时先将焊接接合面清洗干净并以搭接形式组合焊件，然后把钎料放在接合间隙附近或间隙中，当焊件与钎料同时被加热到钎料熔化温度后，液态钎料借助毛细流动作用而填充于两焊件接头缝隙中，待冷却凝固后便形成焊接接头。

钎焊接头的质量在很大程度上取决于钎料。根据钎料熔点的高低不同，钎焊可以分为软钎焊和硬钎焊两种。

(1)软钎焊：钎料熔点低于450℃的钎焊称为软钎焊。常用的钎料是锡铅钎料、锌锡钎料等，常用的钎剂有松香、氧化锌等。软钎焊的接头强度低，工作温度低，主要适用于焊接受

力不大、工作温度不高的工件，如电子线路等。

（2）硬钎焊：钎料熔点高于450℃的钎焊称为硬钎焊。常用的钎料有铜基钎料、铝基钎料、银基钎料等，常用的钎剂有硼砂、硼酸、氯化物、氟化物等。硬钎焊的接头强度较高，工作温度也较高，主要用于机械零部件的钎焊。

钎焊的加热方法有很多种，常用的加热方法主要有烙铁加热、火焰加热、炉内加热、电阻加热和高频加热等。

钎焊的主要特点是焊接温度低，焊件的组织和力学性能变化很小，焊接应力和变形也很小，容易保证焊接精度；可焊接不同材料、不同厚度、不同尺寸的工件；可同时焊接多条焊缝，生产率较高；焊接接头外表美观整齐；焊接设备简单，生产投入少。但是，钎焊也有其不足之处，如接头处的强度较低，承载能力有限，而且耐热能力较差。目前，钎焊主要用于电子技术、仪器仪表、航空航天技术及原子能等领域。

4.4　常用金属材料的焊接

随着焊接技术的不断发展，在机械制造、车辆、化工设备、锅炉及航空航天等领域内，采用焊接结构件的产品日益增多，产品制造中焊接件所占的比例也越来越大。为了保证焊接结构件的安全可靠，必须掌握常用金属材料的基本性能及焊接性，以便采用适当的工艺方法、工艺措施和工艺参数来获得优质的焊接结构。

4.4.1　金属材料的焊接性

1. 焊接性的定义

金属材料的焊接性是指金属材料对焊接加工的适应性，主要指在一定的焊接工艺条件下（焊接方法、焊接材料、焊接工艺参数和结构形式等），获得优质焊接接头的难易程度。它包括两方面内容：其一是接合性能，即在一定焊接工艺的条件下，一定的金属形成焊接缺陷的敏感性；其二是使用性能，即在一定焊接工艺的条件下，一定金属的焊接接头对使用要求的适应性。

金属的焊接性是金属的一种加工性能，它与金属材料的化学成分、焊件厚度、焊接方法及加工条件密切相关。同一金属材料的焊接性，随所采用的焊接方法、焊接材料、焊接工艺的改变可能会产生很大差异。例如，当铝及铝合金采用焊条电弧焊和气焊焊接时，难以获得优质焊接接头，此时该类金属的焊接性差；但如果用氩弧焊焊接时，焊接接头的质量良好，此时该类金属的焊接性好。所以，随着焊接技术的不断发展，金属的焊接性也会改变，焊接性是一个相对的概念。

2. 金属焊接性的评定方法

金属焊接性的评定方法可分为直接实验法和间接评估法两类。

1）直接实验法

直接实验法是在正确控制焊接工艺参数条件下，按规定要求焊接实验样件，然后检测焊接接头对裂纹、气孔、夹渣等缺陷的敏感性来评定焊接性，一般按相应的国家标准规定来进行。焊接性的直接实验法可以用较小的代价获得进行生产准备和制定焊接工艺措施的初步依据，还可为新型结构材料的研制提供依据。

常用的实验方法有 Y 形坡口对接焊缝裂纹实验方法、T 形接头焊接裂纹实验方法、焊接热影响区最高硬度实验方法、焊缝和焊接接头常规力学性能实验方法等。

2)间接评估法

间接评估法有碳当量法、冷裂纹敏感系数法等，是利用人们在大量实验的基础上得到的统计经验公式来评估焊接性的一类方法。

(1)碳当量法：就是根据钢材中化学成分对焊接热影响区淬硬性的影响程度，来评估钢材焊接性优劣的一种间接评估方法。在钢材的化学成分中，对钢材性能影响最大的成分是碳，其次是锰、铬、钼等。将钢中合金元素(包括碳)的质量分数按其对焊接性的影响程度换算成碳的相当质量分数，其总和称为碳当量，用符合 C_E 表示，它可作为评定钢材焊接性的一种参考指标。

国际焊接学会推荐的碳钢和低合金钢的碳当量计算公式为

$$C_E=\left(C+\frac{Mn}{6}+\frac{Cr+Mo+V}{5}+\frac{Cu+Ni}{15}\right)\times100\% \tag{4-1}$$

式中的化学元素符号都表示该元素在钢材中的质量分数。碳当量值越高，钢材的淬硬倾向越大，冷裂敏感性也越大，焊接性越差。

经验表明，当 $C_E<0.4\%$ 时，钢材的淬硬倾向和冷裂敏感性不大，焊接性良好，焊接时一般可不预热；当 $C_E=0.4\%\sim0.6\%$ 时，钢材的淬硬倾向和冷裂敏感性增大，焊接性较差，焊接时需要采取预热、控制焊接工艺参数、焊后缓冷等工艺措施；当 $C_E>0.6\%$ 时，钢材的淬硬倾向大，容易产生冷裂纹，焊接性差，焊接时需要采取较高的预热和其他严格的工艺措施。

碳当量计算公式是在一定实验情况下得到的，它只考虑了化学成分对焊接性的影响，没有考虑冷却速度、焊缝氢的质量分数、焊件结构刚性等重要因素对焊接性的影响，所以碳当量法只能在一定范围内粗略地评估焊接性。

(2)冷裂纹敏感系数法：是根据钢材的化学成分、焊缝金属中扩散氢的质量分数和焊件板厚计算出钢材焊接时冷裂纹敏感系数 P_C，冷裂纹敏感系数越大，则产生冷裂纹的可能性越大，焊接性越差。冷裂纹敏感系数的计算公式为

$$P_C=\left(C+\frac{Si}{30}+\frac{Mn}{20}+\frac{Cu}{20}+\frac{Ni}{60}+\frac{Cr}{20}+\frac{Mo}{15}+\frac{V}{10}+5B+\frac{h}{600}+\frac{H}{60}\right)\times100\% \tag{4-2}$$

式中，h 为板厚，mm；H 为焊缝金属中扩散氢的质量分数，$cm^3/100g$。

用 P_C 值判断和对比钢材在焊接时产生冷裂纹的敏感性比碳当量 C_E 值更好。通过 Y 形坡口对接裂纹实验得出防止裂纹要求的最低预热温度 T_P 的公式为

$$T_P=1440P_C-392\ ℃ \tag{4-3}$$

由于 Y 形坡口焊接裂纹试件的拘束状态要比通常结构中对接接头的拘束程度高，所以根据这种实验所求得的防止裂纹的预热温度，在多数情况下是比较安全的。冷裂纹敏感系数法适用于低碳(0.07%～0.22%C)且含多种微量合金元素的低合金高强度钢。

4.4.2 碳钢的焊接

碳钢广泛应用于机械、船舶、车辆、桥梁、锅炉、压力容器及建筑等方面，是应用最广的金属材料。碳钢具有较好的力学性能和各种工艺性能，而且冶炼工艺比较简单，价格低廉，所以在焊接件中得到广泛应用。碳钢焊接性的优劣主要表现在产生裂纹和气孔的难易程度上。

随着碳的质量分数的增加，碳钢的淬硬倾向增加，焊接性就逐渐变差，所以碳的质量分数对碳钢的焊接性起着决定性作用。按照碳的质量分数的不同，碳钢可以分为低碳钢、中碳钢和高碳钢。

1. 低碳钢的焊接

低碳钢的碳的质量分数小于 0.25%，碳当量值小于 0.40%，由于碳当量低，淬硬倾向小，塑性好，所以这类钢的焊接性良好。焊接时一般不需要采用特殊的工艺措施，用各种焊接方法都可以获得优良的焊接接头。

当焊件较厚、环境温度较低(低于−10℃)或钢材中含有硫、磷杂质较多时，焊接前应对焊件进行适当预热，以防止裂纹的产生，预热温度一般不超过 150℃。对于重要结构件，焊接后常进行去应力退火或正火处理，以消除残余应力，改善接头组织性能。另外，当采用电渣焊的方法焊接时，焊接接头处晶粒粗大，必须进行焊后正火处理，以细化晶粒，提高力学性能。

低碳钢最常用的焊接方法有焊条电弧焊、埋弧焊、电渣焊、气体保护焊和电阻焊。低碳钢工件用焊条电弧焊焊接时，一般采用 J422 焊条或 J427 焊条；用埋弧自动焊焊接时，一般采用焊丝 H08A 或 H08MnA 配合焊剂 HJ431。低碳钢钎焊可用锡铅、黄铜、银基钎料等，适用于所有钎焊方法。

2. 中碳钢的焊接

中碳钢碳的质量分数在 0.25%～0.6%，随碳的质量分数的增加，中碳钢的淬硬倾向越发明显，焊接接头易产生淬硬组织和冷裂纹，焊缝易产生气孔，焊接性变差。

为了保证中碳钢焊件的焊接质量，焊前应对焊件预热，焊后缓慢冷却，目的是减小焊件焊接前后的温差，降低冷却速度，减小焊接应力，从而有效防止焊接裂纹的产生；焊接时尽量选用碱性低氢形焊条，如 J506、J606 等，这样的焊条具有高的抗裂性能，能有效防止焊接裂纹的产生；焊接时坡口开成 U 形，并采用小电流、细焊条、多层焊的方式，以减少碳的质量分数高的母材金属过多地溶入焊缝中，从而使焊缝的碳的质量分数低于母材，达到改善焊接性的目的；焊后可采用 600～650℃的回火处理，以消除应力，改善接头的组织和性能。

3. 高碳钢的焊接

高碳钢的碳的质量分数大于 0.6%，由于碳的质量分数高，所以导热性差，塑性差，热影响区淬硬倾向以及焊缝产生裂纹、气孔的倾向更严重，焊接性很差。因此，高碳钢一般不用于焊接结构，主要是用来焊补一些损坏的构件，而且焊接时应采用更高的预热温度及更严格的工艺措施。对于高碳钢常采用焊条电弧焊或气焊的方法，并选用 J857 和 J857Cr 焊条，焊后要立即进行去应力退火。

4.4.3　合金钢的焊接

1. 合金结构钢的焊接

合金结构钢是在碳钢的基础上加入一种或几种合金元素冶炼而成的。合金结构钢品种很多，随着强度等级的提高，钢中合金元素的品种和数量均有所增加，有些钢中还含有较多的碳，这些均对钢的焊接性或多或少带来不利的影响。

在合金结构钢中，用得最多的是低合金结构钢。我国的低合金结构钢一般按屈服强度分等级，主要用于压力容器、锅炉、桥梁、船舶、车辆、起重机等的制造中。

低合金结构钢一般采用焊条电弧焊和埋弧焊。当焊接厚板件时可采用电渣焊，也可采用气体保护焊。

对于强度等级较低的低合金钢，合金元素含量较少，碳当量低，焊接性接近于低碳钢，所以具有良好的焊接性，通常情况下焊前不需要预热，焊接时也不必采用特殊的工艺措施。对于强度等级较高的低合金钢，由于合金元素含量较多，碳当量较高，焊接性差。特别是焊件厚度较大时，焊接性与中碳钢相当，焊前需用预热，焊接时应调整焊接规范来严格控制热影响区的冷却速度，焊后进行去应力退火。

2. 珠光体耐热钢的焊接

珠光体耐热钢的碳当量值较高，主要合金元素是铬和钼，淬硬倾向较大，焊接时的主要问题是冷裂纹，焊接性差。珠光体耐热钢焊接常采用焊条电弧焊和埋弧自动焊。采用焊条电弧焊时，选用相同化学成分类型的铬钼珠光体耐热钢焊条，焊前一般要进行预热，焊接后一般要进行消除应力热处理。耐热钢钢管常用钨极氩弧焊打底或用氩弧焊焊接，还可用等离子弧焊。珠光体耐热钢若焊前不能进行预热，可以采用奥氏体不锈钢焊条来焊接，但要保证焊缝有足够的铬和镍，使焊缝组织为奥氏体而避免为马氏体组织，所以要选铬镍较高类型的奥氏体不锈钢焊条，如 A302(E309—16)或 A307(E309—15)。

3. 不锈钢的焊接

不锈钢按其组织可分为奥氏体不锈钢、马氏体不锈钢和铁素体不锈钢，其中应用最广的是奥氏体铬镍不锈钢。

奥氏体不锈钢的碳的质量分数低，焊接性良好，焊接时一般不需要采取特殊的工艺措施，通常采用焊条电弧焊和钨极氩弧焊，也可采用埋弧自动焊。选用焊条、焊丝和焊剂时应保证焊缝金属与母材成分类型相同。当焊接材料选择不合适或焊接工艺不合理时，会产生晶间腐蚀和热裂纹，这是奥氏体不锈钢焊接的两个主要问题。焊接时应采用小电流、快速不摆动焊，焊后加大冷速，接触腐蚀介质的表面应最后施焊等工艺措施。

马氏体不锈钢的焊接性较差，这是因为空冷条件下焊缝可转变为马氏体组织，所以焊后淬硬倾向大，易出现冷裂纹。若碳的质量分数较高，则淬硬倾向和冷裂纹现象更严重。所以，焊接时要采取防止冷裂纹的一系列措施，焊前往往要进行预热，焊后也往往要进行热处理，以提高接头性能，消除残余应力。如果不能实施预热或热处理，也可选用奥氏体不锈钢焊条，使焊缝为奥氏体组织。

铁素体不锈钢焊接的主要问题是过热区晶粒长大引起脆化和裂纹。因此，要采取较低温度预热，一般不超过 150℃，这主要是为了防止过热脆化，减小高温停留时间。此外，采用小电流、快速焊等工艺可以减小晶粒长大倾向。

马氏体不锈钢和铁素体不锈钢的焊接方法也是采用焊条电弧焊(用铬不锈钢焊条)和氩弧焊。

4.4.4 铸铁的焊补

铸铁是机械制造业中应用很广泛的金属材料。因其碳的质量分数高，含硫和磷等杂质多，塑性极低，因此属于焊接性非常差的金属材料，一般不用铸铁制造焊接结构件。但是，由于铸铁成本低、铸造性能好及切削性能优良等，其应用范围还是比较广泛的。铸铁件在生产过程中会产生裂纹、气孔等各种缺陷，在使用过程中也会产生裂纹、断裂等损坏现象，如果采用焊补的方式挽救存在缺陷的产品或修复局部破损的零件，则可以获得较大的经济效益。

1. 铸铁的焊补特点

铸铁碳的质量分数高，力学性能低，焊接性差，在焊补具有下面的特点。

(1)熔合区易产生白口组织：由于焊接中电弧的高温作用和气体的侵入，碳、硅等石墨化元素烧损严重，又由于铸铁焊补属于局部加热，焊后焊补区冷却速度又快，不利于石墨的析出，因此在熔合区极易生成硬脆的白口组织，严重时会使整个焊缝断面全部白口化，硬度很高，脆性增大，难于进行机械加工。

(2)接头处易产生裂纹、气孔：铸铁抗拉强度低，塑性差，所以焊接应力极容易超过其抗拉强度极限而产生裂纹。此外，铸铁碳的质量分数及硫、磷杂质高，焊接时容易产生热裂纹，并易生成 CO 和 CO_2。由于铸铁冷却快，熔池中的气体往往来不及逸出，以致在接头部位产生气孔。

(3)熔池金属容易流失：铸铁的流动性好，焊接时熔池金属很容易流失，所以铸铁焊补时不宜立焊，只适于平焊。

2. 铸铁的焊补方法

铸铁焊补时，一般采用气焊、焊条电弧焊(个别大件可采用电渣焊)的方法，当对焊接接头强度要求不高时也可采用钎焊。根据焊前是否预热，可将铸铁的焊补分为热焊法和冷焊法两大类。

(1)热焊法：热焊法是焊前将焊件整体或局部缓慢预热到 500～700℃，焊补过程中温度保持在 400℃以上，焊后缓慢冷却的焊接方法。热焊法应力小，不易产生裂纹，可防止出现白口组织和产生气孔，焊补质量好，焊后可进行机械加工。但其工艺复杂，成本较高，生产率低，劳动条件差。热焊法一般仅用于焊后要求机械加工或形状复杂的重要铸铁件，如机床导轨、主轴箱、气缸体等。

热焊法常采用气焊和焊条电弧焊的形式。气焊时采用硅的质量分数高的铸铁焊条做填充金属，并要用气焊熔剂去除氧化物，气焊适用于焊补中小型薄壁件。焊条电弧焊时采用铸铁做焊芯的铸铁焊条或钢芯石墨化铸铁焊条，焊条电弧焊主要用于焊补厚度较大的铸铁件。

(2)冷焊法：冷焊法是焊前不对焊件预热或在低于400℃下预热的焊补方法。冷焊法常采用焊条电弧焊的方式，主要依靠焊条来调整焊缝的化学成分，以防止或减少白口组织及避免裂纹。由于冷焊时质量有时不易保证，且焊接处切削加工困难，所以焊接时常采用小电流、短电弧、窄焊缝、分段焊等工艺，而且焊后立即用锤轻击焊缝，以松弛焊接应力，待冷却后再继续焊接。

与热焊法相比，冷焊法生产率高，成本低，劳动条件好，尤其是不受焊缝位置的限制，故应用广泛。冷焊法多用于焊补要求不高的焊件，或用于焊补高温预热易引起变形的焊件。

4.4.5　非铁合金材料及其合金的焊接

除了钢、铁等钢铁材料之外的所有非钢铁材料总称为非铁合金材料。非铁合金材料具有密度小、比强度(强度与密度之比)高、耐热性强、抗腐蚀性好、导电性好等特点，在机械、航空航天、原子能、发电、化工等工业部门的应用越来越广。非铁合金金属的焊接技术也随之获得不断发展。

非铁合金材料的焊接比钢、铸铁困难和复杂。这是因为非铁合金材料导热快，焊接时使热源的热效率降低；非铁合金材料容易被氧化，形成高熔点氧化物，使金属变脆；非铁合金材料焊接时易变形。

1. 铝及铝合金的焊接

工业中常需用焊接的铝及铝合金有工业纯铝、不能热处理强化铝合金(铝锰合金、铝镁合金)和热处理强化铝合金(铝铜镁合金、铝锌镁合金等)。铝及铝合金在焊接过程中存在的主要问题有以下几个方面。

(1)极易氧化:铝与氧的亲和力很强,容易与氧结合生成致密的氧化铝薄膜。这种薄膜组织致密,熔点高达 2050℃,远远高于铝的熔点。它覆盖在金属表面,严重阻碍了金属的熔化与熔合。另外,氧化铝的密度比铝大,所以易产生夹渣缺陷,从而降低了焊接接头的力学性能。

(2)易产生变形和裂纹:铝的高温强度低,塑性差,在接头中容易形成较大的拘束应力,导致焊件产生较大的内应力,加大了产生变形和裂纹的倾向。铝及铝合金焊接时,主要在焊缝金属中形成结晶裂纹和在热影响区形成液化裂纹。

(3)耗能大:铝及铝合金的热导率约为钢的 4 倍,若要达到与钢同样的焊接速度,焊接线能量应为钢的 2~4 倍。因此,铝及铝合金焊接时应采用能量集中、功率大的热源,并采取预热等措施。

(4)容易产生气孔:工件和焊丝表面的水分以及氧化膜中含有的水分,在焊接过程中发生分解,产生氢气。由于液态铝能溶解大量的氢,而固态铝则几乎不溶解氢,在焊后的冷却凝固过程中,气体来不及逸出而聚集在焊缝中便形成气孔。

(5)焊接接头的力学性能和耐蚀性降低:铝及铝合金焊接接头的组织疏松且晶粒粗大,性能一般比母材低。另外,接头处的局部熔化会使晶粒出现过烧和被氧化,导致塑性严重下降,从而也降低了焊接接头的力学性能。此外,焊接接头的组织不均匀以及在接头中总是或多或少地存在焊接缺陷,这导致铝及铝合金焊接接头的耐蚀性一般都低于母材。

(6)易产生烧穿:铝及铝合金从固态转变为液态时,无明显的颜色变化,这样就不易判断母材金属的温度,所以焊接时常因无法察觉而导致烧穿。

由于以上原因,在铝及铝合金焊接时,除了选择正确的焊接方法外,还要严格控制焊接规范和工艺过程。

焊前准备是保证铝及铝合金焊接质量的重要工艺措施。焊前准备包括化学清洗、机械清洗、焊前预热、工件背面加垫板等。化学清洗和机械清洗的目的是去除工件及焊丝表面的氧化膜与油污;焊前预热可防止变形、未焊透、减少气孔等缺陷;采用工艺垫板来托住熔化金属是为了保证铝及铝合金焊接时能焊透而不致塌陷。

铝及铝合金的焊接方法与其焊接性有很大的关系。工业纯铝及大部分防锈铝的焊接性较好,能热处理强化的铝合金的焊接性较差。目前焊接铝及铝合金常用的方法有氩弧焊、电阻焊、气焊、焊条电弧焊和钎焊。

氩弧焊是焊接铝及铝合金较为理想的焊接方法。由于氩气保护效果良好,以及氩弧具有"阴极清理"作用,焊接时能去除氧化膜,因此焊接质量优良,焊接变形小,焊缝成形美观,耐腐蚀性能好,可用于焊接质量要求高的焊件。由于铝的导热性强,当采用钨极氩弧焊焊接较厚焊件时需要预热,生产率低,所以常采用钨极氩弧焊焊接厚度小于 8mm 的铝及铝合金焊件;而对于厚度在 8mm 以上的焊件可采用熔化极氩弧焊。另外,所用的焊丝成分应与焊件成分相同或相近,焊前工件和焊丝必须进行严格清洗与干燥。

用电阻焊焊接铝及铝合金时,应采用大电流、短时间通电的方式,焊前必须彻底清除焊接部位和焊丝表面的氧化膜与油污。

气焊可焊接对质量要求不高的纯铝和不能热处理强化的铝合金。气焊的特点是方便灵活、成本低,但生产率低,耐蚀性差,焊接变形大,适用于焊接小薄件。气焊时一般采用中性焰,同时必须采用气焊熔剂以去除氧化物和杂质。

母材为纯铝、Al-Mn、Al-Mg、Al-Cu-Mg 和 Al-Zn-Mg 合金时，可以采用成分相同的铝合金焊丝，甚至可从母材上切下窄条作为填充金属。对于热处理强化的铝合金，为防止热裂纹，可采用铝硅合金焊丝 HS311。

钎焊铝及铝合金时要选用合适的钎剂，钎焊最好在 400℃ 以上或 300℃ 以下进行，以防止焊件发生退火软化现象。

无论采用哪种焊接方法来焊接铝及铝合金，焊前都必须清理焊件接头处和焊丝表面的氧化膜及油污，焊后也要对焊件进行清理，以防止熔剂、焊渣对焊件产生腐蚀。

2. 铜及铜合金的焊接

工业中常用的铜及铜合金有紫铜（包括纯铜、无氧铜）、黄铜和青铜等。铜及铜合金的焊接性较差，在焊接过程中存在的主要问题有以下几个方面。

(1) 难于熔合：铜及某些铜合金的热导率大（比铁大 7～11 倍），焊接时热量很易传导出去，焊件温度难以升高，金属难以熔化，致使母材和填充金属难于熔合。因此，焊接时要使用大功率热源，通常在焊前和焊接中要进行预热。

(2) 易产生变形：铜及多数铜合金的线膨胀系数及收缩率都较大，凝固时易产生较大的收缩应力，同时因铜的导热性好而造成热影响区变宽，使焊接应力增大，变形比较严重。

(3) 易产生裂纹：铜在高温时极易氧化，生成的氧化铜与铜又形成脆性易熔共晶体。易熔共晶体沿晶界分布，使焊缝的塑性和韧性显著下降，易产生热裂纹。

(4) 易形成气孔：铜在液态时可溶解大量氢气，凝固时溶解度显著减小，若焊接熔池中的氢气来不及逸出，就在焊缝中形成气孔。此外，熔池中的氧化亚铜与氢气反应生成水蒸气也易于引起气孔。

此外，在一般情况下，铜及铜合金焊接接头的力学性能有所下降，主要是塑性下降。焊接紫铜时，接头的导电性也下降。焊接黄铜时还有锌的烧损蒸发现象，对人体有害，要加强通风、除尘等措施。

由于上述原因，在铜及铜合金焊接时，要采用焊接强热源设备和焊前预热来防止难熔合、未焊透现象并减少焊接应力与变形；严格限制杂质含量，加入脱氧剂，控制氢来源，降低熔池冷却速度防止产生裂纹、气孔缺陷；焊后进行退火处理以消除应力等措施。

铜及铜合金的焊接方法常采用氩弧焊、气焊、钎焊、焊条电弧焊和埋弧自动焊等。由于铜的电阻很小，所以不宜采用电阻焊方法。

氩弧焊是保证纯铜和青铜焊接质量的有效方法，焊接接头性能好、飞溅少、成形美观。焊接时可用特制的含硅、锰等脱氧元素的纯铜焊丝。若用其他焊丝则必须使用焊剂来溶解氧化铜和氧化亚铜，以保证焊接质量。

气焊纯铜和青铜时应采用中性焰，所用焊丝及熔剂与氩弧焊相同。气焊是焊接黄铜最常用的方法，焊接时用含硅的焊丝，配合使用硼酸与硼砂配制的焊剂，能够很好地阻止锌的蒸发，同时还能有效地防止氢溶入熔池，从而减少了焊缝产生氢气孔的可能性。

钎焊适用于除铝青铜外的焊件，焊接中常使用铜基、银基、锡基钎料。

3. 钛及钛合金的焊接

钛及钛合金具有质量轻、比强度高、耐高温、耐腐蚀以及良好的低温冲击韧性等优点。因此，钛及钛合金在航天、航空、化工、造船等工业部门日益获得广泛的应用，并逐步从军用进入民用。我国钛资源丰富，钛及钛合金很有发展前途。钛及钛合金的焊接性较差，在焊接过程中存在的主要问题有以下几个方面。

（1）出现氧化污染及接头脆化：钛及钛合金化学性质非常活泼，不但极易氧化，而且在 250℃时开始吸收氢，从 400℃开始吸收氧，从 600℃开始吸收氮，从而使接头脆化，塑性严重下降。因此，焊接时不但要保护电弧空间和熔池，而且要保护处于高温的焊缝金属，防止其接触氢、氧、氮等气体。此外，焊接工艺不合适也会导致接头的塑性下降，从而引起脆化。

（2）产生裂纹：钛及钛合金的焊接接头性能变脆时，在焊接应力作用下会出现冷裂纹。钛合金焊接时有时会出现延迟裂纹，这主要是氢引起的。

（3）产生气孔：钛及钛合金焊接时，气孔是经常碰到的一个主要问题。形成气孔的主要原因是氢，其次是当焊缝中碳的质量分数和氧含量相对较多时，生成的 CO 也可能导致产生气孔。随着焊接电流的增大，气孔有增加的倾向。另外，焊接速度也对气孔有很大影响，焊接速度增大，气孔增多。

钛及钛合金由于容易被杂质污染并在焊缝中产生气孔和非金属夹渣，使得焊缝的塑性及抗腐蚀性能下降。所以，焊前对母材及焊丝的清理工作十分重要。清理可采用机械清理和化学清洗两种方法。清洗过的钛板、焊丝放置时间不宜过长。为保持焊件坡口处的清洁，可用塑料布将坡口及其两侧覆盖住，若发现有污物再用丙酮或乙醇在焊件边缘进行擦洗。

由于钛及钛合金的化学性质非常活泼，与氢、氧、氮的亲和力大，所以以焊条电弧焊、气焊和 CO_2 气体保护焊均不适用于钛及钛合金的焊接。焊接钛及钛合金的主要方法是氩弧焊和埋弧焊，也可以用等离子弧焊和真空电子束焊。

钛及钛合金焊接应用最广的是手工钨极氩弧焊。这种方法主要用于 10mm 以下钛板的焊接，大于 10mm 的钛板可用熔化极氩弧焊。真空充氩焊用于形状复杂，且难以使用夹具保护的较小零部件焊接。采用钨极氩弧焊焊接钛及钛合金时，要注意焊枪的结构，要加强保护效果，并要采用拖罩保护高温的焊缝金属。保护效果及焊接质量的好坏，可通过接头颜色进行初步鉴别。

钛及钛合金可以采用埋弧焊进行焊接。焊接设备采用普通的交、直流埋弧焊机均可，但用直流反接时焊缝成形较好，生产率也较高。

4.5　焊接结构设计

焊接结构一般是指主要由板材和型材焊接而成的结构件，如锅炉、压力容器、桥梁、桥式吊车、船体、火箭壳体、厂房屋架、管道等。此外，有些机器零部件也是焊接成的，也可以称为焊接结构件。

焊接结构要根据使用要求进行设计，包括一定的形状、工作条件和技术要求等。合理的结构设计应该是在保证产品质量的前提下，尽量降低生产成本，提高经济效益。所以，设计焊接结构时除了考虑焊件使用性能外，还应该依据各种焊接方法的工艺过程特点，考虑结构的材料、使用的焊接方法、选用的接头形式及加工工艺性等方面的内容，达到焊接工艺简单、生产率高、成本低、焊接质量优良的目的。

4.5.1　焊接结构材料的选择

设计焊接结构时，一方面要考虑结构强度和工作条件等性能的要求，另一方面还应考虑到焊接工艺特点来选择合适的材料，以便用最简单的工艺获得优质的产品。在选择焊接结构的材料时应注意以下几方面的问题。

（1）在满足使用性能要求的前提下，尽量选用焊接性好的材料：为了避免焊接时出现裂纹等缺陷并保证使用中安全可靠，材料在焊接时要求淬硬程度低、冷裂倾向小，焊接结构应该尽量选用焊接性好的材料。由于大多数焊接结构是钢材，所以焊接结构应该尽可能选用碳当量低的材料，而主要是碳的质量分数要小。

低碳钢、普通低合金钢和低合金结构钢的碳当量低，焊接性良好，在设计焊接结构时应该优先选用。一般用途的结构可以选用低碳钢，而重要结构则选用普通低合金钢和低合金结构钢。

对于以刚度和稳定性要求为主的各种焊接结构，如大型管道、塔架、支承箱体等，由于成分对材料的刚性影响较小，因此应尽可能选用焊接性能最优的材料，通常选择碳的质量分数小于 0.25% 的碳素结构钢或优质碳素结构钢，或者选用碳的质量分数小于 0.20% 的低合金结构钢。对于以强度和韧性要求为主的焊接结构，如机器中的受力机械零件、结构装置以及容器、桥梁、船体等，应选择焊接性能好、强度级别又高的材料，如中、高强度级别的低合金结构钢。一般碳的质量分数大于 0.5% 的碳素结构钢或优质碳素结构钢，或碳的质量分数大于 0.4% 的合金钢，由于焊接性能不好，所以尽量不予选择。如果需要使用，必须采取相应的工艺措施以保证获得优质的焊缝质量。

另外，需要注意的是，沸腾钢含氧量高，冲击吸收功较低，焊接时易产生裂纹，在进行厚板焊接时还可能产生层状撕裂，故一般不宜用于承受动载荷或低温下工作的重要焊接结构，但可用于一般焊接结构。

（2）注意异种金属材料的焊接性差异：对异种金属材料焊接时，必须特别注意它们的焊接性能，要尽量选择化学成分、物理性能相近的材料。

我国低合金钢的钢种、化学成分与物理性能比较相近，相互焊接时一般困难不大。低碳钢或低合金钢与其他钢种焊接时，则焊接性能存在一定差异。一般要求焊接接头强度不低于被焊钢材中强度较低者，故可按焊接性能较差的钢种设计焊接工艺及采取相应的措施，如采取预热或焊后热处理。对于异种金属的焊接，很难用熔焊的方法获得满意的接头质量，所以应尽量少用这种焊接方法。

（3）焊接结构优先采用型材：焊接结构应该尽量采用钢管和型钢（工字钢、槽钢和角钢）等型材，对于形状较复杂的部分也可以采用冲压件、铸钢件和铸件。这样不仅便于保证焊接质量，还可以减少焊缝数量，简化焊接工艺，增加焊件强度和刚度。

（4）合理选择焊接结构的形状尺寸和规格：合理选择形状尺寸和规格是保证焊接结构质量、简化制造工艺、降低生产成本的重要环节。例如，为了减轻焊件的重量要减小结构件的厚度，但为了增大焊件的刚度就必须增多加强肋，这就增加了焊接和矫正变形的工作量，使产品成本有可能提高，所以对于焊接结构不一定要过分追求减轻重量。另外，对于一些次要零件应该考虑合理利用边角料，这样虽然有可能增加焊缝数量，但节省了原料而使产品成本有所下降。

4.5.2　焊接方法的选择

各种焊接方法都有其各自的特点和应用范围，选择焊接方法时应考虑材料的焊接性、焊件结构形状、焊缝长度、生产批量及产品质量要求等因素，在综合分析焊件质量、经济性和工艺可能性之后，确定最适宜的焊接方法。选用的原则应是在保证产品质量的前提下，优先选择常用的焊接方法。若生产批量大，还必须考虑尽量提高生产率和降低成本。具体的选择原则有以下几个方面。

(1) 焊接接头质量要符合技术要求：选择焊接方法时既要考虑焊件是否能达到力学性能的要求，又要考虑接头质量是否能符合技术要求。例如，定位焊、缝焊都适于薄板轻型结构焊接，缝焊才能焊出有密封要求的焊缝。又如氩弧焊和气焊虽然都能焊接铝材容器，但焊接质量要求较高时应采用氩弧焊。

(2) 根据焊件材料选择焊接方法：低碳钢的焊接性良好，几乎所有的焊接方法都可以使用，所以在选择具体焊接方法时，能否实现生产率高和经济性好就成为主要的选择依据。而对于其他材料就不能这样处理，如不锈钢、铝及铝合金用氩弧焊的焊接质量较高，钢和铝的异种金属焊接宜用压焊或钎焊，铸铁的焊补则采用手工电弧焊或气焊较为理想。

(3) 提高生产率，降低焊接成本：若焊件板厚为中等厚度，可选用焊条电弧焊、埋弧焊和气体保护焊。氩弧焊成本高，一般不宜选用。若焊件为长直焊缝或大直径环形焊缝、生产批量也较大，可选用埋弧焊。若焊件的焊缝短且处于不同空间位置，并为单件或小批量生产，则选择焊条电弧焊为好。氩弧焊几乎可以焊接各种金属及合金，但成本比较高，因此主要用于焊接铝、镁、钛合金及不锈钢等重要焊接结构。焊接铝合金工件，板厚大于 10mm 时适宜采用熔化极氩弧焊，板厚小于 6mm 时适宜采用钨极氩弧焊。若焊件为 40mm 以上的厚板重要结构，可考虑选用电渣焊。

(4) 考虑焊接现场设备条件及工艺可能性：选择焊接方法时，要考虑现场是否具有相应的焊接设备，如野外施工时有没有电源等。此外，要考虑拟定的焊接工艺能否实现。例如，对于无法采用双面焊工艺又要求焊透的工件，当采用单面焊工艺时，若先用钨极氩弧焊打底焊接，则更易于保证焊接质量。

常用焊接方法的特点及适用范围见表 4-5。

表 4-5　常用焊接方法的特点及适用范围

	焊接方法	焊接热源	焊接材料	焊件厚度	焊缝空间位置	接头形式	生产率	适用范围及特点
熔　焊	焊条电弧焊	电弧	碳钢、低合金钢、不锈钢、铸铁等	>1mm 常用 2～10mm	全位置	对接、T 形接、搭接、堆焊	中等偏高	成本较低，适应性强，可焊接各种空间位置的短、曲焊缝
	埋弧焊	电弧	碳钢、低合金钢等	≥3 常用 4～60mm	平焊	对接、T 形接、搭接	很高	成批生产、中厚板长直焊缝和直径>250mm 环焊缝
	氩弧焊	电弧	铝、铜、钛、镁及其合金、不锈钢、耐热钢	0.5～25mm	全位置	对接、搭接、T 形接、卷边接	较高	焊接质量好、成本高
	CO₂ 保护焊	电弧	碳钢、低合金钢、不锈钢	0.8～50mm 常用于薄板	全位置	对接、搭接、T 形接	很高	生产率高，无渣壳，成本低，适于焊接薄板，也可焊接中厚板、长直或短曲焊缝
	电渣焊	电阻热	碳钢、低合金钢、铸铁、钛及钛合金	25～1000mm 常用 40～450mm	立焊	对接	很高	用来焊接较厚工件

续表

焊接方法		焊接热源	焊接材料	焊件厚度	焊缝空间位置	接头形式	生产率	适用范围及特点
压焊	定位焊	电阻热	碳钢、低合金钢、不锈钢、铝及铝合金、铜及铜合金	常用 0.5～6mm	全位置	搭接	很高	适于焊接薄板
	缝焊			<3mm	平焊	搭接	很高	适于焊接有密封要求的薄板容器和管道
	对焊			—		对接	很高	适于焊接杆状零件
钎焊		各种热源均可使用	各种金属	—	平焊立焊	搭接、斜对接、套接	较高	常用于电子元件、仪器、仪表及精密机械零件的焊接，还可完成其他焊接方法难以完成的异种金属间的焊接，接头强度较低

4.5.3 焊接接头的工艺设计

焊接接头是组成焊接结构的一个关键部分，它是由焊缝、熔合区和热影响区组成的。焊接接头是各种结构件的连接部分，又是整个焊接结构传递和承受作用力的一部分，它的性能直接关系到焊接结构的可靠性。为了保证焊接接头的质量，应根据焊接结构的形状、尺寸、受力情况和工作条件，合理选择焊接接头形式，正确确定焊缝尺寸。

焊接接头设计包括焊接接头形式设计和坡口形式设计。

1. 焊接接头形式设计

设计接头形式主要考虑焊件的结构形状和板厚、接头使用性能要求等因素。按结合形式的不同可把焊接接头分为对接接头、搭接接头、T 形接头、盖板接头、十字形接头、角接接头和卷边接头等，它们的结构形式如图 4-21 所示。其中常见的焊接接头形式有对接接头、搭接接头、角接接头和 T 形接头。

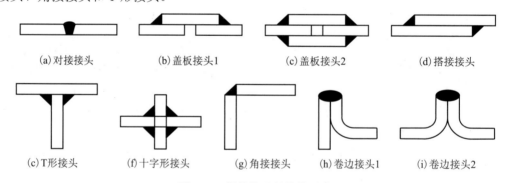

|(a)对接接头|(b)盖板接头1|(c)盖板接头2|(d)搭接接头|

|(e)T形接头|(f)十字形接头|(g)角接接头|(h)卷边接头1|(i)卷边接头2|

图 4-21　焊接接头的结构形式

对接接头受力均匀，节约材料，应力集中较小，易于保证焊接质量，静载和疲劳强度都比较高，是焊接结构中应用较多的一种，但其对下料尺寸和焊前定位装配尺寸精度要求较高。一般在锅炉、压力容器等焊件中常采用对接接头。搭接接头的两工件不在同一平面上，接头处部分相叠，应力分布不均匀，接头处产生附加弯矩，降低了疲劳强度，材料耗损大，但其对下料尺寸和焊前定位装配尺寸精度要求不高，且接头结合面大，增加承载能力。一般在厂房屋架、桥梁、起重机吊臂等桁架结构中常采用搭接接头。T 形接头和角接接头受力复杂，在接头根部易出现未焊透，引起应力集中。角接接头一般只起连接作用，不能用来传递工作载荷，多用于箱式结构。T形接头应用比较广泛，在船体结构中多采用这种接头形式。

在设计焊接接头时，由于对接接头不易产生应力集中，容易保证焊接质量，所以尽量选择对接接头，不选择 T 形接头和角接接头；焊接时要使接头表面尽量平滑，若焊缝高出焊件板面过多，则在焊缝与焊件的过渡处易引起应力集中，造成结构件冲击韧性和疲劳强度下降；在采用对接接头形式焊接不等厚工件时，为了减少应力集中，应该在两工件之间的厚板上做出斜边，使接头处平滑过渡。对于受力较大的结构件，为避免产生附加弯曲应力，还应该把厚板两侧削边，使两工件的中心线趋于一致。

除了上面提及的问题外，在焊接接头设计时还要兼顾以下几方面因素。

(1)焊接接头应保证具有足够的强度和刚度，以保证整个结构的使用性能。

(2)尽可能减少焊接工作量，以降低成本。

(3)尽量使焊件不再进行或少量进行机械加工。

(4)应便于施焊，创造最佳的施焊工位和劳动条件。

2. 坡口形式设计

焊接接头处开坡口的目的是使接头根部焊透，便于清除熔渣，同时也使焊缝成形美观。此外，通过控制坡口大小，能调节焊缝中母材金属与填充金属的比例，使焊缝金属达到所需的化学成分。坡口的常用加工方法有气割、切削加工和碳弧气刨等。

焊条电弧焊各种形式的接头都可采用不同的坡口形式，选择时主要依据焊件板材的厚度。

(1)对接接头的坡口形式：对接接头的坡口形式基本有 I 形坡口、Y 形坡口、双 Y 形坡口、带钝边 U 形坡口、带钝边双 U 形坡口、单边 V 形坡口、双单边 V 形坡口、带钝边 J 形坡口、带钝边双 J 形坡口等，其结构形式如图 4-22 所示。此外，还可以有带垫板的 I 形坡口形式。

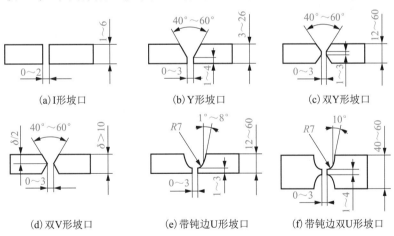

(a)I形坡口　　(b)Y形坡口　　(c)双Y形坡口

(d)双V形坡口　　(e)带钝边U形坡口　　(f)带钝边双U形坡口

图 4-22　对接接头坡口形式

(2)角接接头的坡口形式：角接接头的坡口形式基本有 I 形坡口、错边 I 形坡口、Y 形坡口、带钝边单边 V 形坡口、带钝边双单边 V 形坡口等，其结构形式如图 4-23 所示。

(3)T 形接头的坡口形式：T 形接头的坡口形式基本有 I 形坡口、带钝边单边 V 形坡口、带钝边双单边 V 形坡口等，其结构形式如图 4-24 所示。

焊条电弧焊板厚小于 6mm 时，一般采用 I 形坡口，但重要结构件板厚大于 3mm 时就需开坡口，以保证焊接质量。板厚为 6~26mm 的可采用 Y 形坡口，这种坡口加工简单，但焊后角变形大。板厚为 12~60mm 的可采用双 Y 形坡口。同等板厚情况下，双 Y 形坡口比 Y

形坡口需要的填充金属量约少 1/2，且焊后角变形小，但是需要进行双面焊。带钝边 U 形坡口比 Y 形坡口省焊条、省工时，而且焊接变形也较小，但其坡口加工比较麻烦，需进行切削加工。埋弧焊焊接较厚板采用 I 形坡口时，为使焊剂与焊件贴合，接缝处可留一定间隙。

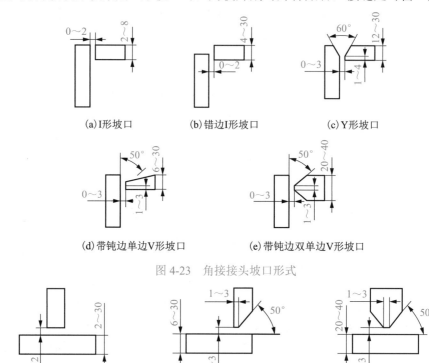

(a)I形坡口　　　　(b)错边I形坡口　　　　(c) Y形坡口

(d)带钝边单边V形坡口　　　　(e)带钝边双单边V形坡口

图 4-23　角接接头坡口形式

(a)I 形坡口　　　　(b)带钝边单边 V 形坡口　　　　(c)带钝边双单边 V 形坡口

图 4-24　T 形接头坡口形式

　　坡口形式主要是根据板材厚度进行选择，这样既能保证焊透，又能节省焊接材料，提高生产率，降低成本。同时，选择坡口形式时也要考虑加工方法和焊接工艺性。如要求焊透的受力焊缝，在条件允许的情况下尽量采用双面焊，这样容易保证焊接质量，容易保证接头能焊透，而且焊接变形也小，但这样会使生产率下降，若不能进行双面焊再开单面坡口焊接。

　　对于不同厚度的板材，为使焊接接头两侧加热均匀，保证焊接质量，接头两侧板厚截面应尽量相同或相近，并规定了允许的厚度差（表 4-6），而且焊缝坡口的形式和尺寸按较厚板尺寸数据选取。如果厚度差超过规定值，应在较厚板上做出单面或双面削薄。

表 4-6　不同厚度金属板材对接时允许的厚度差　　　　　　　　　　　　　　　　(mm)

较薄板的厚度	2～5	6～8	9～11	≥12
允许厚度差	1	2	3	4

4.5.4　焊缝位置的布置

　　按焊缝在空间位置的不同，焊缝可以分为平焊、横焊、立焊和仰焊等四种类型。其中，由于平焊操作方便，易于保证焊缝质量，所以焊接时应尽量使焊缝处于平焊位置。焊接结构中焊缝的布置是否合理，对于焊接接头质量和生产率都有很大影响。一般焊缝的布置应注意考虑以下几个方面。

（1）尽量使焊缝处于平焊位置：处于各种位置的焊缝，其操作难度都不相同。其中，平焊操作最方便，易于保证焊缝质量，是焊缝位置设计中的首选方案。立焊、横焊操作相对较难，仰焊施焊难度最大，而且不易保证焊接质量。

（2）焊缝位置应便于完成焊接操作：焊缝布置时应考虑给焊接操作留有足够的空间，以满足焊接的需要。例如，焊条电弧焊时需留有一定空间以保证焊条的正常运动；气体保护焊时应考虑气体的保护作用；埋弧焊时应考虑接头处有利于液态熔渣形成封闭空间；定位焊与缝焊时应考虑电极伸入方便等。图 4-25 所示为设计焊缝位置时几种合理与不合理的设计方案示例。

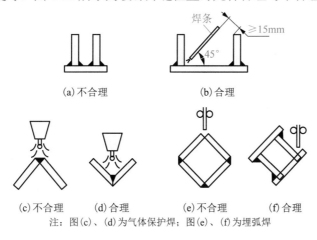

图 4-25　方便焊接操作的焊缝位置设计方案

（3）焊缝应避开应力最大和应力集中位置：虽然优质的焊接接头能与母材等强度，但在焊接过程中难免会出现不同程度的焊接缺陷，从而使焊接结构的承载能力下降。所以对于受力较大、结构较复杂的焊接件，为了增加安全使用系数，在应力最大和应力集中的位置不应布置焊缝，如图 4-26（a）所示的大跨度焊接横梁，焊缝不能布置在承受最大应力的跨度中间，而应改变成图 4-26（b）所示的焊接结构。此时虽然在结构上增加了一条焊缝，但改善了焊缝的受力状况，结构的承载能力也会上升。对于图 4-26（c）所示的压力容器，焊接时焊缝应避开应力集中的转角位置，而应布置在距封头有一定长度处（图 4-26（d）），从而改善焊缝受力状况。同样，图 4-26（e）所示在构件截面有急剧变化的位置或尖锐棱角处，由于易产生应力集中也不应布置焊缝，其合理结构应改为如图 4-26（f）所示。

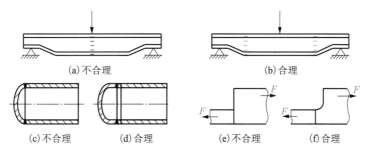

图 4-26　避开应力最大和集中处的焊缝位置设计方案

（4）焊缝应尽量分散布置，避免密集和交叉：由于密集交叉的焊缝会造成金属过热，焊件热影响区增大，组织恶化，接头性能要严重下降，同时使焊接应力提高，力学性能下降，甚至会引起裂纹。所以，一般要求两条焊缝间距大于三倍焊件厚度且不小于 100mm。如图 4-27 所示，处于同一平面焊缝转角的尖角处相当于焊缝交叉，易产生应力集中，所以要尽量避免，应改为平滑过渡结构。即使不在同一平面的焊缝，若密集布置在一列也会降低焊件的承载能力。

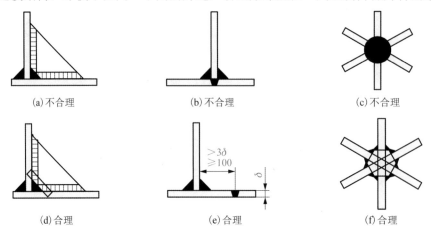

图 4-27　避免密集和交叉的焊缝位置设计方案

（5）**焊缝布置应尽量对称**：对称布置的焊缝可使各条焊缝产生的焊接变形互相约束、抵消，这对减小梁、柱等结构的焊接变形有明显效果。如图 4-28（a）所示，焊缝处于截面重心的一侧，那么当焊缝冷却收缩时就会造成较大的弯曲应力而形成大的弯曲变形。若采用图 4-28（b）、（c）所示的焊缝布置方案，使焊缝对称布置于重心，则焊缝冷却收缩时造成的弯曲应力可以在最大程度上相互抵消，所以焊接变形不明显。

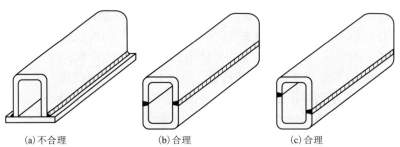

图 4-28　对称布置的焊缝位置设计方案

（6）**焊缝布置应避开机械加工表面**：有些焊接件的部分表面要求进行机械加工，如果先焊接再进行机械加工，可能会造成困难或是无法保证要求的精度，这样就必须在机械加工以后才能进行焊接。为了使已加工表面的加工精度不受影响，焊缝布置应避开机械加工表面，如图 4-29 所示。

（7）**尽量减少焊缝的数量、长度和截面**：减少焊缝的数量、长度和截面可以减少焊接中的加热过程，减少焊接残余应力和变形，减小接头性能下降的程度，降低焊接材料的成本，提高劳动生产率。所以，可以不要求连续的焊缝就应该设计为断续焊缝，有时也可利用型钢来减少焊缝数量。当然，这也需要综合比较加工的质量要求、各种结构方案的成本以及加工条件的可能性等。

（8）**焊缝转角处应平滑过渡**：焊缝转角处容易产生应力集中，尖角处应力集中更为严重，所以焊缝转角处应该平滑过渡。

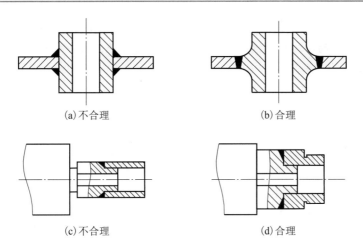

图 4-29 避开机械加工表面的焊缝位置设计方案

(9)焊缝布置应照顾其他工序的方便和安全：焊缝应布置在便于焊接和检验的部位，还要兼顾热处理、机械加工等工序的方便进行。

焊缝布置还要考虑到不同焊接方法的适应性，针对不同的焊接方法要采用相适应的焊缝形式。焊缝的布置还与切削加工有密切关系，当焊缝结构整体精度要求较高时，应该在全部焊完后进行去应力退火，然后进行切削加工，以避免焊接残余应力影响切削加工后的精度。

习题与思考题

4-1 焊接方法可分为哪几类？各有什么特点？

4-2 试述焊接的特点及应用。

4-3 什么是焊接电弧？焊接电弧的构造及形成特点如何？

4-4 什么是电弧的稳定性？影响电弧稳定性的因素有哪些？

4-5 焊条由哪几部分组成？各部分的作用是什么？

4-6 碱性焊条与酸性焊条的性能有何不同？

4-7 选择焊条的原则是什么？

4-8 请说明关于焊条型号及牌号的 E4303、E5015、J422、J503 含义分别是什么？

4-9 焊接接头包括哪几部分？影响焊接接头性能的因素有哪些？

4-10 焊接热影响区包括哪几个区域？试述各区域的组织和性能如何？

4-11 焊接应力与变形产生的原因是什么？减小和消除焊接应力的措施有哪些？

4-12 焊接变形的基本形式有哪些？防止和减小焊接变形的措施有哪些？当焊接变形产生后应如何去矫正？

4-13 埋弧自动焊与手工电弧焊相比有何特点？其应用范围如何？

4-14 氩弧焊与 CO_2 气体保护焊的特点有何异同？它们的应用范围如何？

4-15 试述电渣焊的特点及应用范围。

4-16 试述等离子弧焊的特点及应用范围。

4-17 请说明真空电子束焊和激光焊各有何特点？

4-18 什么是压焊？常用的压焊方法主要有哪些？

4-19 什么是电阻焊？电阻焊分为哪几类？其特点和应用范围如何？

4-20 钎焊与熔焊的主要区别是什么？钎焊有哪些特点？它的应用范围如何？

4-21 什么是金属的焊接性？钢材的焊接性主要取决于什么因素？如何评价钢材的焊接性？

4-22 低合金结构钢和奥氏体不锈钢焊接时的主要问题是什么？常采用什么焊接方法？

4-23 请比较以下几种钢材的焊接性：

(1)20钢；(2)65Mn；(3)Q235；(4)ZG270—500。

4-24 铝及铝合金可以用哪些方法焊接？其中哪种焊接方法的焊接质量好？并说明理由。

4-25 焊接铜及铜合金时，容易产生哪些问题？如何解决这些问题？

4-26 焊接结构设计需要考虑的内容有哪些？

4-27 选择焊接结构的材料时，要注意哪些问题？

4-28 选择焊接方法时，要遵循哪些原则？

4-29 用下列板材制作低压容器，应采用哪种焊接方法和焊接材料？

(1)厚20mm的Q235—A钢板；(2)厚2mm的20钢钢板；(3)厚5mm的45钢钢板；(4)厚4mm的紫铜板；(5)厚20mm的铝合金板；(6)厚10mm的镍铬不锈钢板。

4-30 下列的铸铁工件需要进行焊补，请说明为保证焊后能加工，并满足使用要求，应该采用哪种焊接方法和焊接材料？

(1)车床导轨面(铸件毛坯)裂纹，要求焊补层与基体性能相同；

(2)变速箱箱体加工前，箱体内部局部厚度不够，要求修补后厚度达到要求。

4-31 试为下列焊件选择合理的焊接方法。

(1)自行车车梁(Q345)裂纹的焊补；(2)φ30mm轴(45钢)的对接；(3)柴油机水箱(铝铜合金)漏水的修补。

4-32 常见的焊接接头形式有哪些？它们各自的特点及应用如何？

4-33 如图4-30所示，焊制Q235—A钢板的金属容器，应采用哪种焊接方法？是否要开坡口？并说明理由。

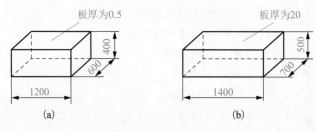

图4-30 焊制的Q235—A钢板金属容器

4-34 焊缝布置应考虑哪些原则？为什么？

4-35 如图4-31所示，焊件的焊缝布置是否合理？若不合理请加以改正，并说明理由。

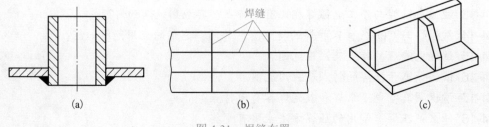

图4-31 焊缝布置

4-36 如图 4-32 所示，各组焊接结构中哪种更为合理？并分别说明理由。

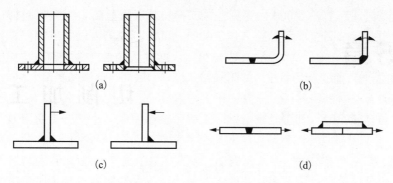

(a)   (b)

(c)   (d)

图 4-32　各组焊接结构

4-37 焊接材料为 Q235 钢的梁结构，尺寸如图 4-33 所示，成批生产，现有钢板最大长度为 2500mm，试确定：

(1) 腹板、翼板接缝位置。

(2) 各条焊缝的焊接方法和焊接材料。

(3) 画出各条焊缝的接头和坡口形式。

(4) 各条焊缝的焊接顺序。

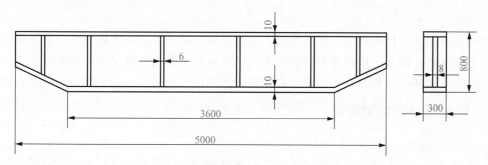

图 4-33　焊接梁结构

4-38 汽车刹车的压缩空气存储器结构和尺寸如图 4-34 所示，材料均为 Q235 钢。筒壁为 2mm，端盖为 3mm。四个管接头为标准件 M10，工作压力为 0.6MPa。试确定：

(1) 焊缝位置。

(2) 各条焊缝的焊接方法及其焊接材料。

(3) 各条焊缝的接头和坡口形式。

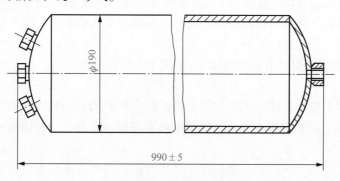

图 4-34　汽车存储器结构

第5章

切削加工

切削加工是利用切削工具和工件做相对运动，从毛坯上切去多余部分材料，以获得所需几何形状、尺寸精度和表面粗糙度的零件的加工过程。在现代机械制造中，除少数零件采用精密铸造、精密锻造以及粉末冶金和工程塑料压制等方法直接获得外，绝大多数的零件都要通过切削加工获得，以保证精度和表面粗糙度的要求。因此，切削加工在机械制造中占有十分重要的地位。切削加工在一般生产中占机械制造总工作量的 40%～60%。切削加工的先进程度直接影响产品的质量和数量。

5.1　金属切削基本理论

金属切削加工的目的是使被加工零件的尺寸精度、形状精度、位置精度、表面质量达到设计与使用要求。因此，切削加工要切除工件上多余的金属，形成已加工表面，必须具备两个基本条件：切削运动和刀具。

5.1.1　切削运动与切削要素

1. 零件表面的形成

虽然机器零件的形状千差万别，但分析起来都是由下列几种简单的表面组成的，即外圆面、内圆面(孔)、平面和成形面。因此，只要能对这几种表面进行加工，就基本上能完成所有机器零件表面的加工。

外圆面和内圆面(孔)是以某一直线或曲线为母线，以圆为轨迹，做旋转运动时所形成的表面。

平面是以一直线为母线，以另一直线为轨迹，作平移运动时所形成的表面。

成形面是以曲线为母线，以圆、直线或曲线为轨迹，作旋转或平移运动时所形成的表面。

零件的不同表面，分别由相应的加工方法来获得，而这些加工方法是通过零件与不同的切削刀具之间的相对运动来进行的。称这些刀具与零件之间的相对运动为切削运动。以车床加工外圆柱面为例来研究切削的基本运动，如图 5-1 所示。

2. 切削运动

在金属切削加工中，为使加工工件表面获得符合技术要求的形状，加工时刀具和工件必须有一定的相对运动，才能切除多余的金属，此运动称为切削运动。切削运动包括主运动和进给运动。

1) 主运动

切除工件上的被切削层，使之转变为切屑的主要运动，称为主运动。它是机床上最基本运动，主运动的速度最高，所消耗的功率最大。在切削运动中，主运动只有一个。它可由零件完成，也可以由刀具完成；可以是旋转运动，也可以是直线运动。图 5-1 中由车床主轴带动零件作的回转运动就是主运动。

2) 进给运动

不断地把被切削层投入切削，以逐渐切削出整个零件表面的运动，称为进给运动。图 5-1 中刀具相对于零件轴线的平行直线运动即进给运动。进给运动一般速度较低，消耗的功率较少，可由一个或多个运动组成。它可以是连续的，也可以是间断的。进给运动可以是旋转运动，也可以是直线运动，可以由刀具来完成，也可由工件来完成。

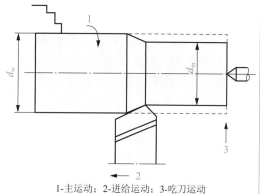

1-主运动；2-进给运动；3-吃刀运动

图 5-1　车削运动

3. 切削要素

切削要素包括切削用量和切削层的几何参数。

在切削过程中，零件上形成了以下三个表面，如图 5-2 所示。

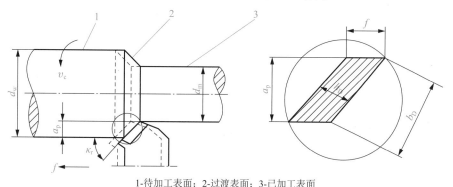

1-待加工表面；2-过渡表面；3-已加工表面

图 5-2　车削要素

已加工表面：零件上切除切屑后留下的表面。

待加工表面：零件上将被切除切削层的表面。

过渡表面：零件上正在切削的表面，即已加工表面和待加工表面之间的表面。

1) 切削用量

在一般的切削加工中，切削用量包括切削速度、进给量和背吃刀量三个要素。

(1) 切削速度 (v_c)。在切削加工时，切削刃上选定点相对于工件主运动的速度称为切削速度。即单位时间内，刀具相对于零件沿主运动方向的相对位移，单位为 m/s。当主运动是回转运动时，则其切削速度为

$$v_c = \frac{\pi d n}{1000} \tag{5-1}$$

式中，d 为零件待加工表面直径 d_w，mm；或刀具直径 d_o，mm；n 为零件或刀具的转速，r/s。

若主运动是往复运动，则其平均速度为

$$v_c = \frac{2 L n_r}{1000} \tag{5-2}$$

式中，L 为往复运动行程长度，mm；n_r 为主运动每秒的往复次数，次/s。

（2）进给量（f）。在单位时间内，刀具相对于零件沿进给运动方向的相对位移。例如，车削时，零件每转一转，刀具所移动的距离，即（每转）进给量，单位为 mm/r。又如在牛头刨床上刨平面时，刀具往复一次，零件移动的距离，单位为 mm/str（即毫米/双行程）。铣削时由于铣刀是多齿刀具，还常用每齿进给量表示，单位为 mm/z（即毫米/齿）。

（3）背吃刀量（a_p）。待加工表面与已加工表面间的垂直距离，单位为 mm。对于图 5-2 所示外圆车削，背吃刀量可表示为

$$a_p = \frac{d_w - d_m}{2} \tag{5-3}$$

式中，d_w 为待加工圆柱面直径，mm；d_m 为已加工圆柱面直径，mm。

2）切削层几何参数

切削层是指零件上正被切削刃切削的一层材料，即两个相邻加工表面间的那层材料，是零件转一转，主切削刃移动一个进给量 f 所切除的材料层，如图 5-2 所示。

切削层参数对切削过程中切削力的大小、刀具的载荷和磨损，零件加工的表面质量和生产率都有决定性的影响。

切削层的几何参数通常在垂直于切削速度的平面内观察和度量，它们包括切削层公称厚度、切削层公称宽度和切削层公称横截面积。设车刀主切削刃与工件轴线之间的夹角为 κ_r。

（1）切削层公称厚度（h_D）：是工件或刀具每移动一个进给量，刀具主切削刃相邻两个位置之间的垂直距离，如图 5-2 所示。公称厚度的单位为 mm。车外圆时，若车刀主切削刃为直线，则

$$h_D = f \sin \kappa_r \tag{5-4}$$

从式（5-4）可见，切削层厚度和进给量与刀具和零件间的相对角度有关。

（2）切削层公称宽度（b_D）：是沿刀具主切削刃量得的待加工面至已加工面之间的距离，即刀具主切削刃与工件的接触长度，单位为 mm。车外圆时，则

$$b_D = \frac{a_p}{\sin \kappa_r} \tag{5-5}$$

（3）切削层公称横截面积（A_D）：是工件被切下的金属层沿垂直于主运动方向所截取的截面面积，单位为 mm²。车外圆时，有

$$A_D = h_D b_D = f a_p \tag{5-6}$$

5.1.2　刀具切削部分的几何参数

切削刀具的种类很多，形状也各不相同，无论哪种刀具，一般都是由切削部分和夹持部分组成。夹持部分是用来将刀具夹持在机床上的部分，要求它能保证刀具有正确的工作位置，传递所需要的运动和动力，并且夹持可靠，装卸方便。切削部分是刀具上直接参与切削工作的部分。

刀具中最典型的是车刀，其他各种刀具切削部分的几何形状和参数，都可视为以外圆车刀为基本形态而按各自的特点演变而成。因此，掌握外圆车刀的分析方法之后，就可以将这种方法推广到其他刀具。

1. 刀具切削部分的基本定义

刀具各组成中承担切削工作的部分为刀具的切削部分。图 5-3 所示的外圆车刀切削部分的结构要素及其定义如下。

(1) 前刀面：切屑被切下后，从刀具切削部分流出所经过的表面。

(2) 主后刀面：在切削过程中，刀具上与零件的过渡表面相对的表面。

(3) 副后刀面：在切削过程中，刀具上与零件的已加工表面相对的表面。

(4) 主切削刃：前刀面与主后刀面的交线，切削时承担主要的切削工作。

(5) 副切削刃：前刀面与副后刀面的交线，也起一定的切削作用，但不明显。

(6) 刀尖：主切削刃与副切削刃相交之处，刀尖并非绝对尖锐，而是一段过渡圆弧或直线。

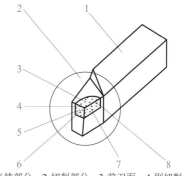

1-夹持部分；2-切削部分；3-前刀面；4-副切削刃；5-副后刀面；6-刀尖；7-主后刀面；8-主切削刃

图 5-3　刀具的组成

2. 刀具角度参考系

为了表示出刀具几何角度的大小以及刃磨和测量刀具角度的需要，必须表示出上述刀面和切削刃的空间位置。而要确定它们的空间位置，就应该建立假想的参考平面坐标系，如图 5-4 所示。它是在不考虑进给运动的大小，并假定车刀刀尖与主轴轴线等高、刀杆中心线垂直于进给方向的情况下建立的，它是由三个互相垂直的平面组成的。

(1) 基面 (P_r)：通过主切削刃上的某一点，与该点的切削速度方向相垂直的平面。

(2) 切削平面 (P_s)：通过主切削刃上的某一点，与该点过渡表面相切的平面。该点的切削速度矢量在该平面内。

(3) 主剖面 (P_o) (正交平面)：通过主切削刃上的某一点，且与主切削刃在基面上的投影相垂直的平面。

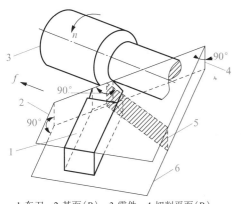

1-车刀；2-基面 (P_r)；3-零件；4-切削平面 (P_s)；5-主剖面 (P_o)；6-底平面

图 5-4　刀具角度参考系辅助平面

3. 刀具的标注角度

刀具的标注角度是在刀具设计图上予以标注的角度，是制造和刃磨刀具所需要的。刀具的标注角度主要有五个，如图 5-5 所示。

(1) 前角 (γ_o)：在主剖面内测量的前刀面与基面之间的夹角。根据前刀面和基面相对位置的不同，又分别规定为正前角、零前角、负前角 (图 5-5)。适当增大前角，则主切削刃锋利，切屑变形小，切削轻快，减少切削力和切削热。但前角过大，切削刃变弱，散热条件和受力状态变差，将使刀具磨损加快，耐用度降低，甚至崩刀或损坏。生产中应根据零件材料、刀具材料和加工要求合理选择前角的数值。加工塑性材料时，应选较大的前角；加工脆性材料时，选较小的前角；精加工时前角可选大些，粗加工时前角可选小些。通常硬质合金刀具的前角在 $-5°\sim+25°$ 内选取。

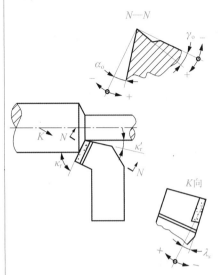

图 5-5　车刀的标注角度

（2）后角（α_o）：在主剖面内测量的主后刀面与切削平面之间的夹角。后角用以减少刀具主后刀面与零件过渡表面间的摩擦和主后刀面的磨损，配合前角调整切削刃的锋利程度与强度；直接影响加工表面质量和刀具耐用度。后角大，摩擦小，切削刃锋利。但后角过大，将使切削刃变弱，散热条件变差，加速刀具磨损。因此，后角应在保证加工质量和刀具耐用度的前提下取小值。粗加工和承受冲击载荷的刀具，为了保证切削刃的强度，应取较小的后角，通常为 $4°\sim7°$。精加工为减少后刀面的磨损，应取较大的后角，一般为 $8°\sim12°$。

（3）主偏角（κ_r）：在基面内测量的主切削刃在基面上的投影与进给运动方向的夹角。主偏角的大小影响切削断面形状和切削分力的大小。在进给量和背吃刀量相同的情况下，减小主偏角，将得到薄而宽的切屑。由于主切削刃参加切削长度增加，增大了散热面积，使刀具寿命得到延长。但减小主偏角却使吃刀抗力 F_y 增加。当加工刚性差的零件时，为了避免零件产生变形和振动，常采用较大的主偏角。车刀常用的主偏角有 $45°$、$60°$、$75°$、$90°$ 几种。

（4）副偏角（κ_r'）：在基面内测量的副切削刃在基面上的投影与进给运动反方向的夹角。副偏角的作用是为了减少副切削刃与零件已加工表面之间的摩擦，防止切削时产生振动。减小副偏角，可减小切削残留面积的高度，降低表面粗糙度 Ra 值。一般车刀的 $\kappa_r'=5°\sim7°$。粗加工时 κ_r' 取较大值，精加工时取较小值，必要时可磨出一段 $\kappa_r'=0$ 的修光刃，其长度为进给量的 $1.2\sim1.5$ 倍。断续切削时 $\kappa_r'=4°\sim6°$，以提高刀尖强度。对于切槽刀，为了保证刀头强度和重磨后主切削刃宽度变化小，$\kappa_r'=1°\sim2°$。

（5）刃倾角（λ_s）：在切削平面内测量的主切削刃与基面之间的夹角。当主切削刃呈水平时，$\lambda_s=0$；刀尖为主切削刃上最高点时，$\lambda_s>0$；刀尖为主切削刃上最低点时，$\lambda_s<0$。刃倾角主要影响刀头的强度和排屑方向。粗加工和断续切削时，为了增加刀头强度，λ_s 常取负值。精加工时，为了防止切屑划伤已加工表面，λ_s 常取正值或零。

4．刀具工作角度

刀具在工作过程中的实际切削角度，称为工作角度。切削加工过程中，由于刀具安装位置的变化和进给运动的影响，使得参考平面坐标系的位置发生变化，从而导致了刀具实际角度与标注角度的不同。

以车削为例，在切削过程中，有如下因素影响实际的工作角度。

（1）刀尖安装高低对工作角度的影响。车外圆时，车刀的刀尖一般与零件轴心线是等高的。若车刀的刃倾角 $\lambda_s=0$，则此时刀具的工作前角和工作后角与其标注前角和标注后角相等。如果刀尖高于或低于零件轴线，则此时的切削速度方向发生变化，引起基面和切削平面的位置变化，从而使车刀的实际切削角度发生变化。如图 5-6 所示，刀尖高于零件轴心线时，工作切削平面变为 P_{se}，工作基面变为 P_{re}，则工作前角 γ_{oe} 增大，工作后角 α_{oe} 减小；刀尖低于零件轴心线时，工作角度的变化则正好相反。

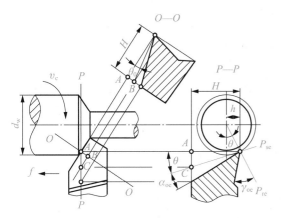

图 5-6 刀尖安装高低对 γ_{oe} 和 α_{oe} 的影响

$$\gamma_{oe} = \gamma_o \pm \theta \tag{5-7}$$

$$\alpha_{oe} = \alpha_o \mp \theta \tag{5-8}$$

$$\tan\theta = \frac{h}{\sqrt{\left(\dfrac{d_w}{2}\right)^2 - h^2}}\cos\kappa_r \tag{5-9}$$

式中，h 为刀尖高于或低于零件轴线的距离，mm。

粗车外圆时，使刀尖略高于零件轴线，以增大前角，减小切削力；精车外圆时，使刀尖略低于零件轴线，以增大后角，减少后刀面的磨损；车成形面时，切削刃应与零件轴线等高，以免产生误差。

(2) 刀杆中心线安装偏斜对工作角度的影响。当刀杆中心线与进给方向不垂直时，工作主偏角 κ_{re} 和工作副偏角 κ'_{re} 将发生变化，如图 5-7 所示。在自动车床上，为了在一个刀架上装几把刀，常使刀杆偏斜一定角度；在普通机床上为了避免振动，有时也将刀杆偏斜安装以增大主偏角。

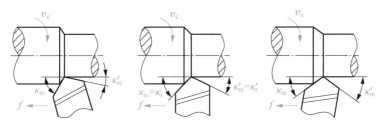

图 5-7 车刀安装偏斜对 κ_{re} 和 κ'_{re} 的影响

(3) 进给运动对工作角度的影响。以切断刀为例 (图 5-8)，若不考虑进给运动，则 $\gamma_{oe} = \gamma_o$，$\alpha_{oe} = \alpha_o$。考虑横向进给运动，刀尖的运动轨迹为阿基米德螺旋线，这时切削平面为通过切削刃切于螺旋面的平面 P_{se}，基面则为螺旋面的法向平面 P_{re}，工作前角 γ_o 增大，而工作后角 α_{oe} 减小。在通常的进给量下，角度的变化值不大，故常忽略。

5.1.3　刀具材料及结构

刀具切削性能主要取决于构成刀具切削部分的材料、几何形状和结构尺寸。刀具材料的性能直接影响刀具使用寿命、生产率、加工质量和加工成本，为此必须合理选择。

1. 刀具材料

1) 刀具材料应具备的性能要求

刀具切削部分的材料承受高温、高压、摩擦、冲击和振动，因此，刀具材料应具备以下基本性能。

(1) 高的硬度。刀具的硬度必须高于被切削零件材料的硬度，才能切下金属切屑。常温硬度一般在 60HRC 以上。

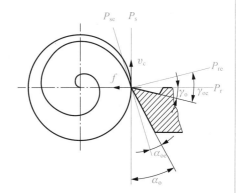

图 5-8　横向进给运动对 γ_{oe} 和 α_{oe} 的影响

（2）高的耐磨性。刀具材料应具有高的抵抗磨损的能力，以保持切削刃的锋利。一般来说，材料的硬度越高，耐磨性越好。

（3）足够的强度和韧性。刀具在切削力作用下工作，应具有足够的抗弯强度。刀具有足够的韧性，才能承受切削时的冲击载荷（如断续切削时产生的冲击）和振动。

（4）高的耐热性（热稳定性）。由于切削区温度很高，因此刀具材料应具有在高温下保持高的硬度、耐磨性、强度和韧性的能力。刀具材料耐热性好，则允许的切削速度高，抵抗塑性变形能力强。

（5）良好的热物理性能和耐热冲击性能。刀具材料的导热性要好，不会因受到大的热冲击，使刀具内部产生裂纹而导致刀具断裂。

（6）良好的工艺性能和经济性。为了便于刀具的制造，刀具材料应具有良好的工艺性能，包括锻、轧、焊、切削加工、磨削加工和热处理性能等。同时追求高的性能价格比。

2）常用刀具材料

常用的刀具材料有碳素工具钢、合金工具钢、高速钢、硬质合金、陶瓷、立方氮化硼、金刚石。

（1）碳素工具钢。碳素工具钢是碳的质量分数在 0.7%～1.3%的优质碳钢，淬火后硬度为 61～65HRC。其热硬性差，在 200～500℃时即失去原有硬度，且淬火后易变形和开裂，不宜做复杂刀具。常用作低速、简单的手工工具，如锉刀、锯条等。常用牌号有 T10A 和 T12A。

（2）合金工具钢。合金工具钢是在碳素工具钢中加入少量的铬、钨、锰、硅等合金元素，以提高其热硬性和耐磨性，并能减少热处理变形，耐热温度为 300～400℃，用以制造形状复杂、要求淬火变形小的刀具，如绞刀、丝锥、板牙等。常用牌号有 9SiCr 和 CrWMn。

（3）高速钢。高速钢是含 W、Cr、V 等合金元素较多的合金工具钢。它的热硬性（500～600℃）和耐磨性虽低于硬质合金，但强度和韧度高于硬质合金，工艺性比硬质合金好，且价格也比硬质合金低。由于高速钢工艺性能较好，所以高速钢除以条状刀坯直接刃磨切削刀具外，还广泛地用于制造形状较为复杂的刀具，如麻花钻、铣刀、拉刀、齿轮刀具和其他成形刀具等。

常用高速钢有普通型高速钢、高性能高速钢和粉末冶金高速钢。

普通型高速钢有钨钢类和钨钼钢类。钨钢类的典型牌号为 W18Cr4V；钨钼钢类如 W6Mo5Cr4V2，其热塑性比钨钢类好，可通过热轧工艺制作刀具，韧度也比钨钢类高。

高性能高速钢是在普通高速钢的基础上增加一些 C 和 V 的含量，并加入 Co、Al 等合金元素，提高其热稳定性和耐热性，所以也称为高热稳定性高速钢。在 630～650℃时也能保持 60HRC 的硬度。典型牌号如高碳高速钢 9W18Cr4V、高钒高速钢 W6Mo5Cr4V3、钴高速钢 W6Mo5Cr4V2Co8、超硬高速钢 W2Mo9Cr4VCo8 等。

粉末冶金高速钢由超细的高速钢粉末，通过粉末冶金的方式制作的刀具材料，其强度、韧度和耐磨性都有较大程度的提高，但价格也较高。

（4）硬质合金。硬质合金是以 WC、TiC 等高熔点的金属碳化物粉末为基体，用 Co 或 Ni、Mo 等作黏结剂，用粉末冶金的方法烧结而成。其硬度高达 87～92HRA（相当于 70～75HRC），热硬性很高，在 850～1000℃高温时，尚能保持良好的切削性能。

硬质合金刀具的切削效率是高速钢刀具的 5～10 倍，广泛使用硬质合金刀具是提高切削加工经济性的最有效的途径之一。硬质合金刀具能切削一般钢刀具无法切削的材料，如淬火钢之类的材料。硬质合金刀具的缺点是性脆、抗弯强度和冲击吸收功均比高速钢刀具低，刃口不锋利，工艺性较差，难加工成形，不易做成形状较复杂的整体刀具，因此目前还不能完全代替高速钢刀具。

硬质合金是重要的刀具材料。车刀和端铣刀大多使用硬质合金制作。钻头、深孔钻、铰刀、齿轮滚刀等刀具中，使用硬质合金的也日益增多。

① 国产的硬质合金一般分为三大类。

钨钴硬质合金。代号为 YG，由 WC 和 Co 组成。这类合金的韧度较好，抗弯强度较高，热硬性稍差，适用于加工铸铁、有色金属及合金等脆性材料。常用的牌号有 YG3、YG6、YG8、YG3X、YG6X 等。牌号中的数字代表含钴量的百分数，X 表示细晶粒合金。含钴越多，韧度与强度越高，而硬度和耐磨性较低。故 YG8 用作粗加工，YG3 用作精加工，YG6 用作半精加工。细晶粒合金耐磨性稍高且切削刃可磨得较尖锐，用于脆性材料的精加工，如用 YG6X 做成的车刀，加工零件的表面粗糙度 Ra 值为 0.1～0.2μm，耐用度比高速钢高 7～8 倍。

钨钛钴硬质合金。代号为 YT，由 WC、TiC 和 Co 组成。由于 TiC 的熔点和硬度都比 WC 高，故这类合金的热硬性比钨钴硬质合金高，耐磨性也较好，适于加工碳钢等塑性材料。常用的牌号有 YT5、YT14、YT15、YT30。牌号中的 T 表示 TiC，数字表示碳化钛含量的百分数。含 TiC 量越多，热硬性越高，相应的含钴量减少，韧度较差。故 YT30 常用于精加工，YT5 用于粗加工。

通用硬质合金。代号为 YW，在 YT 类合金中，加入 TaC 或 NbC 而组成。这类合金的韧性和抗黏附性较高，耐磨性也较好，适应范围广，既能切削铸铁，又能切削钢材，特别适于加工各种难加工的合金钢，如耐热钢、高锰钢、不锈钢等，故称为通用硬质合金。常用牌号有 YW1 和 YW2。

② 按 ISO 标准硬质合金可分为 P、M、K 三大类。

P 类硬质合金(蓝色)。适合加工长切屑的黑色金属，如钢、铸钢等。其代号有 P01、P10、P20、P30、P40、P50 等，数字越大，耐磨性越低而韧度越高。精加工可用 P01，半精加工可用 P10、P20，粗加工可选用 P30。

M 类硬质合金(黄色)。适合加工短切屑的金属材料，如钢、铸钢、不锈钢等难切削材料等。其代号有 M10、M20、M30、M40 等，数字越大，耐磨性越低而韧度越高。精加工可用 M10，半精加工可用 M20，粗加工可选用 M30。

K 类硬质合金(红色)。适合加工短切屑的金属或非金属材料，如淬硬钢、铸铁、铜铝合金、塑料等。其代号有 K01、K10、K20、K30、K40 等，数字越大，耐磨性越低而韧度越高。精加工可用 K01，半精加工可用 K10、K20，粗加工可选用 K30。

(5)其他刀具材料。

① 涂层刀具：是在韧度较好的硬质合金或高速钢刀具基体上，涂覆一薄层耐磨性高的难熔金属化合物而获得的。

常用的涂层材料有 TiC、TiN、Al_2O_3 等。TiC 的硬度比 TiN 高，抗磨损性能好，对于会产生剧烈磨损的刀具，TiC 涂层较好。TiN 与金属的亲和力小，湿润性能好，在容易产生黏结的条件下，TiN 涂层较好。在高速切削产生大量热量的场合，以采用 Al_2O_3 涂层为好，因为 Al_2O_3 在高温下有良好的热稳定性能。

涂层硬质合金刀片的耐用度至少可提高 1～3 倍，涂层高速钢刀具的耐用度则可提高 2～10 倍。加工材料的硬度越高，则涂层刀具的效果越好。

② 陶瓷材料：主要成分是 Al_2O_3，加少量添加剂，经高压压制烧结而成，它的硬度、耐磨性和热硬性均比硬质合金好，用陶瓷材料制成的刀具，适于加工高硬度的材料。刀具硬度

为 93～94HRA，在 1200℃的高温下仍能继续切削。陶瓷与金属的亲和力小，用陶瓷刀具切削不易黏刀，不易产生积屑瘤，被切削件加工表面粗糙度小，加工钢件时的刀具寿命是硬质合金的 10～12 倍。但陶瓷刀片性脆，抗弯强度与冲击吸收功低，一般用于钢、铸铁以及高硬度材料(如淬火钢)的半精加工和精加工。

为了提高陶瓷刀片的强度和韧度，可在矿物陶瓷中添加高熔点、高硬度的碳化物(如 TiC)和一些其他金属(如镍、钼)以构成复合陶瓷。如我国陶瓷刀片(牌号 AT6)就是复合陶瓷，其硬度为 93.5～94.5HRA，抗弯强度 σ_b＞900MPa。

我国的陶瓷刀片牌号有 AM、AMF、AT6、SG3、SG4、LT35、LT55 等。

③ 人造金刚石：是通过金属触媒的作用，在高温高压下由石墨转化而成。人造金刚石具有极高的硬度(显微硬度可达 HV10000)和耐磨性，其摩擦系数小，切削刃可以做得非常锋利。因此，用人造金刚石做刀具可以获得很高的加工表面质量。但人造金刚石的热稳定性差(不得超过 700～800℃)，特别是它与铁元素的化学亲和力很强，因此它不宜用来加工钢铁件。人造金刚石主要用于制作磨具和磨料，用作刀具材料时，多用于在高速下精细车削或镗削有色金属及非金属材料。尤其是用它切削加工硬质合金、陶瓷、高硅铝合金及耐磨塑料等高硬度、高耐磨性的材料时，具有很大的优越性。

④ 立方氮化硼：是由六方氮化硼在高压下加入催化剂转变而成的。它是 20 世纪 70 年代才发展起来的一种新型刀具材料，立方氮化硼的硬度很高(可达到 800～900HV)，并具有很高的热稳定性(1300～1400℃)，它最大的优点是高温(1200～1300℃)时也不易与铁族金属起反应。因此，它能胜任淬火钢、冷硬铸铁的粗车和精车，同时还能高速切削高温合金、热喷涂材料、硬质合金及其他难加工材料。

3) 刀具材料的选用

手工用刀具及低速简单刀具，如铰刀、丝锥、板牙等，切削速度不高时，可以用碳素工具钢或合金工具钢制造。

中等切削速度用刀具，如钻头、片铣刀等，其切削温度在 600℃以下，可以用高速钢制造。对于切削速度虽然不高，但刃磨困难，精度要求较高的精密贵重刀具，如拉刀、齿轮刀具等也采用高速钢制造。

用于高速切削，要求耐磨性很高的刀具，如车刀、铣刀等，用硬质合金制造。YT 类硬质合金热硬性高，为 950～1000℃，与钢的黏结温度也较高，适用于切削钢件；YG 类硬质合金热硬性较低，为 850～900℃，抗黏结性也较差，适用于切削铸铁及有色金属等强度较低的材料。

由于各种刀具材料的使用性能、工艺性能和价格不同，各种切削加工的工作条件对刀具材料的要求不同，因此，应根据实际情况综合考虑，合理地选用刀具材料。

2. 刀具结构

刀具的结构形式对刀具的切削性能、切削加工的生产效率和经济性有着重要的影响，下面仍以车刀为例，说明刀具结构的演变和改进。

车刀的结构形式有整体式、焊接式、机夹重磨式和机夹可转位式等几种。

(1) 整体式车刀：早期使用的车刀多半是整体结构，即刀头和刀杆用同一种材料制成一个整体。对贵重的刀具材料消耗较大。

(2) 焊接式车刀：将硬质合金刀片用钎料焊接在刀杆上，然后刃磨使用。焊接式车刀的结构简单、紧凑、刚性好，而且灵活性较大，可以根据加工条件和加工要求，方便地磨出所需角度，应用十分普遍。然而，焊接式车刀的硬质合金刀片经过高温焊接和刃磨后，易产生内应力和裂纹，使刀具切削性能下降，对提高生产效率很不利。

(3) 机夹重磨式车刀：为了避免高温焊接所带来的缺陷，提高刀具切削性能，并使刀杆能重复使用，可采用机夹重磨式车刀。其主要特点是刀片与刀杆是两个可拆开的独立元件，工作时靠夹紧元件把它们紧固在一起。车刀磨钝后将刀片卸下刃磨，然后重新装上继续使用。这类车刀比焊接式车刀提高了刀具耐用度、提高了生产率、降低了刀具成本，但其结构较复杂，刀片重磨时仍有可能产生应力和裂纹。图 5-9 所示为机夹重磨式车刀的一种典型结构。

(4) 机夹可转位式车刀：将预先加工好的有一定几何角度的多角形硬质合金刀片，用机械的方法装夹在特制的刀杆上的车刀。由于刀具的几何角度是由刀片形状及其在刀杆槽中的安装位置来确定的，故不需要刃磨。使用中，当一个切削刃磨钝后，只需松开刀片夹紧元件，将刀片转位，改用另一新切削刃，重新夹紧后即可继续切削。待全部切削刃磨钝后，再装上新刀片又继续使用了。图 5-10 所示为杠杆式可转位车刀。

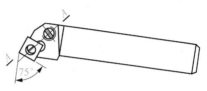

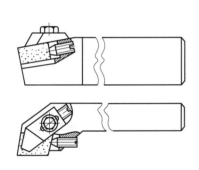

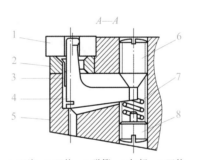

1-刀片；2-刀垫；3-弹簧；4-杠杆；5-刀体；
6-压紧螺钉；7-弹簧；8-调节螺钉

图 5-9　机夹重磨式车刀　　　　　图 5-10　杠杆式可转位车刀

机夹可转位式车刀的主要优点如下。

① 避免了因焊接而引起的缺陷，在相同的切削条件下刀具切削性能大为提高。

② 在一定条件下，卷屑、断屑稳定可靠。

③ 刀片转位后，仍可保证切削刃与零件的相对位置，减少了调刀停机时间，提高了生产效率。

④ 刀片一般不需重磨，利于涂层刀片的推广应用。

⑤ 刀体使用寿命长，可节约刀体材料及其制造成本。

5.2　金属切削过程、现象及影响因素

金属切削过程是通过切削运动，使刀具从工件表面切除多余的金属层，形成切屑和已加工表面的过程。

在金属切削过程中，始终存在着刀具切削工件和工件材料抵抗切削的矛盾，从而产生一

系列物理现象，如切削变形、切削力、切削热与切削温度、刀具的磨损与刀具寿命、卷屑与断屑等，这些现象都与金属的切削变形及其变化规律有密切的关系。研究切削过程对保证产品质量、提高生产率、降低成本和促进切削加工技术的发展，有着十分重要的意义。

5.2.1　金属切削过程

视频

金属切削过程不是将金属劈开而去除金属层，而是靠刀具的前刀面与零件间的挤压，使零件表层材料产生以剪切滑移为主的塑性变形成为切屑而去除。从这个意义上讲，切削过程也就是切屑的形成过程。

1. 切屑的形成

当刀具刚与零件接触时，接触处的压力使零件产生弹性变形，由于刀具与零件间的相对运动，零件材料与刀具切削刃逼近的过程中，材料的内应力逐渐增大，当剪切应力 τ 达到屈服点 τ_s 时材料就开始滑移而产生塑性变形，如图 5-11 所示。OA 线表示材料各点开始滑移的

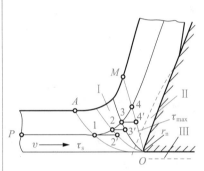

图 5-11　切削过程中的三个变形区

位置，称为始滑移线（$\tau = \tau_s$），即点 1 在向前移动的同时也沿 OA 滑移，其合成运动将使点 1 流动到点 2，2'~2 就是它的滑移量，随着滑移变形的继续进行，剪切应力逐渐增大，当 P 点顺次向 2、3、…各点移动时，剪切应力不断增大，直到点 4 位置，此时其流动方向与刀具前刀面平行，不再沿 OM 线滑移，故称 OM 为终滑移线（$\tau = \tau_{max}$）。OA 与 OM 间的区域称为第 I 变形区。

切屑沿前刀面流出时还需要克服前刀面对切屑的挤压而产生的摩擦力，切屑受到前刀面的挤压和摩擦，继续产生塑性变形，切屑底面的这一层薄金属区称为第 II 变形区。

零件已加工表面受到切削刃钝圆部分和后刀面的挤压、回弹与摩擦，产生塑性变形，导致金属表面的纤维化和加工硬化。零件已加工表面的变形区域称为第 III 变形区。

应当说明，第 I 变形区和第 II 变形区是相互关联的，第 II 变形区内前刀面的摩擦情况与第 I 变形区内金属滑移方向有很大关系，当前刀面上的摩擦力大时，切屑排除不通畅，挤压变形加剧，使第 I 变形区的剪切滑移增大。

2. 切屑的类型

由于金属材料的性质不同，切削条件不同，滑移变形的程度有很大差异，所以产生的切屑从形态、尺寸、颜色、硬度等方面都有很大差别。一般来说，可以分为以下四种类型，如图 5-12 所示。

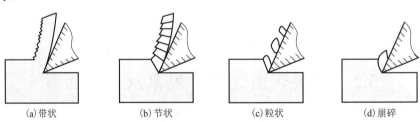

(a)带状	(b)节状	(c)粒状	(d)崩碎

图 5-12　切屑类型

（1）带状切屑：如图 5-12（a）所示，切屑连续不断呈带状，内表面是光滑的，外表面是毛

茸的。一般加工塑性金属材料时，当切削厚度较小，切削速度较高，刀具前角较大时，往往得到这类切屑。形成带状切屑时，切削过程较平稳、切削力波动较小，已加工表面的表面粗糙度值较小。

（2）节状切屑（挤裂切屑）：如图 5-12（b）所示，切屑的外表面呈锯齿形，内表面有时有裂纹，这是由于材料在剪切滑移过程中滑移量较大，由滑移变形所产生的加工硬化使剪切应力增大，在局部地方达到了材料的断裂强度所引起的。这种切屑大多在加工较硬的塑性金属材料且所用的切削速度较低、切削厚度较大、刀具前角较小的情况下产生。切削过程中的切削力波动较大，已加工表面的表面粗糙度值较大。

（3）粒状切屑（单元切屑）：如图 5-12（c）所示，在切削塑性材料时，如果被剪切面上的应力超过零件材料的强度极限，裂纹扩展到整个面上，则切屑被分成梯形状的粒状切屑。加工塑性金属材料时，当切削厚度较大、切削速度较低、刀具前角较小时，易成为粒状切屑，粒状切屑的切削力波动最大，已加工表面粗糙。

（4）崩碎切屑：如图 5-12（d）所示，崩碎切屑的形状不规则，加工表面是凹凸不平的。切屑在破裂前变形很小，它的脆断主要是材料所受应力超过了它的抗拉极限。崩碎切屑发生在加工脆性材料（如铸铁）时，零件材料越是硬脆，刀具前角越小，切削厚度越大时，越易产生这类切屑。形成崩碎切屑的切削力波动大，已加工表面粗糙，且切削力集中在切削刃附近，切削刃容易损坏，故应力求避免。提高切削速度、减小切削厚度、适当增大前角，可使切屑呈针状或片状。

生产实践表明，刀具切下的切屑其外形尺寸比零件上的切削层短而厚，如图 5-13 所示，这种现象称为切屑的收缩。通常用切削层长度（l）与切屑长度（l_c）之比，或切屑厚度（h_C）与切削层厚度（h_D）之比表示切屑的变形程度，其比值称为变形系数 ξ，即

$$\xi = \frac{l}{l_c} = \frac{h_C}{h_D} \tag{5-10}$$

ξ 是大于 1 的数，ξ 值越大，表示切屑变形越大。切屑的变形程度直接影响到切削力、切削热和刀具的磨损，它与切削加工的质量、生产率和经济性关系很大，是判断切削过程顺利与否的一个重要的物理量。加工中等硬度钢材时，ξ 值一般在 2～3 变化。

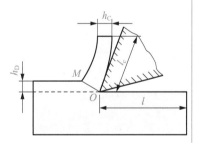

图 5-13　切屑的收缩

3. 切屑的控制

在切削钢等塑性材料时，特别是高速切削时切屑很烫，排出的切屑常常打卷或连绵不断，小片状切屑四处飞溅，带状切屑直窜，易刮伤工件已加工表面，损伤刀具、夹具与机床，并威胁操作者的人身安全。所以，在切削高强度、高韧性的合金钢、深孔加工以及自动机床、自动线生产中，切屑的控制及处理成为生产的关键问题，在实际生产中，必须采取有效措施，控制屑形及断屑，以保证生产正常进行。

（1）磨制断屑槽：在前刀面上磨制出断屑槽（或使用压块式断屑器），断屑槽的形式如图 5-14 所示。折线形和直线圆弧形适用于加工碳钢、合金钢、工具钢和不锈钢，全圆弧形（前角 γ_n 大）适用于加工塑性大的材料和用于重型刀具。根据切削厚度 h_D 选择断屑槽尺寸：槽宽 L_{Bn}、槽深 C_{Bn} 或 r_{Bn}。当 h_D 大时 L_{Bn} 取大值，以防止产生堵屑现象。断屑槽在前刀面上的位置（图 5-15）有外斜式、平行式（适用于精加工）和内斜式（适用于半精加工和精加工）。

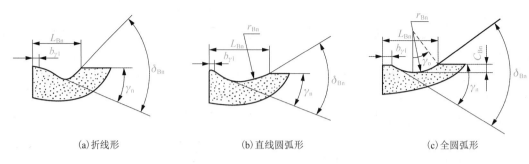

图 5-14　断屑槽的形式

（2）适当调整切削条件：如适当调整刀具角度、切削用量等切削条件，则对切屑的变形程度及切屑的横截面尺寸都有较大的影响，从而也能达到断屑的目的。

改变刀具角度，主要是增大主偏角 κ_r 和减小前角 γ_o，使切削厚度 h_D 增大，切屑容易折断；前角减小时，可使基本变形增大，有利断屑；选择合理的刃倾角，以控制切屑流向，迫使切屑碰撞在刀具或工件的适当部位，从而促使切屑折断，达到断屑效果。

图 5-15　卷屑槽方向

改变切削用量，主要是增大进给量，使切屑厚度增大，卷曲时弯曲应力增大，从而使切屑易折断；另外，切削速度增大时，切屑基本变形减小，断屑变得困难。

在解决生产中的断屑问题时，应以刃磨合理的卷屑槽作为主要措施，调整切削条件一般只作为一种辅助措施。

4. 积屑瘤

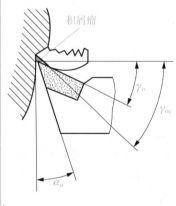

图 5-16　积屑瘤

在切削塑性金属时，当切削速度不高且能形成连续带状切屑情况下，常在刀具前刀面刃口处黏着一块剖面呈三角状的硬块，称为积屑瘤，如图 5-16 所示。

（1）积屑瘤的形成：当切屑沿前刀面流出时，在一定的温度和压力的作用下，切屑与前刀面接触的表层产生强烈的摩擦甚至黏接，使该表层变形层流速减慢，使切屑内部靠近表层的各层间流速不同，形成滞流层，导致切屑层内层处产生平行于黏接表面的切应力。当该切应力超过材料的强度极限时，底面金属被剪断而黏接在前刀面上，形成积屑瘤。

（2）积屑瘤对切削过程的影响：积屑瘤由于经过了强烈的塑性变形而强化，因而可代替切削刃进行切削，它有保护切削刃和增大实际工作前角的作用(图 5-16),使切削轻快,可减少切削力和切屑变形,粗加工时产生积屑瘤有一定好处。但是积屑瘤的顶端伸出切削刃之外,它时现时消,时大时小,这就使切削层的公称厚度发生变化,导致切削力的变化,引起振动,降低了加工精度。此外,有一些积屑瘤碎片黏附在零件已加工表面上,使表面变得粗糙。因此,在精加工时,应当避免产生积屑瘤。

(3)积屑瘤的控制:影响积屑瘤形成的主要因素有零件材料的力学性能、切削速度、冷却润滑条件和刀具角度等。

在零件材料的力学性能中,影响积屑瘤形成的主要因素是塑性。塑性越大,越容易形成积屑瘤。如加工低碳钢、中碳钢、铝合金等材料时容易产生积屑瘤。要避免积屑瘤,可将零件材料进行正火或调质处理,以提高其强度和硬度,降低塑性。

切削速度是通过切削温度和摩擦来影响积屑瘤的。当切削速度低于 5m/min 时,切削温度低,切屑与前刀面摩擦不大,切屑内表面的切应力不会超过材料的强度极限,故不会产生积屑瘤。当切削速度提高到 5~50m/min 时,切削温度升高,且切屑底面的新鲜金属来不及充分氧化,摩擦系数增大,切屑内表面的切应力会超过材料的强度极限,部分底层金属黏结在切削刃上而产生积屑瘤,加工钢材时约在 300℃时摩擦系数最大,积屑瘤高度也最大。当切削速度大于 100m/min 时,切屑底面金属呈微熔状态,减少了摩擦,因而不会产生积屑瘤。

因此,精车和精铣一般均采用高速切削,而在铰削、拉削、宽刃精刨和精车丝杠、蜗杆等情况下,采用低速切削,以避免形成积屑瘤。采用适当的切削液,可有效地降低切削温度,减少摩擦,也是减少或避免积屑瘤产生的重要措施之一。

刀具前角增大,可以减小切削变形和切削力,降低切削温度,因此能抑制积屑瘤的产生。

5.2.2 切削过程中主要物理现象

在金属的切削过程中,伴随着切削力、切削热、切削温度和刀具磨损等物理现象。

1. 切削力

切削力是切削过程中刀具和工件之间的相互作用力。切削力是切削过程中发生的重要物理现象,对切削过程有着重要影响,切削力的大小将直接影响切削功率、切削热,并引起工艺系统的变形和振动;过大的切削力,会使刀具磨损加剧而导致加工质量下降,甚至造成刀具、夹具或机床的损坏。所以,掌握切削力的变化规律,计算其数值,是设计机床、刀具、夹具的重要依据,对分析和解决生产中实际问题具有重要的指导意义。

1)切削力的来源与切削分力

刀具切削零件时,必须克服材料的变形抗力,克服切屑与前刀面以及零件与后刀面之间的摩擦阻力,才能切下切屑。这些阻力的合力就是作用在刀具上的总切削力 F。常把 F 分解成 F_c、F_p、F_f 互相垂直的三个分力,以车外圆为例,如图 5-17 所示。

(1)主切削力 F_c:垂直于基面,与切削速度方向一致,又称为切向力。它是各分力中最大且消耗功率最多的一个分力。它是计算机床动力、刀具和夹具强度的依据,也是选择刀具几何形状和切削用量的依据。

(2)吃刀抗力 F_p:作用在基面内,并与刀具纵向进给方向相垂直,又称为径向力。它作用在机床、零件刚性最弱的方向

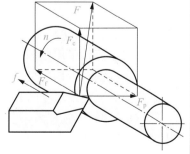

图 5-17 切削分力与合力

上，使刀架后移和零件弯曲，容易引起振动，影响加工质量。

（3）走刀抗力 F_f：作用在基面内，并与刀具纵向进给方向相平行，又称为轴向力。它作用在进给机构上，是设计和校验进给机构的依据。

如图 5-17 所示，这三个切削分力与总切削力有如下关系：

$$F=\sqrt{F_c^2+F_p^2+F_f^2} \tag{5-11}$$

各切削分力可通过测力仪直接测出，也可运用建立在实验基础上的经验公式来计算。

2）切削功率

切削功率 P_m 是三个切削分力消耗功率的总和，单位为 kW，但在车外圆时，吃刀抗力 F_p 消耗的功率为零，走刀抗力 F_f 消耗的功率很小，一般可忽略不计。因此，切削功率 P_m 可用式（5-12）计算：

$$P_m=10^{-3}F_c v_c \tag{5-12}$$

在设计机床时，应根据切削功率确定机床电动机功率 P_E，还要考虑机床的传动效率 η_m（一般取 0.75～0.85），于是

$$P_E \geqslant P_m/\eta_m \tag{5-13}$$

2. 切削热和切削温度

（1）切削热的产生与传导：切削加工过程中，切削功几乎全部转换为热能，将产生大量的热量。将这种产生于切削过程的热量称为切削热，其来源有以下三种。

① 切屑变形所产生的热量，是切削热的主要来源。

② 切屑与刀具前刀面之间的摩擦所产生的热量。

③ 零件与刀具后刀面之间的摩擦所产生的热量。

切削塑性材料时，切削热主要来源于第Ⅰ和第Ⅱ变形区。切削脆性材料时，由于产生崩碎切屑，因而切屑与前刀面的挤压与摩擦较小，所以切削热主要来源于第Ⅰ和第Ⅲ变形区。

切削热通过切屑、零件、刀具以及周围的介质传散。各部分传热的比例取决于零件材料、切削速度、刀具材料及几何角度、加工方式以及是否使用切削液等。例如，用高速钢车刀及与之相适应的切削速度切削钢材时，切削热 50%～86%由切屑带走，10%～40%传入零件，3%～9%传入车刀，1%左右通过辐射传入空气。而钻削钢件时，散热条件差，切削热 52.5%传入零件，28%由切屑带走，14.5%传入钻头，5%左右传入周围介质。

传入零件的切削热，使零件产生热变形，影响加工精度，特别是加工薄壁零件、细长零件和精密零件时，热变形的影响更大。磨削淬火钢件时，磨削温度过高，往往使零件表面产生烧伤和裂纹，影响零件的耐磨性和使用寿命。

传入刀具的切削热，比例虽然不大，但由于刀具的体积小，热容量小，因而温度高，高速切削时，切削温度可达 1000℃，加速了刀具的磨损。

（2）切削温度对切削加工的影响：切削温度一般是指切屑、零件和刀具接触面上的平均温度。切削温度，除了用仪器进行测定外，还可以通过观察切屑的颜色大致估计出来。例如，切削碳素结构钢时，切屑呈银白色或黄色说明切削温度不高；切屑呈深蓝色或蓝黑色则说明切削温度很高。切削温度的升高对切削加工过程的影响主要有以下几方面。

① 对工件材料物理力学性能的影响。金属切削时虽然切削温度很高，但对工件材料的物理力学性能影响并不大。实验表明，工件材料预热至 500～800℃后进行切削，切削力明显降低。但高速切削时，切削温度可达 800～900℃，切削力下降并不多。在生产中对难加工材料

可进行加热切削。

② 对刀具材料的影响。高速钢刀具材料的耐热温度为 600℃左右，超过该温度刀具失效。硬质合金刀具材料耐热性好，在高温 800～1000℃时，强度反而更高，韧性更好。因此，适当提高切削温度，可防止硬质合金刀具崩刃，延长刀具寿命。

③ 对工件尺寸精度的影响。例如，车削工件外圆时，工件受热膨胀，外圆直径发生变化，切削后冷却至室温，工件直径变小，就不能达到精度要求。刀杆受热伸长，切削时的实际背吃刀量增加，使工件直径变小。特别是在精加工和超精密加工时，切削温度的变化对工件尺寸精度的影响特别大，因此控制好切削温度，是保证加工精度的有效措施。

④ 利用切削温度自动控制切削用量。大量切削实验表明，对给定的刀具材料、工件材料，以不同的切削用量加工时，都可以得到一个最佳的切削温度范围，它使刀具磨损程度最低，加工精度稳定。因此，可用切削温度作为控制信号，自动控制机床转速或进给量，以提高生产率和工件表面质量。

(3) 影响切削温度的因素：切削温度的高低取决于切削热的产生和传散情况。影响切削温度的主要因素有以下几点。

① 切削用量。切削用量中，切削速度 v_c 对切削热的影响最大，进给量 f 次之，背吃刀量 a_p 最小。当切削速度增加时，切削功率增加，切削热也增加；同时由于切屑底层与前刀面强烈摩擦产生的摩擦热来不及向切屑内部传导，而大量积聚在切屑底层，因而使切削温度升高。增大进给量，单位时间内的金属切除量增多，切削热也增加。但进给量对于切削温度的影响，则不如切削速度那样显著，这是由于进给量增加，切屑变厚，切屑的热容量增大，由切屑带走的热量增多，切削区的温升较少。切削深度增加，切削热虽然增加，但切削刃参加工作的长度也增加，改善了散热条件，因此切削温度的上升不明显。从降低切削温度、提高刀具耐用度的观点来看，选用大的切削深度和进给量，比选用高的切削速度有利。

② 零件材料。零件材料的强度和硬度越高，切削中消耗的功率越大，产生的切削热越多，切削温度也越高。即使对同一材料，由于其热处理状态不同，切削温度也不相同。如 45 钢在正火状态 ($\sigma_b \approx 600$MPa，HBS ≈ 187)、调质状态 ($\sigma_b \approx 750$MPa，HBS ≈ 229) 和淬火状态 ($\sigma_b \approx 1480$MPa，HRC ≈ 44) 下，其切削温度相差悬殊。与正火状态相比，调质状态的切削温度增高 20%～25%，淬火状态的切削温度增高 40%～45%。零件材料的导热系数高 (如铝、镁合金)，切削温度低。切削脆性材料时，由于塑性变形很小，崩碎切屑与前刀面的摩擦也小，产生的切削热较少。采用 YG8 硬质合金车刀切削 HT200 时，其切削温度比切削 45 钢低 20%～25%。

③ 刀具角度。前角的大小直接影响切削过程中的变形和摩擦，增大前角，可减少切屑变形，产生的切削热少，切削温度低。但当前角过大时，会使刀具的散热条件变差，反而不利于切削温度的降低。减小主偏角，主切削刃参加切削的长度增加，散热条件变好，可降低切削温度。

④ 刀具磨损。刀具主后刀面磨损时，后角减少，后刀面与工件间摩擦加剧。刃口磨损时，切屑形成过程的塑性变形加剧，使切削温度升高。

⑤ 切削液。利用切削液的润滑功能降低摩擦系数，减少切削热的产生，也可利用它的冷却功用吸收大量的切削热，所以采用切削液是降低切削温度的重要措施。

3. 刀具磨损和耐用度

刀具在使用过程中会逐渐磨损，出现加工表面粗糙度恶化、尺寸超差、切削力增大、切削温度升高，甚至出现振动、大噪声等不正常现象，致使加工无法进行下去，必须拆下刀具重新刃磨或换用新刀。刀具磨损直接影响加工精度、表面质量、生产率和加工成本。

(1)刀具磨损形式：刀具正常磨损时，按其发生的部位不同有前刀面磨损、后刀面磨损、前后刀面同时磨损三种形式，如图 5-18 所示。

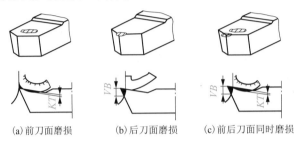

(a)前刀面磨损　　　(b)后刀面磨损　　　(c)前后刀面同时磨损

图 5-18　刀具的磨损形式

① 前刀面磨损。在刀具前刀面上形成月牙洼磨损，这是由切削塑性材料时产生的连续切屑与前刀面发生剧烈摩擦而引起的。在月牙洼与切削刃之间最先存在小的窄边，随磨损的进一步发展，月牙洼深度和宽度增加，窄边宽度减少，易产生崩刃或使磨损加剧。

② 后刀面磨损。刀具后刀面与加工表面摩擦而产生的磨损。后刀面虽然磨出后角，使之不与工件表面接触，但是靠近切削刃的后刀面部分，仍与工件表面发生弹性接触，且实际的切削刃有一定的圆弧和崩刃，因此形成显著的负后角部分，与已加工表面有剧烈的摩擦。这些都是发生后刀面磨损的开端，后刀面一旦磨损，这部分就承受较大的摩擦力，使刀具后刀面的磨损继续发展。磨损宽度达到一定大小时，磨损加剧，这是由于磨损宽度增大而使摩擦热增大，温度上升，使刀具急速软化的结果。

不论切削塑性或脆性金属，后刀面总是会有磨损的，但在切削脆性材料时，前刀面形成月牙洼，其磨损形式主要是后刀面磨损。

③ 前后刀面同时磨损。前后刀面同时磨损是一种兼有前两种磨损的形式。切削塑性金属时，经常会发生这种磨损。

(2)刀具磨损的阶段：刀具的磨损过程如图 5-19 所示，可分为三个阶段。

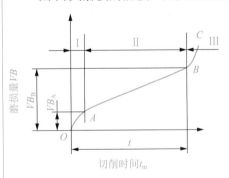

图 5-19　刀具的磨损阶段

① 初期磨损阶段(OA 段)。由于刀具刃磨后刀面有许多微观凹凸，因而接触面积小，压强大，而磨损较快。这一阶段称为初期磨损阶段。

② 正常磨损阶段(AB 段)。由于刀具的微观凹凸已磨平，表面光滑接触面积大而压强小，所以磨损很慢。这一阶段称为正常磨损阶段。

③ 剧烈磨损阶段(BC 段)。正常磨损后期，刀具磨损钝化，切削状态逐渐恶化，磨损量急剧加大，切削刃很快变钝，以致丧失切削能力。这个阶段称为急剧磨损阶段。

经验表明，在刀具正常磨损阶段的后期、急剧磨损阶段之前，最好换刀重磨。这样既可保证加工质量又能充分利用刀具材料。

(3)影响刀具磨损的因素：如前所述，增大切削用量时切削温度随之增高，将加速刀具磨损。在切削用量中，切削速度对刀具磨损的影响最大。

此外，刀具材料、刀具几何角度、零件材料以及是否采用切削液等，也都会影响刀具的磨损。例如，耐热性好的刀具材料，就不易磨损；适当加大前角，由于减小了切削力，减少了摩擦，可减少刀具的磨损。

(4) 刀具耐用度与寿命：刃磨后的刀具自开始切削直到磨损量达到磨钝标准的切削时间称为刀具耐用度，以 T 表示。刀具的耐用度越长，两次刃磨或更换刀具之间的实际工作时间越长。

粗加工时，多以切削时间表示刀具耐用度。目前硬质合金焊接车刀的耐用度大致为 60min，高速钢钻头的耐用度为 80～120min，硬质合金端铣刀的耐用度为 120～180min，齿轮刀具的耐用度为 200～300min。

精加工时，常以走刀次数或加工零件个数表示刀具耐用度。

对于可重磨刀具，经过重新刃磨以后，切削刃恢复锋利，仍可继续使用。这样经过使用—磨钝—刃磨锋利若干个循环以后，刀具的切削部分便无法继续使用，则完全报废。刀具从开始切削到完全报废，实际切削时间的总和称为刀具寿命。因此，刀具寿命等于该刀具的耐用度乘以刃磨次数。

5.2.3　影响金属切削加工的主要因素

1. 工件材料的切削加工性

工件材料的切削加工性也称可切削性，是指在一定的切削条件下，工件材料进行切削加工的难易程度。切削加工性的概念具有相对性，所谓某种材料的切削加工性的好与坏，是相对于另一种材料而言的。另外，某种材料加工的难易，要看具体的加工要求和切削条件。一般从刀具耐用度允许的切削速度、表面质量和断屑效果等几方面综合分析。

1) 衡量工件材料切削加工性的指标

一般地说，良好的切削加工性是指：刀具耐用度 T 较高或一定耐用度下的切削速度 v_c 较高；在相同的切削条件下切削力较小，切削温度低；容易获得好的表面质量；切屑形状容易控制或容易断屑。

由于切削加工性是对材料多方面的分析和综合评价，所以很难用一个简单的物理量来精确规定和测量。在生产和实验中，常取某一项指标来反映材料切削加工性的某一个方面，最常用的是相对加工性 K_v。

在刀具耐用度确定的前提下，切削某种材料所允许的切削速度越高，材料的切削加工性越好。一般常用该材料的允许切削速度 v_t 与 45 钢的允许切削速度的比值 K_v(相对加工性)来表示。通常取 $T=60min$，则 v_t 写作 v_{60}；由于把 45 钢的 v_{60} 作为比较的基准，故写成 $(v_{60})_j$，即

$$K_v = v_{60}/(v_{60})_j \tag{5-14}$$

相对加工性 K_v 越大，表示切削该种材料时刀具磨损越慢，耐用度越高。凡 $K_v>1$ 的材料，其切削加工性比 45 钢(正火态)好，反之较差。

常用材料的切削加工性可分为 8 级(表 5-1)。

2) 影响切削加工性的基本因素

① 工件材料的硬度。工件材料的常温硬度和高温硬度越高，材料中硬质点越多、形状越尖锐、分布越广、材料的冷变形强化程度越严重，切削加工性就越差。

表 5-1　材料切削加工性分级

加工性等级	名称及种类		相对加工性 K_r	代表性材料
1	很容易切削材料	一般有色金属	>3.0	5-5-5 铜铅合金，9-4 铝铜合金，铝镁合金
2	容易切削材料	易切削钢	2.5～3.0	15Cr 退火，$\sigma_b=380\sim450$MPa；自动机钢，$\sigma_b=400\sim500$MPa
3		较易切削钢	1.6～2.5	30 正火钢，$\sigma_b=450\sim560$MPa
4	普通材料	一般钢及铸铁	1.0～1.6	45 钢、灰铸铁
5		稍难切削材料	0.65～1.0	2Cr13 调质，$\sigma_b=850$MPa；85 钢，$\sigma_b=900$MPa
6	难切削材料	较难切削材料	0.5～0.65	45Cr 调质，$\sigma_b=1050$MPa；65 锰调质，$\sigma_b=950\sim1000$MPa
7		难切削材料	0.15～0.5	50CrV 调质，1Cr18Ni9Ti，某些钛合金
8		很难切削材料	<0.15	某些钛合金，铸造镍基高温合金

② 工件材料的塑性。通常，工件材料的塑性越高，切削加工性越低，因为塑性高时，切削中产生的塑性变形和摩擦大，因而切削力大，切削温度较高，刀具磨损快。

③ 工件材料的强度。工件材料强度越高，切削力大，切削温度高，刀具磨损快，切削加工性低。工件材料的高温强度越高，切削加工性也越差。

④ 工件材料的韧性。材料的韧性高，切削时消耗的能量多，切削力和切削温度高，不易断屑，所以切削加工性低。

⑤ 工件材料的弹性模量。材料的弹性模量越大，切削加工性越差。但弹性模量很小的材料(如软橡胶)弹性恢复大，易使后刀面与工件表面发生强烈摩擦，切削加工性也差。

⑥ 工件材料的导热系数。当切削导热系数大的材料时，由切屑带走的热量多，由工件传出的热量也多，有利于降低切削变形区的温度，所以切削加工性好。

3) 改善材料切削加工性的措施

① 通过热处理改善材料的切削加工性，进行热处理改变材料的金相组织，以改善切削加工性。例如，对高碳钢进行球化退火可以降低硬度，对低碳钢进行正火可以降低塑性，都能够改善切削加工性。又如，铸铁件在切削加工前进行退火可降低表层硬度，特别是白口铸铁，在高温下长时间退火，变成可锻铸铁，能使切削加工较易进行。

② 调整工件材料的化学成分来改善其切削加工性，在钢中适当添加某些元素，如硫、铝等，可使其切削加工性得到显著改善，这样的钢称为"易切削钢"；在不锈钢中加入少量的硒，铜合金中加铝，铝中加入铜和铋，均可改善其切削加工性。

③ 其他辅助性的加工，例如，低碳钢经过冷拔可以降低其塑性，改善了材料的力学性能，也改善了材料的切削加工性。

2. 刀具材料的选择

在机械加工工艺系统中，能否充分发挥机床效率，保证加工质量，降低加工成本等均与刀具材料的切削性能直接相关。因此，根据不同的工件材料和加工条件，选配合理的刀具材料，对切削加工过程来说极为关键。在加工难加工材料时，首先应考虑选用的刀具材料承受的切削力高、耐热性好、刀具寿命长；其次应考虑刀具材料的抗弯强度好、热导率大；还要考虑刀具材料的工艺性能好、成本合理。

刀具材料不同，刀具寿命就不同，所允许的切削速度也就不同。例如，在同一刀具寿命的前提下，陶瓷、硬质合金、高速钢三种刀具材料允许的切削速度差距很大。在同一切削速度的前提下，陶瓷刀具的刀具寿命明显高于硬质合金，而硬质合金高于高速钢，因而选配新型刀具材料(陶瓷)可大大提高生产率。

切削难加工材料时，为保证刀具寿命，不得不降低切削速度。例如，用 YT14 刀具切削加工不同的工件材料，在同一刀具寿命的前提下，切削速度相差较大。工件材料的可切削加工性越好，允许的切削速度越高。

刀具材料不同，刀具与工件之间的摩擦系数不同，从而对切削力的大小产生影响。

综上所述，刀具材料应根据被加工材料、加工精度和加工条件选配，以利于金属切削加工，提高金属切削效率。

3．刀具几何参数的选择

刀具几何参数包括刀具角度、刀面的结构和形状及切削刃的形式等。刀具合理几何参数是在保证加工质量的条件下，获得最高刀具寿命的几何参数。刀具几何参数选配是否合理，对加工精度、表面质量、生产率及经济性等均有较大影响。

1）前角

① 作用：合理的前角可使刀具锋利，切削变形和切削力减小，切削温度降低，而且有足够的刀具寿命和较好的加工表面质量；否则，结果相反。

② 选择原则：一般在保证加工质量和足够刀具寿命的前提下，尽可能选取大的前角。具体选择时，首先应根据工件材料选配。切削塑性材料时，为减小塑性变形，在保证足够的刀具强度前提下，尽可能选择大的前角；工件材料塑性越大，前角越大，切削铸铁等脆性材料时，应选取较小的前角。其次，应考虑刀具切削部分的材料。高速钢的抗弯强度和冲击韧性高于硬质合金，故其前角可大于硬质合金刀具；陶瓷刀具的脆性大于前两者，故其前角应最小。此外，还应考虑加工要求。粗加工时，特别是工件表面有硬皮、形状误差较大和断续切削时，前角应取小值；精加工时，前角应取大值；成形刀具为减小刃形误差，前角应取小值。

2）后角

① 作用：后角的大小会影响工件表面质量、加工精度、切削刃锋利程度、刀尖的强度以及刀具寿命等。适当大的后角可减少主后面与过渡表面之间的摩擦，减少刀具磨损；后角增大，使切削刃钝圆半径减小，在小进给量时可避免或减小切削刃的挤压，有助于提高表面质量。

② 选择原则：首先，粗加工时因切削力大，容易产生振动和冲击，为保证切削刃的强度，后角应取小值；精加工时，为保证已加工表面的质量，后角应取较大值。例如，在切削 45 钢时，粗车取 $\alpha_{o}=4°\sim7°$，精车取 $\alpha_{o}=6°\sim10°$。其次，加工塑性和韧性大的材料时，工件已加工表面的弹性恢复大，为减少摩擦，后角应取大值；加工脆性材料时，为保证刀具强度，一般选较小的后角。此外，高速钢刀具的后角可比同类型的硬质合金刀具后角稍大些，一般大 $2°\sim3°$。

副后角的作用主要是减少副后面与已加工表面之间的摩擦。其大小一般与主后角相同，也可略小些。

3）主偏角与副偏角

① 作用：主偏角和副偏角的大小均影响加工表面的粗糙度，影响切削层的形状以及切削分力的大小和比例，对刀尖强度、断屑与排屑、散热条件等均有直接影响。

② 主偏角的选择原则：粗加工时，主偏角应选大些，以减振、防崩刃；精加工时，主偏

角可选小些，以减小表面粗糙度；工件材料强度、硬度高时，主偏角应取小些(切削冷硬铸铁和淬硬钢时 κ_r 取 15°)，以改善散热条件，延长刀具寿命；工艺系统刚性好，应取较小的主偏角，刚性差时应取较大的主偏角。例如，车削细长轴时常取 $\kappa_r \geqslant 90°$，以减小背向力。

③ 副偏角的选择原则：在工艺系统刚性允许的条件下，副偏角常选取较小的值，一般 $\kappa_r' = 5° \sim 10°$，最大不超过 15°；精加工刀具 κ_r' 应更小，必要时可磨出 $\kappa_r' = 0°$ 的修光刃。

4) 刃倾角

① 作用：刃倾角的大小会影响排屑方向、切削刃强度及锋利程度以及工件的变形和工艺系统的振动等。

② 选择原则：一般根据工件材料及加工要求选择。对加工一般钢料或铸铁，粗加工时为保证刀具有足够的强度，通常取 $\lambda_s = 0° \sim -5°$，若有冲击负荷，取 $\lambda_s = -5° \sim -15°$；精加工时为使切屑不流向已加工表面使其划伤，取 λ_s 为正值或 0。如有加工余量不均匀、断续表面和剧烈冲击等现象，应选取绝对值较大的负刃倾角；进行微量($a_p = 5 \sim 10 \mu m$)精细切削时，λ_s 取 45° $\sim$ 75°。切削淬硬钢、高强度钢等难加工材料时，则取 $\lambda_s = -20° \sim -30°$。

4. 切削用量的选择

切削用量的选择，直接影响切削力、切削功率、刀具磨损、加工精度和表面质量以及加工成本。选择时，应在保证加工质量和刀具耐用度的前提下，充分发挥机床潜力和刀具的切削性能，使切削效率最高，加工成本最低。

1) 切削用量选择原则

为了合理地选择切削用量，首先要了解它们对切削加工的影响。

(1) 对加工质量的影响：切削用量三要素中，背吃刀量和进给量增大，都会使切削力增大，导致零件变形增大，并可能引起振动，从而降低加工精度和增大表面粗糙度值。另外，进给量增大还会使残留面积的高度显著增大，如图 5-20 所示，表面更加粗糙。切削速度增大时，切削力减小，并可减小或避免积屑瘤，有利于加工质量的提高。

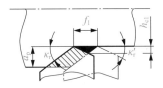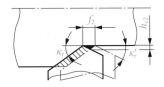

图 5-20　进给量对残留面积的影响

(2) 对生产率的影响：用实验的方法可以求出刀具耐用度与切削用量之间关系的经验公式。例如，用硬质合金车刀车削中碳钢时，有

$$T = \frac{C_T}{v_c^5 f^{2.25} a_p^{0.75}} \tag{5-15}$$

式中，C_T 为与零件材料、刀具材料和其他切削条件有关的系数；T 为刀具耐用度。

由式(5-15)可知，在切削用量中，切削速度对刀具耐用度的影响最大，进给量次之，背吃刀量的影响最小。提高切削速度比增大进给量或背吃刀量，对刀具耐用度的影响大得多。但过分提高切削速度，反而会由于刀具耐用度的迅速下降，从而影响生产率的提高。

根据上述分析，切削用量选择的基本原则是：粗加工时，从提高生产率的角度出发，应当在单位时间内切除尽量多的加工余量，因而应当加大切削面积，在保证合理的刀具耐用度的前提下，首先选尽可能大的背吃刀量，其次选尽可能大的进给量，最后选尽可能大的切削速度。精加工时，应当保证零件的加工精度和表面粗糙度。这时加工余量较小，一般选取较小的进给量和背吃刀量，以减少切削力，降低表面粗糙度，并选取较高的切削速度。只有在受到刀具等工艺条件限制不宜采用高速切削时才选用较低的切削速度。例如，用高速钢铰刀铰孔，切削速度受刀具材料耐热性的限制，并为了避免积屑瘤的影响，采用较低的切削速度。

2）切削用量的合理选择

① 背吃刀量 a_p 的选择：背吃刀量要尽可能取得大些，不论粗加工还是精加工，最好一次走刀能把该工序的加工余量切完，如果一次走刀切除会使切削力太大，机床功率不足、刀具强度不够或产生振动，可将加工余量分为两次或多次完成。这时也应将第一次走刀的背吃刀量取得尽量大些，其后的背吃刀量取得相对小一些。

② 进给量 f 的选择：粗加工时，一般对零件的表面质量要求不太高，进给量主要受机床、刀具和零件所能承受切削力的限制，这是因为当选定背吃刀量后，进给量的数值就直接影响切削力的大小。而精加工时，一般背吃刀量较小，切削力不大，限制进给量的因素主要是零件表面粗糙度。

③ 切削速度 v_c 的选择：在背吃刀量和进给量选定后，可根据合理的刀具耐用度，用计算法或查表法选择切削速度。精加工时，切削力较小，切削速度主要受刀具耐用度的限制。而粗加工时，由于切削力一般较大，切削速度主要受机床功率的限制。

5．切削液的选择

在金属切削加工过程中，合理使用切削液能有效减小切削力、降低切削温度，增加刀具寿命，减小工艺系统热变形，提高加工精度，保证加工表面质量。选用高性能切削液也是改善一些难加工材料切削性能的重要途径。

1）切削液的作用

① 冷却作用：切削液通过液体的热传导作用，把切削区内刀具、工件和切屑上大量的切削热带走，以降低切削温度，减小工艺系统的热变形。

② 润滑作用：切削液的润滑作用在于减小前面与切屑、后面与工件之间的摩擦。它渗透到刀具、切屑和加工表面之间，其中带油脂的极性分子吸附在刀具的前、后刀面上，形成物理性润滑膜。若与添加剂中的化学物质产生化学反应，还可形成化学吸附膜，从而在高温时能减小黏结和刀具磨损，减小加工表面粗糙度，延长刀具寿命。

③ 清洗和排屑作用：切削液能对黏附在工件、刀具和机床表面的切屑和磨粒起清洗作用，在精密加工、磨削加工和自动线加工中，切削液的清洗作用尤为重要。深孔加工则完全是利用高压切削液排屑。

④ 防锈作用：切削液中加入防锈添加剂，使之与金属表面起化学反应生成保护膜，起到防锈、防蚀作用。

此外，切削液还应具有稳定性好、不污染环境、不伤害人体健康、配制容易及价廉等要求。

2）切削液的分类

生产中常用的切削液可分为三大类：水溶液、乳化液、切削油。

① 水溶液：水溶液的主要成分是水，冷却性能好，但润滑性差，易锈蚀金属。必须加入一定的添加剂（硝酸钠、碳酸钠、聚二乙酸），使其具有良好的防锈性能和润滑性能。

② 乳化液：乳化液是用乳化油加水稀释搅拌后形成的乳白色液体。乳化油是由矿物油、乳化剂及添加剂配制而成的。乳化液具有良好的冷却作用，常用于粗加工和普通磨削加工中；

高浓度乳化液起润滑作用为主，常用于精加工和用复杂刀具的加工中。

③ 切削油：切削油的主要成分是矿物油，少数采用动植物油或复合油。纯矿物油不能在摩擦界面上形成坚固的润滑膜，润滑效果一般。常加入极压添加剂（硫、氯、磷等）和防锈添加剂，以提高其润滑性能和防锈性能。

矿物油包括机械油、轻柴油和煤油等。主要用于切削速度较低的精加工、有色金属加工和易切钢加工。机械油的润滑作用较好，常用于普通精车和螺纹精加工中。煤油的渗透作用和冲洗作用较好，常用于精加工铝合金、精刨铸铁和用高速钢铰刀铰孔中，能减小加工表面粗糙度，延长刀具寿命。

④ 固体润滑剂：常用的固体润滑剂是二硫化钼（MoS_2）。由二硫化钼形成的润滑膜，其摩擦系数低（0.05～0.09）、熔点高（1185℃）。因此，切削时可将 MoS_2 涂在刀面上，也可添加在切削油中，可防止黏结和抑制积屑瘤形成，减小切削力和加工表面粗糙度，延长刀具寿命，可用于车、钻、铰孔、深孔加工、螺纹加工、拉削和铣削加工中。

3）切削液的合理选择

根据工件材料、刀具材料、工艺要求和切削方式，应合理选用切削液。选用适宜的切削液，可以有效地减小摩擦力，降低切削温度，延长刀具寿命，提高表面加工质量。

① 从工件材料方面考虑：当切削钢等塑性材料时，需用切削液；切削铸铁时，切削液会使粉末状的切屑阻塞机床导轨缝隙，故不应加切削液；切削高强度钢、高温合金等难加工材料时，属高温高压边界摩擦状态，宜选用极压切削油或极压乳化液，有时还需配制特殊的切削液。极压类切削液，由于含硫、磷、氯、碘等有机化合物，在高温下与金属表面起化学反应，形成化学润滑膜，它比物理润滑膜能耐更高的温度。对于钢、铝及铝合金，为得到较高的加工质量和加工精度，可采用 10%～20%乳化液或煤油等。

② 从刀具方面考虑：高速钢刀具耐热性差，应采用切削油，在粗加工中以冷却为主，精加工时则以润滑为主。硬质合金刀具耐热性好，一般不用切削液，必须使用时可采用水溶液或低浓度乳化液，但浇注切削液时要充分连续，否则刀片会因冷热不均而导致炸裂；在不便采用切削液的场合，还可采用风冷法冷却刀具。

③ 从加工方面考虑：钻孔、铰孔、攻螺纹和拉削等工序的刀具与已加工表面摩擦严重，宜采用乳化液、极压乳化液或极压切削油。成形刀具、齿轮刀具等价格昂贵，要求刀具耐用度高，可采用极压切削油（如硫化油等）。磨削加工温度很高，还会产生大量的碎屑及脱落的砂粒，因此要求切削液应具有良好的冷却和清洗作用，常采用乳化液，如选用极压切削液或多效合成切削液。

④ 从加工要求方面考虑：粗加工时的切削用量大，产生大量的切削热，这时主要是降低切削温度，应选用以冷却性能为主的切削液，如 3%～5%的低浓度乳化液或合成切削液；精加工时，主要是要求提高加工精度和加工表面质量，应选用以润滑性能为主的切削液，如极压切削油或高浓度极压乳化液，以减小刀具与切屑间的摩擦与黏结，抑制积屑瘤。

4）切削液的使用方法

使用切削液的方法一般是浇注法，但浇注法流速慢、压力低，难以直接渗透到最高温区，影响切削效果。用高速钢成形刀具切削难加工材料时，可用高压喷射冷却法，以改善渗透性，提高切削效果。喷射冷却法是一种较好的使用切削液的方法，适用于难加工材料的切削和超高速切削，能显著提高刀具耐用度。

5.3　金属切削机床的基本知识

金属切削机床是用切削、特种加工等方法加工金属工件，使之获得所要求的几何形状、尺寸精度和表面质量的机器。它是制造机器的机器，故又称为"工作母机"或"工具机"，人们习惯上简称为"机床"。

在现代机械制造工业中，被制造机器零件，特别是精密零件的最终形状、尺寸及表面粗糙度，主要是借助金属切削机床加工来获得的，因此机床是制造机器零件的主要设备。在各类机器制造部门所拥有的技术装备中，机床占有相当大的比率，一般都在 50%以上，所担负的工作量占机器总制造工作量的 40%～60%。

5.3.1　机床的分类和型号编制方法

1. 机床的分类

机床的种类繁多，为了便于区别、使用、管理，需要对机床进行分类。机床的分类方法很多，从不同的角度出发，对机床进行如下分类。

(1)按机床的加工性能和结构特点分类，可分为 11 大类：车床、钻床、镗床、铣床、刨插床、拉床、磨床、齿轮加工机床、螺纹加工机床、锯床和其他机床。

(2)按机床的通用程度分类：可分为通用机床、专用机床和专门化机床。

① 通用机床(万能机床)。可以加工多种工件，完成多种工序。如卧式车床、万能外圆磨床、摇臂钻床等，其工艺范围很宽，结构复杂，适于单件、小批量生产。

② 专用机床。用于完成某一特定工件的特定工序。如汽车、拖拉机制造中大量使用的组合机床，其工艺范围最窄，结构较简单，生产率高，适于大批量生产。组合机床也属于专用机床。

③ 专门化机床(专能机床)。用于完成形状类似而尺寸不同的工件的某一种工序，如凸轮轴车床、轧辊车床、精密丝杠车床等。它的特点介于通用机床和专用机床之间，既有加工尺寸的通用性，又有加工工序的专用性，生产率高，适于成批生产。

(3)按机床的精度分类：可分为普通机床、精密机床和高精度机床。

(4)按重量不同分类：可以分为仪表机床、中型机床、大型机床(达到 10t)、重型机床(30t以上)和超重型机床(100t 以上)。

(5)按自动化程度不同分类：可分为手动、机动、半自动和自动机床等。

2. 机床型号的编制方法

机床型号是按一定的规律赋予每一种机床一个代号，便于区别、使用和管理。我国机床型号的编制方法，采用汉语拼音字母和阿拉伯数字，按一定规律组合而成，表明机床的类型、主要规格和有关特征。机床型号编制按国家标准 GB/T 15375—2008《金属切削机床　型号编制方法》实施，完整的机床型号由 10 个部分组成，如图 5-21 所示。

如图 5-21 所示，△表示数字；〇表示大写汉语拼音或英文字母；括号中的代号或数字，当无内容时，则不表示，若有内容，则不带括号；●表示大写汉语拼音字母或阿拉伯数字，或两者兼有之。

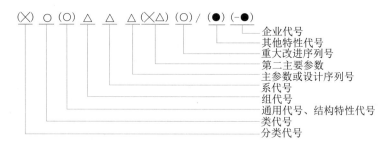

图 5-21　金属切削机床的型号

(1)类代号：用大写汉语拼音字母表示，我国的机床共分为 11 大类。当需要时，每类又可分为若干分类，分类代号用阿拉伯数字表示，在类代号之前，居于型号的首位，但第一分类不予表示，如第二分类磨床在 M 前加"2"，即 2M。详见表 5-2。

表 5-2　机床类代号和分类代号

类　别	代　号	类　别	代　号
车床	C	螺纹加工机床	S
钻床	Z	铣床	X
镗床	T	刨插床	B
磨床	M	拉床	L
	2M		
	3M	锯床	G
齿轮加工机床	Y	其他机床	Q

(2)特性代号：用大写汉语拼音字母表示，位于类代号之后。分为通用特性和结构特性两类。

① 通用特性代号。某类机床除了有普通形式之外，还具有某些通用特性时，可用通用特性代号表示，见表 5-3。

② 结构特性代号。为了区别主参数相同而结构、性能不同的机床，故采用结构特性代号，如 A、D、E、L、N、P、…。如 CA6140 型卧式车床型号中的"A"，即在结构上区别于 C6140 型卧式车床。

表 5-3　机床通用特性代号

通 用 特 性	代　号	通 用 特 性	代　号
高精度	G	轻型	Q
精密	M	加重型	C
自动	Z	简式或经济型	J
半自动	B	柔性加工单元	R
数控	K	数显	X
加工中心(自动换刀)	H	高速	S
仿形	F		

(3)组、系代号：用两位阿拉伯数字表示，位于类代号之后。每类机床划分为 10 个组，每一个组又划分为 10 个系。每一组机床结构性能和使用范围基本相同，同一系机床的基本结

构和布局形式相同。我国机床类、组划分见表 5-4。

表 5-4　金属切削机床类、组划分表

类别 ＼ 组别		0	1	2	3	4	5	6	7	8	9
车床 C		仪表车床	单轴自动、半自动车床	多轴自动、半自动车床	回轮、转塔车床	曲轴及凸轮轴车床	立式车床	落地及卧式车床	仿形及多刀车床	轮、轴、辊、锭及铲齿车床	其他车床
钻床 Z		—	坐标镗钻床	深孔钻床	摇臂钻床	台式钻床	立式钻床	卧式钻床	铣钻床	中心孔钻床	—
镗床 T		—	—	深孔镗床	—	坐标镗床	立式镗床	卧式铣镗床	精镗床	汽车、拖拉机修理用镗床	—
磨床	M	仪表磨床	外圆磨床	内圆磨床	砂轮机	坐标磨床	导轨磨床	刀具刃磨床	平面及端面磨床	曲轴、凸轮轴、花键轴及轧辊磨床	工具磨床
	2M	—	超精机	内、外圆珩磨机	平面、球面珩磨机	抛光机	砂带抛光及磨削机床	刀具刃磨及研磨机床	可转位刀片磨削机床	研磨机	其他磨床
	3M	—	球轴承套圈沟磨床	滚子轴承套圈滚道磨床	轴承套圈超精机	滚子及钢球加工机床	叶片磨削机床	滚子超精及磨削机床	—	气门、活塞及活塞环磨削机床	汽车、拖拉机修磨机床
齿轮加工机床 Y		仪表齿轮加工机床	—	锥齿轮加工机床	滚齿及铣齿机	剃齿及珩齿机	插齿机	花键轴铣床	齿轮磨齿机	其他齿轮加工机床	齿轮倒角及检查机
螺纹加工机床 S		—	—	—	套丝机	攻丝机	—	螺纹铣床	螺纹磨床	螺纹车床	—
铣床 X		仪表铣床	悬臂及滑枕铣床	龙门铣床	平面铣床	仿形铣床	立式升降台铣床	卧式升降台铣床	床身铣床	工具铣床	其他铣床
刨插床 B		—	悬臂刨床	龙门刨床	—	—	插床	牛头刨床	—	边缘及模具刨床	其他刨床
拉床 L		—	—	侧拉床	卧式外拉床	连续拉床	立式内拉床	卧式内拉床	立式外拉床	键槽及螺纹拉床	其他拉床
锯床 G		—	—	砂轮片锯床	—	卧式带锯机	立式带锯机	圆锯床	弓锯床	锉锯床	—
其他机床 Q		其他仪表机床	管子加工机床	木螺钉加工机床	—	刻线机	切断机	多功能机床	—	—	—

（4）主参数和第二主参数：主参数用折算值的 1/10、1/100 或实际值表示，位于组、系代号之后。它反映机床的主要技术规格，其尺寸单位为 mm。如 C6140 车床，主参数折算值为 40，折算系数为 1/10，即主参数(床身上零件最大回转直径)为 400mm。

主参数值相同的机床，往往有不同的第二主参数。如果机床第二主参数改变后，会使机床结构、性能产生较大的变化，这时可将第二主参数用折算值表示，列入型号后部，并用“×”分开，读作“乘”。如 C6140×100，第二主参数 100，表示车床车削工件长度最大为 1000mm。对于多轴车床、多轴钻床、排式钻床等机床，其第二主参数表示机床的主轴数，以实际数值列入型号，单轴可省略，不予表示。

（5）机床重大改进序列号：当机床的结构和性能有重大改进和提高，并需按新产品重新设计、试制和鉴定时，按其设计改进的次序，分别用大写英文字母 A、B、C、D 表示，加在机床型号的尾部，以示区别原机床型号。如 C6140A 是 C6140 型车床经过第一次重大改进的车床。

（6）其他特性代号：主要用于反映各类机床的特性，如对于数控机床，可用来反映不同的控制系统；对于加工中心，可用来反映控制系统、自动交换主轴头和自动交换工作台等；对于柔性加工单元，可用来反映自动交换主轴箱；对于一机多用机床，可用以补充表示某些功能；对于一般机床，可以反映同一型号机床的变型等。所谓变型机床是指根据不同的加工需要，在基本型号机床的基础上仅改变机床的部分性能结构而形成。

（7）企业代号：由型号管理部门统一规定，并只允许该单位使用。企业代号包括机床生产厂和机床研究单位代号。机床生产厂代号由大写的汉语拼音字母和阿拉伯数字组成。其中字母取机床生产厂名称中的一个或两个或三个字母；数字取机床生产厂名称中的序号，如“Q2”代表齐齐哈尔第二机床厂，读作“齐二”。机床研究单位代号一般由该单位中的三个大写汉语拼音字母组合表示，如“JCS”代表北京机床研究所，读作“机床所”。企业代号置于型号末尾，用“-”与其他特性代号分开，读作“至”。若型号中没有其他特性代号，仅有企业代号，则不加“-”。

5.3.2　机床的传动

1. 机床传动方式

机床传动方式是指机床动力通过一系列的减速、变速和差动运动传递到机床执行元件的方法。机床传动方式主要有三种：机械传动、电传动和液压气压传动，这里主要介绍机床的机械传动。

机床的机械传动有两种基本形式：一种是用于传递旋转运动(如带传动、齿轮传动等)和对运动的变速和换向；另一种是用于把旋转运动变换为直线运动(如齿轮齿条传动、丝杠螺母传动等)。

2. 传动联系

1）机床传动的基本组成

每个运动，都有以下三个基本部分。

（1）运动源：为了驱动机床的执行件，实现机床的运动，必须有动力来源，称为运动源。通常称为电动机，它是提供动力的装置，包括交流电动机、直流电动机、伺服电动机、变频调速电动机和步进电动机等。普通机床常用三相异步交流电动机，数控机床常用直流或交流调速电动机或伺服电动机。可以几个运动共用一个运动源，也可以每个运动单独有运动源。

（2）传动件：为了将运动源的动力和运动按要求传递给执行件，必须有传递动力和运动的零件，称为传动件。它是传递动力和运动的装置。通过它把动源的动力传递给执行件或把一个执行件的运动传递给另一个执行件。传动装置通常还包括改变传动比、改变运动方向和改变运动形式(从旋转运动改变为直线运动)等机构,如齿轮、链轮、胶带轮、丝杠、螺母等属于传动件。除了机械传动件以外,还有液压传动和电气传动元件等。

(3)执行件:机床上直接夹持刀具或工件并实现其运动的零、部件,称为执行件。它们是执行运动的部件,如主轴、刀架以及工作台等。其任务是带工件或刀具完成旋转或直线运动,并保持准确的运动轨迹。

2)机床的传动联系

机床上为了得到所需要的运动,需要通过一系列的传动件把运动源和执行件(如把主轴和电动机),或者把执行件和执行件(如把主轴和刀架)连接起来,这一系列传动件,称为传动链。

运动源—传动件—执行件或执行件—传动件—执行件,构成传动联系。

3. 机床运动的调整

1)机床运动的五个参数

每个独立运动必须具备五个参数,分别是速度、方向、轨迹、起点和路程。机床上加工不同工件时,各执行件的某些运动参数需随之改变,调整每个独立运动的五个参数,称为机床运动的调整。

2)机床的传动系统

实现机床加工过程中全部运动的各条传动链组成了一台机床的传动系统。根据执行件所完成的运动的作用不同,传动系统中各传动链相应地称为主运动传动链、进给运动传动链、范成运动传动链和分度运动传动链等。

4. 传动系统图

为了便于了解和分析机床运动的传递、联系情况,常采用传动系统图。图 5-22 所示为 C6132 卧式车床的传动系统图。分析时应首先根据被加工表面形状、加工方法和刀具结构,知道表面成形方法和所需的成形运动,实现运动的执行件和运动源各是什么?进而分析实现各运动的传动原理,即确定机床有哪些传动链及其传动联系情况,然后根据传动系统图,逐一分析各传动链。

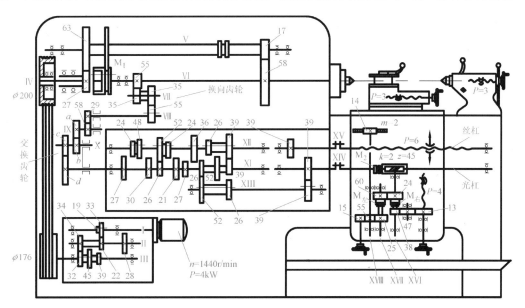

图 5-22　C6132 卧式车床传动系统图

分析传动链一般步骤如下。

(1)确定传动链的两端件，即找出该传动链的首端件和末端件，如电动机—主轴，主轴—刀架等。

(2)根据传动链两个端件的运动关系，确定它们的计算位移。即在指定的同一时间间隔内两个端件的位移量。例如，主运动传动链的计算位移通常为：电动机 $n_电$(r/min)—主轴 $n_主$(r/min)；车床螺纹进给传动链的计算位移为：主轴转 1 转—刀架移动工件螺纹一个导程 L(mm)。

(3)写出传动链的传动路线表达式，从首端件向末端件顺次分析各传动轴之间的传动结构和运动传递关系，查明该传动链的传动路线以及变速、换向、接通和断开的工作原理。

(4)根据计算位移及相应传动链中各个顺序排列的传动副的传动比，列写运动平衡式。根据运动平衡式，计算出执行件的运动速度或位移量，或者整理出换置机构的换置公式，然后按加工条件，确定挂轮变速机构所需采用的配换齿轮的齿数。

【例 5-1】　图 5-22 所示为 C6132 卧式车床的传动系统图，写出主运动传动链的传动路线表达式，求主轴的变速级数及主轴的最高、最低转速值。

① 确定传动链的两端件，电动机—主轴。

② 确定计算位移量：电动机 1440(r/min)—主轴 $n_主$(r/min)。

③ 传动路线表达式：

$$\text{电动机—I}\underset{(1440\text{r/min})}{}-\left\{\begin{matrix}\dfrac{33}{22}\\[4pt]\dfrac{19}{34}\end{matrix}\right\}-\text{II}-\left\{\begin{matrix}\dfrac{34}{32}\\[4pt]\dfrac{28}{39}\\[4pt]\dfrac{22}{45}\end{matrix}\right\}-\text{III}-\dfrac{\phi176}{\phi200}-\text{IV}-\left\{\begin{matrix}M_1\\[4pt]\dfrac{27}{63}-\text{V}-\dfrac{17}{58}\end{matrix}\right\}-\text{主轴VI}$$

主轴变速级数：$Z=2\times3\times2=12$。

④ 列写运动平衡式，计算主轴的最高转速和最低转速：

$$n_{\max}=1440\times\frac{33}{22}\times\frac{34}{32}\times\frac{176}{200}\times1=2019.6(\text{r/min})$$

$$n_{\min}=1440\times\frac{19}{34}\times\frac{22}{45}\times\frac{176}{200}\times\frac{27}{63}\times\frac{17}{58}=43.5(\text{r/min})$$

5.4　典型表面加工分析

零件是由各种典型表面组成的，主要有外圆表面、内圆表面、平面和成形表面等。不同的表面具有不同的切削加工方法。对于同一种加工表面，由于精度和表面质量的要求不同，要经过由粗到精的不同的加工阶段，而不同的加工阶段可以采用不同的加工方法。

5.4.1　外圆表面的加工

外圆表面是构成轴类零件和盘类零件的主要表面，在机械加工中占有很大的比例。

1. 外圆表面的技术要求

外圆表面的技术要求是由该表面所在的零件决定的。主要包括加工精度、表面质量以及热处理要求等。

视频

1) 加工精度

外圆表面的加工精度主要包括结构要素的尺寸精度、形状精度和位置精度等。

(1) 尺寸精度：主要是指结构要素的直径和长度的精度。直径精度由使用要求和配合性质来确定。一般来说，对于轴类零件，有配合要求的外圆表面的精度为 IT8～IT6，特别重要的外圆表面，也可为 IT5，需要特别注意的是与轴承相配合处的外圆表面，精度要求相对较高。

(2) 形状精度：主要指外圆表面的圆度、圆柱度、母线的直线度等，因为外圆表面的形状误差直接影响着与之相配合的零件的接触质量和回转精度，因此一般必须将形状误差限制在直径公差范围内，要求较高时可取直径公差的 1/2～1/4，或者根据相配合的性质和特点另行规定形状精度的等级。

(3) 位置精度：主要包括外圆表面的同轴度、圆跳动及端面对外圆表面轴心线的垂直度等。对于普通精度的轴类零件，配合外圆表面对支承外圆表面的径向圆跳动一般为 0.01～0.03mm，高精度的轴为 0.005～0.010mm。对于盘类零件，外圆表面常常与内孔有同轴度的要求，一般为 0.01～0.03mm。

2) 表面质量

主要指表面粗糙度，对于某些重要零件，还对表面层硬度、残余应力和显微组织等有要求。

外圆表面的粗糙度值是由该表面的工作性质、配合类型、转速和尺寸精度等级决定的。通常尺寸公差、表面形状公差小时，表面粗糙度值要求较小，尺寸公差、表面形状公差大时，表面粗糙度值要求较大。

3) 热处理要求

根据外圆表面的材料需要以及使用条件，为了改善其切削加工性能或提高综合力学性能及使用寿命等，常进行正火、调质、淬火、表面淬火及表面氮化等热处理。

2. 外圆表面加工方案分析

对于一般的钢铁零件，外圆表面加工的主要方法是车削和磨削。要求精度高、粗糙度数值小时，往往还要进行研磨、抛光等光整加工。对于某些精度要求不高，仅要求光亮的表面，可以通过抛光来获得，但在抛光前要达到较小的粗糙度值。对于塑性较大的有色金属(如铜、铝合金等)零件，由于其精加工不宜用磨削，则常采用精细车削。

表 5-5 给出了外圆表面的加工方案，可作为拟定加工方案的依据和参考。

表 5-5　外圆表面加工方案

序号	加 工 方 案	尺寸公差等级	表面粗糙度 Ra 值/μm	适 用 范 围
1	粗车	IT13～IT11	50～12.5	适用于各种金属(经过淬火的钢材除外)
2	粗车 ⟶ 半精车	IT10～IT9	6.3～3.2	
3	粗车 ⟶ 半精车 ⟶ 精车	IT7～IT6	1.6～0.8	适用于各种金属和非金属
4	粗车 ⟶ 半精车 ⟶ 磨削	IT7～IT6	0.8～0.4	适用于淬火钢、未淬火钢、铸铁等，不宜加工韧性大的有色金属
5	粗车 ⟶ 半精车 ⟶ 粗磨 ⟶ 精磨	IT6～IT5	0.4～0.2	
6	粗车 ⟶ 半精车 ⟶ 粗磨 ⟶ 精磨 ⟶ 高精度磨	IT5～IT3	0.1～0.008	
7	粗车 ⟶ 半精车 ⟶ 粗磨 ⟶ 精磨 ⟶ 研磨	IT5～IT3	0.1～0.008	适用于淬火钢
8	粗车 ⟶ 半精车 ⟶ 精车 ⟶ 研磨	IT6～IT5	0.4～0.025	适用于有色金属

5.4.2　内圆表面的加工

内圆表面（即内孔）也是组成零件的基本表面之一，与外圆相比，孔的加工条件较差，如所用的刀具尺寸（直径、长度）受到被加工孔本身尺寸的限制，孔内排屑、散热、冷却和润滑等条件都较差，故在一般情况下，加工孔比加工同样尺寸、精度的外圆面更困难。

零件上常见的孔有以下几种。

(1)紧固孔，如螺钉、螺栓孔等。

(2)回转体零件上的孔，如套筒、法兰盘及齿轮上的孔等。

(3)箱体零件上的孔，如床头箱体上主轴及传动轴的轴承孔等。

(4)深孔，一般 $L/D \geqslant 10$ 的孔，如炮筒、空心轴孔等。

(5)圆锥孔，此类孔常用来保证零件间配合的准确性，如机床的锥孔等。

孔加工可以在车、钻、镗、拉、磨床上进行。选择加工方法时，应考虑孔径大小、深度、精度、工件形状、尺寸、重量、材料、生产批量及设备等具体条件。常见的加工方法有钻孔、扩孔、铰孔、镗孔、拉孔和磨孔等。

1. 孔的技术要求

与外圆面相似，孔的技术要求大致也可以分为三个方面。

(1)加工精度：孔径和长度的尺寸精度；孔的形状精度，如圆度、圆柱度及轴线的直线度等；位置精度，孔与孔或孔与外圆面的同轴度；孔与孔或孔与其他表面之间的平行度、垂直度及倾斜度等。

(2)表面质量：表面粗糙度和表层物理力学性能要求等。

(3)热处理要求：常采用正火、调质、淬火、表面淬火及表面氮化等热处理措施提高内圆表面综合力学性能。

2. 孔加工方案分析

孔加工可以在车床、钻床、镗床、拉床或磨床上进行，大孔和孔系则常在镗床上加工。拟定孔的加工方案时，除应考虑孔径的大小和孔的深度、精度和表面粗糙度等的要求，还要考虑工件的材料、形状、尺寸、重量和批量，以及车间的具体生产条件（如现有加工设备等）。

若在实体材料上加工孔（多属中、小尺寸的孔），必须先采用钻孔。若是对已经铸出或锻出的孔（多为中、大型孔）进行加工，则可直接采用扩孔或镗孔。至于孔的精加工，铰孔和拉孔适于加工未淬硬的中、小直径的孔；中等直径以上的孔，可以采用精镗或精磨；淬硬的孔只能采用磨削。在孔的精整加工方法中，珩磨多用于直径稍大的孔，研磨则对大孔和小孔都适用。

表 5-6 给出了内圆表面的加工方案，可作为拟定加工方案的依据和参考。

表 5-6　内圆表面加工方案

序号	加 工 方 案	尺寸公差等级	表面粗糙度 Ra 值/μm	适 用 范 围
1	钻	IT13～IT11	12.5	用于加工除淬火钢以外的各种金属的实心工件
2	钻 ——→ 铰	IT9	3.2～1.6	同上，但孔径 $D < 10$ mm
3	钻 ——→ 扩 ——→ 铰	IT9～IT8	3.2～1.6	同上，但 $D = \phi 10$ mm～$\phi 80$ mm

续表

序号	加 工 方 案	尺寸公差等级	表面粗糙度 Ra 值/μm	适 用 范 围
4	钻 → 扩 → 粗铰 → 精铰	IT7	1.6～0.4	—
5	钻 → 拉	IT9～IT7	1.6～0.4	同上，用于大批、大量生产
6	(钻) → 粗镗 → 半精镗 → 精镗	IT10～IT9	6.3～3.2	用于除淬火钢以外的各种材料
7	(钻) → 粗镗 → 半精镗 → 精镗	IT8～IT7	1.6～0.8	—
8	(钻) → 粗镗 → 半精镗 → 磨	IT8～IT7	0.8～0.4	用于淬火钢、不淬火钢和铸铁件，但不宜加工硬度低、韧性大的有色金属
9	(钻) → 粗镗 → 半精镗 → 粗磨 → 精磨	IT7～IT6	0.4～0.2	
10	粗镗 → 半精镗 → 精镗 → 珩磨	IT7～IT6	0.4～0.025	
11	粗镗 → 半精镗 → 精镗 → 研磨	IT7～IT6	0.4～0.025	用于加工钢件、铸件和有色金属

5.4.3　平面的加工

视频

平面是盘形和板形零件的主要表面，也是箱体和支架类零件的主要表面之一。其中包括回转体类零件上的端面，板形、箱体和支架类零件上的各种平面、斜面、沟槽和型槽等。

1. 平面加工技术要求

平面广泛存在于各类机械零件上，其主要的技术要求是平面度、直线度、垂直度与平行度等形位精度。此外还包括表面质量，如表面粗糙度、表面层硬度、残余应力以及显微组织等。对于不同用途的零件，其技术要求也有所不同。

2. 平面的加工方案

选择平面加工方案时，要综合考虑其技术要求和零件的结构形状、尺寸大小、材料性质及毛坯种类等情况，并结合生产纲领及具体加工条件。平面可分别采用车、铣、刨、磨、拉等方法加工。对于要求较高的精密平面，可用刮研、研磨、抛光等进行光整加工。回转体表面的端面，可采用车削或磨削加工。其他类型的平面，以铣削或刨削为主，但淬硬的平面则必须用磨削加工。常用平面的加工方案见表 5-7。

表 5-7　平面加工方案

序号	加 工 方 案	尺寸公差等级	表面粗糙度 Ra 值/μm	适 用 范 围
1	粗车 → 半精车	IT10～IT9	6.3～3.2	用于加工回转体零件的端面
2	粗车 → 半精车 → 精车	IT7～IT6	1.6～0.8	
3	粗车 → 半精车 → 磨削	IT9～IT7	0.8～0.2	—
4	粗铣(粗刨) → 精铣(精刨)	IT9～IT7	6.3～1.6	用于加工不淬火钢、铸铁、有色金属等材料
5	粗铣(粗刨) → 精铣(精刨) → 刮研	IT6～IT5	0.8～0.1	
6	粗铣(粗刨) → 精铣(精刨) → 宽刀细刨	IT6	0.8～0.1	
7	粗铣(粗刨) → 精铣(精刨) → 磨削	IT6	0.8～0.2	用于加工不淬火钢、铸铁、有色金属等材料
8	粗铣(粗刨) → 精铣(精刨) → 粗磨 → 精磨	IT6～IT5	0.4～0.1	
9	粗铣 → 精铣 → 磨削 → 研磨	IT5～IT4	0.4～0.025	—
10	拉削	IT9～IT6	0.8～0.2	用于大批、大量生产除淬火钢以外的各种金属材料

5.4.4　成形面的加工

带有成形面的零件，机器上用得较多，如机床的手把、内燃机凸轮轴上的凸轮、汽轮机的叶片以及车床主轴锥孔等。

1. 成形面的技术要求

与其他表面类似，成形面的技术要求也包括尺寸精度、形位精度及表面质量等。但是，成形面往往是为了实现特定功能而专门设计的，因此其表面形状精度的要求十分重要。加工时，刀具的切削刃形状和切削运动，应首先满足表面形状精度的要求。

2. 成形面加工方法分析

在普通机床加工成形面一般可用车削、铣削、刨削、拉削或磨削等方法加工，这些加工方法可归纳以下两种基本方式。

（1）用成形刀具加工：即用切削刃形状与工件廓形相符合的刀具，直接加工出成形面。例如，用成形车刀车成形面(图 5-23)、用成形铣刀铣成形面(图 5-24)以及用成形砂轮磨成形面(图 5-25)等。

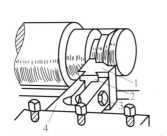
1-成形刀；2-燕尾；3-夹紧螺钉；4-刀夹

图 5-23　用成形车刀车成形面

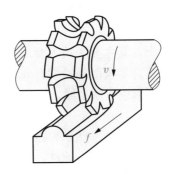
图 5-24　成形铣刀铣凸圆弧面

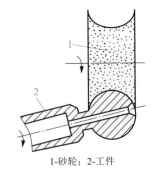
1-砂轮；2-工件

图 5-25　用成形砂轮磨削外球面

用成形刀具加工成形面，加工精度主要取决于刀具精度，易于保证同一批零件形状及尺寸的一致性和互换性，生产效率高，刀具重磨次数多，使用寿命长，机床的运动和结构比较简单，操作也简便，但是刀具的制造和刃磨比较复杂，成本较高。另外，这种方法的应用，受工件成形面尺寸的限制，不宜用于加工刚度差而成形面较宽的工件。

（2）利用刀具和工件作特定的相对运动加工：图 5-26 所示是用靠模装置车削成形面加工示意图，这种加工方法特点是生产效率高，加工精度由靠模决定，靠模形状复杂，成本高，适合成批生产中应用，但这种加工方法靠模易磨损。

此外，还可以控制刀具与工件之间的相对运动轨迹加工成形面，图 5-27、图 5-28 所示为在铣床上铣削外球面和内球面的加工示意图。

利用刀具和工件作特定的相对运动来加工成形面，刀具比较简单，并且加工成形面的尺寸范围较大。但是，机床的运动和结构都较复杂，成本也高。

成形面的加工方法，应根据零件的尺寸、形状及生产批量等来选择。

小型回转体零件上形状不太复杂的成形面，在大批大量生产时，常用成形车刀在自动或半自动车床上加工；批量较小时，可用成形车刀在普通车床上加工。成形的直槽和螺旋槽等，一般可用成形铣刀在万能铣床上加工。尺寸较大的成形面，大批大量生产中，多采用仿形车床或仿形铣床加工；单件小批生产时，可借助样板在普通车床上加工，或者依据划线在铣床或刨床上加工，但这种方法加工的质量和效率较低。为了保证加工质量和提高生产效率，在单件小批生产中可应用数控机床加工成形面。大批大量生产中，为了加工一定的成形面，常专门设计和制造专用的拉刀或专门化的机床，如加工凸轮轴上凸轮的凸轮轴车床、凸轮轴磨床等。对于淬硬的成形面，或精度高、粗糙度小的成形面，其精加工则要采用磨削，甚至要用精整加工。

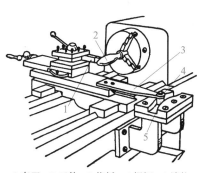

1-车刀；2-工件；3-拖板；4-螺钉；5-滚柱

图 5-26　用靠模车削成形面

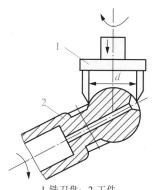

1-铣刀盘；2-工件

图 5-27　在铣床上铣削外球面

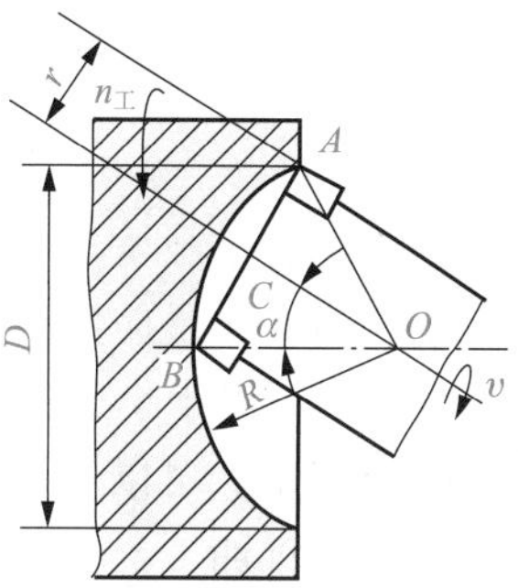

图 5-28　在铣床上铣削内球面

5.4.5　螺纹表面的加工

在机械制造工业中，带螺纹的零件应用很广，也是零件上常用的表面之一。按用途可将螺纹分为紧固螺纹和传动螺纹。传动螺纹用于传递动力、运动或位移，这类螺纹的牙型多为梯形或锯齿形，如丝杠和测微螺纹。紧固螺纹主要用于零件间的可拆卸连接，常用的有普通螺纹和管螺纹，螺纹牙型多为三角形。

1. 螺纹表面的技术要求

对普通螺纹的主要要求是可旋入性和连接可靠性，对管螺纹的主要要求是密封性和连接的可靠性，对于传动螺纹的主要要求是传动准确、可靠，牙型接触良好及耐磨。对于紧固螺纹和无传动精度要求的传动螺纹，一般只要求中径、外螺纹的大径、内螺纹的小径的精度。对于精密传动的螺纹，除要求中径和顶径的精度外，还要求螺距和牙型角的精度。为了保证传动精度及耐磨性，对螺纹表面的粗糙度和硬度等也有较高的要求。

2. 螺纹加工方法分析

螺纹加工方法很多，可以在车床、钻床、螺纹铣床和螺纹磨床等机床上利用不同的工具进行加工，也可以钳工手工完成。选择螺纹的加工方法时，主要依据工件形状、螺纹牙型、螺纹的尺寸和精度、工件材料和热处理以及生产类型等。

1) 车螺纹

车螺纹属于成形面加工，刀具形状应和螺纹牙型槽相同，车刀刀尖必须与工件中心等高，车刀刀尖角的等分线必须垂直于工件回转中心线。此外还应保证：工件每转一转，刀具应准确而均匀地进给一个导程。

车螺纹的生产率较低，加工质量取决于工人的技术水平以及机床、刀具本身的精度，主要用于单件、小批量生产。当生产批量较大时，为了提高生产率，常用螺纹梳刀进行车削。

螺纹梳刀实质上是一种多齿形的螺纹车刀，只要走刀一次就能切出螺纹，所以生产率高。但是，一般螺纹梳刀加工精度不高，不能加工精密螺纹。此外，螺纹附近有轴肩的工件，也不能用螺纹梳刀加工。图 5-29 所示为几种常见的螺纹梳刀。

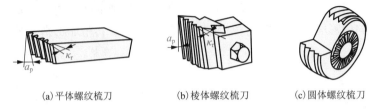

(a)平体螺纹梳刀　　　　(b)棱体螺纹梳刀　　　　(c)圆体螺纹梳刀

图 5-29　螺纹梳刀

2）攻丝和套扣

攻丝与套扣是应用较广泛的螺纹加工方法。用丝锥在工件内孔表面上加工出内螺纹的工序称为攻丝，对于小尺寸的内螺纹，攻丝几乎是唯一有效的加工方法，如图 5-30(a)所示。单件小批生产中，可以用手用丝锥手工攻螺纹；当批量较大时，则应在车床、钻床或攻丝机上使用机用丝锥加工。

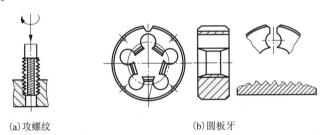

(a)攻螺纹　　　　　　　　(b)圆板牙

图 5-30　螺纹加工

用板牙(图 5-30(b))在圆柱表面上切出外螺纹的工序称为套扣，套扣时，受板牙结构尺寸的限制，螺纹直径一般不超过 52mm。套扣分手工和机动两种，手工套扣可在机床或钳工工作台上完成，而机动套扣需在车床或钻床上完成。在攻丝和套扣时，每转过 1～1.5 转后，均应适当反转倒退，以免切屑挤塞，造成工件螺纹的破坏。由于攻丝和套扣的加工精度较低，主要用于加工精度要求不高的普通螺纹。

3）铣螺纹

在铣床上铣削螺纹与车螺纹原理基本相同。铣螺纹可以用单排螺纹铣刀或多排螺纹铣刀（又称梳形螺纹铣刀）。单排螺纹铣刀如图 5-31(a)所示，铣刀上有一排环形刀齿，铣刀倾斜安装，倾斜角大小等于螺旋角。开始，在工件不动的情况下，铣刀向工件作径向进给至螺纹全深；然后，工件慢速回转，铣刀作纵向运动，直至切完螺纹长度。可以一次铣至螺纹深度，也可以分粗铣和精铣。此法多用于大导程或多头螺纹加工。梳形螺纹铣刀有几排环形刀齿，是在专用的螺纹铣床上进行的，如图 5-31(b)所示。刀齿垂直于轴线，梳刀宽度稍大于螺纹长度，并与工件轴线平行。在工件不转动时，铣刀向工件进给到螺纹全深，然后工件缓慢转动 1.25 圈，同时，回转的梳刀也纵向移动 1.25 个导程。这种加工方法生产效率高，可加工靠近轴肩或盲孔底部螺纹，且不需要退刀槽，但加工精度较低。

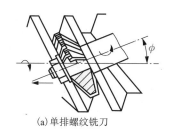
(a)单排螺纹铣刀

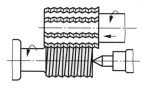
(b)梳形螺纹铣刀

图 5-31 螺纹铣刀

4）磨螺纹

高精度的螺纹及淬硬螺纹通常用磨削加工。螺纹磨削一般在专门螺纹磨床上进行。螺纹在磨削之前，可以用车、铣等方法进行预加工，而对于小尺寸的精密螺纹，可以不用预加工而直接磨出。一般采用以下方法磨削螺纹。

（1）用成形砂轮轴向进给磨削：此法相当于车螺纹，只是用成形砂轮代替了螺纹车刀，如图 5-32 所示。

（2）用梳刀形砂轮径向进给磨削：此法与梳状螺纹铣刀铣螺纹相似，如图 5-33 所示。

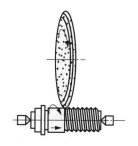
图 5-32 螺纹磨削

5.4.6 齿轮齿形的加工

齿轮在各种机械和仪表中广泛应用，它是传递运动和动力的重要零件，机械产品中的工作性能、承载能力、使用寿命及工作精度等，都与齿轮本身的质量有着密切的关系。常用的齿轮有圆柱齿轮、圆锥齿轮及蜗轮等，而以圆柱齿轮应用最广。

图 5-33 梳刀形砂轮磨螺纹

1．齿轮的技术要求

由于齿轮传动的类型很多，对齿轮传动的使用要求也是多方面的，一般情况下，齿轮传动有以下几个方面的特殊要求。

（1）传递运动的准确性：即要求齿轮在一转范围内，最大转角误差限制在一定的范围内。

（2）传动的平稳性：是指齿轮在转过一个齿距角的范围内传动比的变动量，要求齿轮传动瞬时传动比的变化不能过大，以免引起冲击，产生振动和噪声，甚至导致整个齿轮的破坏。

（3）载荷分布的均匀性：是指在轮齿啮合过程中，工作齿面沿全齿宽和全齿长上保持均匀接触，并具有尽可能大的接触面积，以免引起应力集中，造成齿面局部磨损，影响齿轮的使用寿命。

（4）传动侧隙：即要求齿轮啮合时，非工作齿面间应具有一定的间隙，以便储存润滑油，补偿因温度变化和弹性变形引起的尺寸变化以及加工和安装误差的影响。否则，齿轮传动在工作中可能卡死或烧伤。

2．齿轮表面加工方法

按照加工原理不同，齿轮表面加工可分为成形法和展成法两种。

1）成形法

采用刀刃形状与被加工齿轮齿槽截面形状相同的成形刀具加工齿轮，常用成形铣刀进行铣齿。成形铣刀有盘状模数铣刀和指状模数铣刀两种，其中指状模数铣刀适用于加工模数较大的齿轮，如图 5-34(a)所示。当齿轮模数较小时，用盘状模数铣刀在卧式铣床上加工，如图 5-34(b)所示。

铣削时，将工件安装在铣床的分度头上，模数铣刀作旋转主运动，工作台作直线进给运动。当加工完一个齿槽后，退出刀具，按齿数 z 进行分度，再铣下一个齿槽。这样，逐齿进行铣削，直至铣完全部齿槽。

模数相同而齿数不同的齿轮，其齿轮渐开线的形状是不同的。从理论上讲，同一模数每种齿数的齿轮，都应该用专门的铣刀加工，但这在生产中既不经济，也不便于管理。为减少同一模数铣刀的数量，在实际生产中，把同一模数的齿轮按齿数划分若干组，每组采用同一刀号的铣刀进行加工。各号铣刀的齿形是按该组内最小齿数齿轮的齿形设计和制造的，加工其他齿数的齿轮时，只能获得近似齿形，产生齿形误差。

铣齿加工具有如下特点。

(1)生产成本低：在普通铣床上即可完成齿形加工；齿轮铣刀结构简单，制造容易，对于缺乏专用齿轮加工设备的工厂较为方便。

(2)加工精度低：铣齿时，由于一把铣刀要加工几种不同齿数的齿轮，因此有齿形误差，而且，加工时有分度误差，故其加工精度较低。

(3)生产率低：铣齿时，由于每铣一个齿槽都要重复进行切入、切出、退出和分度的工作，辅助时间和基本工艺时间增加，生产率低。因此，成形法铣齿常用于单件小批生产和修配精度要求不高的齿轮加工。

2) 展成法

展成法加工齿面是根据一对齿轮啮合传动原理实现的，即将其中一个齿轮制成具有切削功能的刀具，另一个则为被加工齿轮，通过专用机床使二者在啮合过程中由各刀齿的切削痕迹逐渐包络出零件齿面。展成法加工齿轮的优点是：用同一把刀具可以加工模数相同而齿数不同的齿轮，加工精度和生产率较高。按展成法加工齿面最常见有插齿、滚齿、剃齿和磨齿，用来加工内、外啮合的圆柱齿轮和蜗轮等。

(1)滚齿：滚齿是用齿轮滚刀在滚齿机上加工齿轮和蜗轮齿面的方法，如图 5-35 所示。滚齿精度可达 8～7 级。因为滚齿属连续切削，故生产率比铣齿、插齿都高。

(a)指状齿轮铣刀

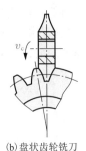
(b)盘状齿轮铣刀

图 5-34 成形法铣削齿轮

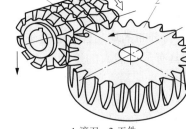
1-滚刀；2-工件

图 5-35 滚齿加工示意图

滚齿不仅用于加工直齿轮和斜齿轮，还可加工蜗轮和花键轴等。棘轮、链轮、摆线齿轮及圆弧点啮合齿轮等都可以用专用滚刀进行加工。它既可用于大批大量生产，也是单件小批生产中加工圆柱齿轮的基本方法。

(2)插齿：插齿主要用于加工直齿圆柱齿轮的轮齿，尤其是加工内齿轮、多联齿轮，还可以加工斜齿轮、人字齿轮、齿条、齿扇及特殊齿形的轮齿。

插齿是按展成法的原理来加工齿轮的，如图 5-36 所示。插齿精度高于铣齿，可达 8～7 级，但生产率较低。当插斜齿轮时，除了采用斜齿插齿刀外，还要在机床主轴滑枕中装有螺旋导轨副，以实现插齿刀的附加转动。

3) 齿面精加工

铣齿、插齿和滚齿只能获得一般精度的齿面，精度超过 7 级或需淬硬的齿面，在铣、插、滚等预加工或热处理后还需进行精加工。常用齿面精加工方法如下。

(1) 剃齿：剃齿是用剃齿刀对齿轮或蜗轮未淬硬齿面进行精加工的基本方法，是一种利用剃齿刀与被切齿轮作自由啮合进行展成加工的方法。

剃齿刀的形状类似螺旋齿轮(图 5-37)，齿形做得非常准确，在齿面上制作出许多小沟槽，以形成切削刃。当剃齿刀与被加工齿轮啮合运转时，剃齿刀齿面上的众多切削刃将从工件齿面上剃下细丝状的切屑，使齿形精度和齿面粗糙度得以提高。剃齿加工精度主要取决于刀具，只要剃齿刀本身的精度高，刃磨好，就能够剃出表面粗糙度值 Ra 为 0.8～0.4μm、精度为 8～6 级的齿轮。剃齿精度还受剃前齿轮精度的影响，剃齿一般只能使轮齿精度提高一级。从保证加工精度考虑，剃前工艺采用滚齿比采用插齿好，因为滚齿的运动精度比插齿好，滚齿后的齿形误差虽然比插齿大，但这在剃齿工序中是不难纠正的。

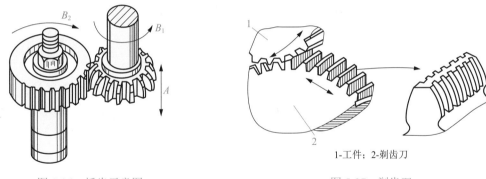

1-工件；2-剃齿刀

图 5-36　插齿示意图　　　　　　　　图 5-37　剃齿刀

(2) 珩齿：珩齿与剃齿的原理完全相同，只不过是不用剃齿刀，而用珩磨轮。珩磨轮是用磨料与结合剂压实成形烧结而成，具有很高的齿形精度及硬度。能除去剃齿刀刮不动的淬火齿面氧化皮。珩磨具有磨、剃、抛光等几种精加工的综合作用。珩齿对齿形精度改善不大，主要是减小热处理后齿面的粗糙度。珩齿在珩齿机上进行，珩齿机与剃齿机的区别不大，但转速高得多。

(3) 磨齿：磨齿用来精加工齿面已淬硬的齿轮，按加工原理的不同，也可以分为成形法磨齿和展成法磨齿两种。

① 成形法磨齿。需将砂轮截面形状修整成与被磨齿轮齿槽一致，加工方法与用齿轮铣刀铣齿相似，如图 5-38 所示。虽然成形法磨齿的生产率比展成法磨齿高，但因砂轮修整较复杂，磨齿时砂轮磨损不均匀会降低齿形精度，加上机床分度精度的影响，它的加工精度较低，所以在实际生产中应用较少，展成法磨齿应用较多。

② 展成法磨齿。按展成法磨齿时，将砂轮的工作面修磨成锥面以构成假想齿条的齿面，加工时砂轮以高速旋转为主运动，同时沿零件轴向作往复进给运动。砂轮与零件间通过机床传动链保持着一对齿轮啮合运动关系，磨好一齿后由机床自动分度再磨下一个齿，直至磨完

全部齿面。假想齿条的齿面可由两个碟形砂轮工作面来构成，如图 5-39 所示，也可由一个锥形砂轮的两侧工作面构成，如图 5-40 所示。为了提高磨齿的生产效率，可以采用蜗杆形砂轮磨齿(图 5-41)，其加工原理与滚齿类似。由于连续分度以及很高的砂轮转速，所以生产率很高。但是，蜗杆形砂轮修整较困难。

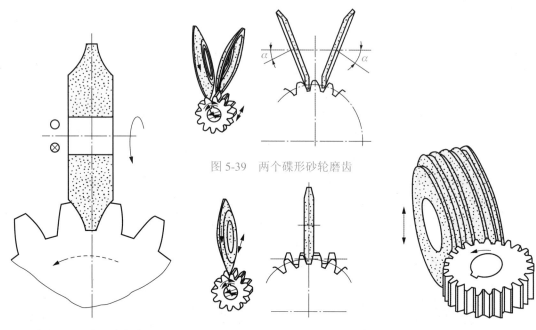

图 5-38　成形法磨齿　　　　　　图 5-39　两个碟形砂轮磨齿

图 5-40　锥形砂轮磨齿　　　　图 5-41　蜗杆形砂轮磨齿

　　磨齿工序修正误差的能力强，在一般条件下加工精度能达到 8～6 级精度，表面粗糙度值 Ra 可达 0.8～0.16μm。但生产率低，与剃齿形成了明显的对比，但磨齿可加工淬硬齿面，剃齿则不能。

　　磨齿是齿轮加工中加工精度最高、生产率最低的精加工方法，只是在齿轮精度要求特别高(5 级以上)，尤其是在淬火之后齿轮变形较大需要修整时才采用磨齿法加工。

5.5　切削加工工艺基础

　　在实际生产中，对有一定技术要求的机械零件的加工，通常不是单独在某一台机床上，用一种加工方法所能完成的，而是要经过一定的加工工艺过程才能制成。因此，应根据零件的结构形状、尺寸精度、形位精度、技术条件、生产批量和工厂的现有生产条件，对零件各加工表面选择适当的加工方法，合理地安排加工顺序，制定出合理的机械加工工艺过程，以保证零件的加工质量、提高生产率和降低成本。

5.5.1　机械加工工艺的基本知识

1．生产过程和工艺过程
1)生产过程
将原材料变为成品的全过程称为生产过程。机械产品的生产过程是产品设计、生产准备、制造和装配等一系列相互关联的劳动过程的总和。它包括原材料采购、运输和保管、生产技术准备、毛坯制造、零件加工和热处理、产品装配、调试、检验、油漆和包装等。

根据机械产品复杂程度的不同，工厂的生产过程又可按车间分为若干车间的生产过程。某一车间的原材料或半成品可能是另一车间的成品；而它的成品又可能是其他车间的原材料或半成品。例如，锻造车间的成品是机械加工车间的原材料或半成品，机械加工车间的成品又是装配车间的原材料或半成品等。

2）工艺过程

在生产过程中，直接改变生产对象的形状、尺寸、相对位置及性质，使之变为成品的全过程称为工艺过程。工艺过程是生产过程中最重要的部分，它包括铸造、锻造、冲压、焊接、铆接、机械加工、热处理、电镀、涂装和装配等工艺过程。

机械加工工艺过程是利用切削加工、磨削加工、电加工、超声波加工、电子束及离子束加工等机械、电的加工方法，直接改变毛坯的形状、尺寸、相对位置和性能等，使其转变为合格零件的过程。把零件装配成部件或成品并达到装配要求的过程称为装配工艺过程。机械加工工艺过程直接决定零件和产品的质量，对产品的成本和生产周期都有较大的影响，是机械产品整个工艺过程的主要组成部分。

例如，铸造生产过程中有铸造工艺过程，此外还有锻造工艺过程、焊接工艺过程、热处理工艺过程及装配工艺过程等。

3）机械加工工艺过程的组成

利用机械加工的方法，直接改变毛坯形状、尺寸和表面质量，使其变为机械零件的过程，称为机械加工工艺过程。机械加工工艺过程是由一个或若干个顺次排列的工序组成。

由一个（或一组）工人，在一台机床（工作地）上，对一个（或同时对几个）工件所连续完成的那一部分工艺过程称为工序。区别工序的主要依据是工作地（或设备）是否变动，若有变动则构成了另一道工序。

图 5-42 所示为阶梯轴，当零件加工数量较少时，则可以用三道工序完成加工。即

Ⅰ：车端面→打顶尖孔→车全部外圆→切槽→倒角；

Ⅱ：划键槽加工线→铣键槽→去毛刺；

Ⅲ：磨外圆。

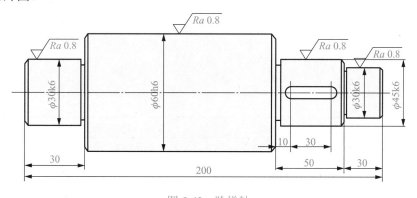

图 5-42　阶梯轴

当零件加工数量较大时，则需采用六道工序来完成加工。即Ⅰ：车端面→打顶尖孔；Ⅱ：车外圆→切槽→倒角；Ⅲ：划键槽加工线；Ⅳ：铣键槽；Ⅴ：去毛刺；Ⅵ：磨各外圆。

2．生产纲领和生产类型

1）生产纲领

生产纲领是指企业在计划期内应当生产的产品产量和进度计划。计划期为一年的生产纲领称为年生产纲领，机器产品中某零件的年生产纲领应将备品和废品也计入在内，并可按式（5-16）计算：

$$N=Qn(1+\alpha)(1+\beta) \tag{5-16}$$

式中，N 为零件的年生产纲领，件/年；Q 为产品的年产量，台/年；n 为每台产品中包括的该零件的数量，件/台；α 为零件的备品率；β 为零件的废品率。

2）生产类型

根据零件的生产纲领可以划分出不同的生产类型即企业（或车间、工段、班组、工作地）生产专业化程度的分类。一般分为单件生产、成批生产和大量生产。

（1）单件生产：单个地制造某一种零件，很少重复，甚至完全不重复的生产，称为单件生产。例如，重型机器制造厂以及试制和机修车间的生产，通常都是单件生产。

（2）成批生产：成批地制造相同的零件，每隔一定时间又重复进行的生产，称为成批生产。每批所制造的相同零件的数量，称为批量。根据批量的大小和产品的特征，成批生产又可分为小批生产、中批生产和大批生产。

（3）大量生产：当同一产品的制造数量很多，在大多数工作地点，经常重复地进行一种零件某一工序的生产，称为大量生产。例如，汽车制造厂、轴承厂等的生产，通常都属于大量生产。

在一定的范围内，各种生产类型之间并没有十分严格的界限。小批生产的工艺特征接近单件生产，常将两者合称为单件小批生产。大批生产的工艺特征接近于大量生产常合称为大批大量生产。而成批生产仅指中批生产。一般机床制造厂大多属于成批生产。生产批量不同时，采用的工艺过程也有所不同。一般对单件小批生产，只要制定一个简单的工艺路线；对大批大量生产，则应制定一个详细的工艺规程，对每个工序、工步和工作过程都要进行设计和优化，并在生产中严格遵照执行。详细的工艺规程，是工艺装备设计制造的依据。

按年生产纲领划分生产类型，见表5-8。

表 5-8　不同产品生产类型的划分

生产类型	工作地点每月担负的工序数	产品年产量(台、件、种)		
		重　型（单个零件质量大于2000kg）	中　型（单个零件质量在 100～2000kg）	小　型（单个零件质量小于 100kg）
单件生产	不作规定	<5	<20	<100
小批生产	>20～40	5～100	20～200	100～500
中批生产	>10～20	100～300	200～500	500～5000
大批生产	>1～10	300～1000	500～5000	5000～50000
大量生产	1	>1000	>5000	>50000

在拟定零件的工艺过程时，由于生产类型不同，所采用的加工方法、机床设备、工夹量具、毛坯以及对工人的技术要求等都有很大不同。各种生产类型的工艺特征见表5-9。

表 5-9　各种生产类型的工艺特征

项目 工艺特点 批量	单件生产	批量生产	大量生产
加工对象	经常变换	周期性变换	固定不变
工艺规程	简单的工艺路线卡	有比较详细的工艺规程	有详细的工艺规程
毛坯的制造方法及加工余量	木模手工造型或自由锻,毛坯精度低,加工余量大	金属模造型或模锻,毛坯精度与余量中等	广泛采用模锻或金属模机器造型,毛坯精度高、余量少
机床设备	采用通用机床,部分采用数控机床。按机床种类及大小采用"机群式"排列	通用机床及部分高生产率机床。按加工零件类别分工段排列	专用机床、自动机床及自动线,按流水线形式排列
夹具	多用标准附件,极少采用夹具,靠划线及试切法达到精度要求	广泛采用夹具和组合夹具,部分靠加工中心一次安装	采用高效率专用夹具,靠夹具及调整法达到精度要求
刀具与量具	通用刀具和万能量具	较多采用专用刀具及专用量具	采用高生产率刀具和量具,自动测量
对工人的要求	技术熟练的工人	一定熟练程度的工人	对操作工人的技术要求较低,对调整工人技术要求较高
零件的互换性	一般是配对生产,无互换性,主要靠钳工修配	多数互换,少数用钳工修配	全部具有互换性,对装配要求较高的配合件,采用分组选配装配
成本	高	中	低
生产率	低	中	高

3. 零件的安装与夹具

1)零件的安装方法

在进行机械加工时,必须把工件放在机床上,使它在夹紧之前就占有一个正确的位置,称为定位。在加工过程中,为了使工件能承受切削力,并保持其正确的位置,还必须把它压紧或夹牢,称为夹紧。从定位到夹紧的整个过程,称为安装。安装得正确与否,直接影响加工精度;安装是否方便和迅速,直接影响辅助时间的长短。因此,工件的安装直接影响零件加工的经济性、质量和生产效率。工件的安装方法有以下两种。

(1)找正安装法:是一种通过找正来进行定位,然后予以夹紧的装夹方法。工件的找正有以下两种方法。

① 直接找正:是用划针、直尺、千分表等对工件被加工表面进行找正,以保证这些表面与机床工作台支撑面间有正确的相对位置关系的方法。例如,在磨床上磨削一个与外圆表面有同轴度要求的内孔时,加工前将工件装在卡盘上,用百分表直接找正外圆表面,即可获得工件的正确位置。又如,在牛头刨床上加工一个同工件底面及侧面有平行度要求的槽时,用百分表找正工件的右侧面,即可使工件获得正确的位置。

② 按划线找正:是在工件定位之前先在毛坯上按照零件图划出中心线、对称线和各待加工表面的加工线,然后将工件装在机床上,按照工件上划出的线进行找正的方法。划线时要求,一是使工件各表面都有足够的加工余量;二是使工件加工表面与不加工表面保持正确的相对位置关系;三是使工件找正定位迅速方便。

(2)夹具安装法:是通过夹具上的定位元件与工件上的定位基面相接触或相配合,使工件能被方便迅速地定位,然后进行夹紧的方法。这种方法装夹快捷、定位精度稳定,广泛用于

视频

视频

成批生产和大量生产。

2）机床夹具

所谓机床夹具就是在机床上用于准确快捷地确定零件和刀具以及机床之间的相对加工位置，并把零件可靠夹紧的工艺装备。机床夹具是用来安装零件的机床附加装置，其功用是保证零件各加工表面间的相互位置精度，以保证产品质量，提高劳动生产率和降低成本，扩大机床的加工范围以及减轻工人的劳动强度，保证生产安全。

（1）机床夹具的分类：机床夹具分类的方法很多，按照通用程度可分为以下几种。

① 通用夹具。指已标准化了的，在一定范围内可用来加工不同工件的夹具。例如，三爪或四爪卡盘、圆形回转工作台、万能分度头、电磁吸盘、机用台虎钳等。这些夹具常作为机床附件使用，适用于任何生产类型，特别是单件、小批量生产，应用更为广泛。这类夹具一般是由专门工厂制造。

② 专用夹具。指专为某一工件的加工而专门设计制造的夹具。这类夹具能保证工件的加工精度，提高生产率。但是这类夹具的设计周期长、成本高，所以只适用于大批大量生产。对于生产批量为中等时，应全面核算其经济效益，从而决定是否采用专用夹具。

③ 通用可调夹具和成组夹具。指通过调整或更换个别元件后，可以加工形状相似、尺寸相近、加工工艺相似的多种工件。在当前多品种变批量生产的条件下，更显示出这两类夹具的优势。因此，这两类夹具是改革工装设计的一个发展方向。

④ 组合夹具。指用事先准备好的通用标准元件和部件组合而成的夹具。用完之后可以将这类夹具拆卸下来，更换元、部件组装成新夹具，供再次使用。这种夹具具有组装迅速、准备周期短、能反复使用等优点，被广泛用于多品种、小批量生产，特别是新产品试制尤为适用。

根据夹具使用的机床不同，上述各类夹具又可分为车床夹具、铣床夹具、钻床夹具、镗床夹具、齿轮机床夹具和其他机床夹具等类型。

若按夹紧力的来源不同，还可分为手动夹具、气动夹具、液压夹具、电磁和电动夹具等类型。

（2）机床夹具的组成：对于各类机床，其夹具结构也是千差万别，但就其组成元件的基本功能来看，都有几个共同的部分，以图 5-43 所示的钻床夹具为例，说明夹具的组成部分。

视频

① 定位元件。用来保证工件在夹具中处于正确位置的元件。与定位元件相接触的零件表面称为定位表面。图 5-43 所示的定位销就是定位元件。

② 夹紧元件。保持工件在加工过程中不因受外力作用而改变其正确位置的元件。如图 5-43 所示的螺母、开口垫圈。

③ 导向元件。用于保证刀具进入正确加工位置的夹具元件，如图 5-43 所示的快换钻套。对于钻头、扩孔钻、铰刀、镗刀等孔加工刀具用钻套作为导向元件，对于铣刀、刨刀等需用对刀块进行对刀。

④ 夹具体。用于连接夹具上各元件及装置，使其成为一个整体的基础件，并通过它与机床有关部位连接，以确定夹具相对于机床的位置，如图 5-43 所示的夹具体。

根据加工零件的要求，以及所选用的机床不同，有些夹具上还有分度机构、导向键、平衡块和操作件等。对于铣床、镗床夹具还有定位键与工作台上的 T 形槽配合进行定位，然后用螺钉固定。

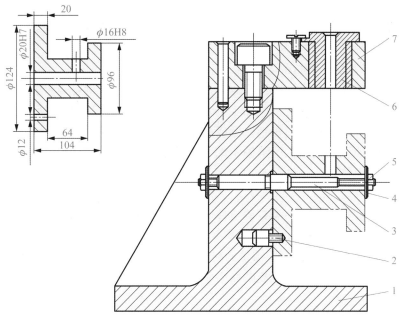

1-夹具体；2-定位销；3-销轴；4-开口垫圈；5-螺母；6-快换钻套；7-钻模板

图 5-43　钻床夹具

5.5.2　零件机械加工工艺的制定

工艺过程设计是机械制造技术的基本内容之一。在实际生产中，机械产品都要经一定的工艺过程才能完成。解决各种工艺问题的方法和手段都要通过工艺过程设计来体现。因此，工艺过程设计与生产实际有着密切的联系。

制定零件机械加工工艺过程时，必须掌握下列原始资料：产品的装配图和零件图，生产类型，毛坯和半成品情况，以及本厂(车间)的生产条件，如机床设备、工艺装备和工人技术水平的状况等。

制定零件机械加工工艺过程的主要内容和步骤是：①分析产品装配图和零件图，对零件进行工艺分析，形成拟定工艺规程的总体思路；②选择毛坯材料，确定毛坯的制造方法及加工余量；③选定定位基准；④拟定工艺路线，划定加工阶段；⑤编制工艺文件。

1. 零件加工工艺分析

审查零件图，对零件进行工艺分析，首先要结合产品的装配图，了解零件在机器中的位置、工作条件和作用，明确其加工精度和技术要求对装配质量与使用性能的影响；然后从加工制造的角度对零件进行工艺分析。

(1)检查零件图样是否完整和正确：如检查图样上的视图是否足够、正确，所标注的尺寸、公差、粗糙度和技术要求等是否齐全、合理。另外，要分析零件主要表面的精度、表面质量和技术要求等在现有的生产条件下能否达到，以便采取适当的措施。

(2)审查零件材料的选择是否恰当：零件材料的选择应立足于国内，尽量采用我国资源丰富的材料，不要轻易地选用贵重材料。另外，还要分析所选的材料会不会使工艺变得困难和复杂。

(3)审查零件结构的工艺性：零件的结构是否符合工艺性一般原则的要求，现有生产条件能否经济地、高效地、合格地加工出来。

如果发现有问题，应与有关设计人员共同研究，按规定程序对原图纸进行必要的修改与补充。

2. 毛坯的选择及加工余量的确定

毛坯是根据零件所要求的材料、形状和工艺尺寸等制成的，供进一步加工用的生产对象。毛坯种类、形状、尺寸及精度对机械加工工艺过程、产品质量、材料消耗和产品成本有着直接影响。显然，毛坯的尺寸和形状越接近成品零件，机械加工的劳动量就越少，但是毛坯的制造成本就越高。所以应根据生产纲领，综合考虑毛坯制造和机械加工的费用来确定毛坯，以取得最好的经济效益。

1）确定毛坯种类

机械产品和零件常用毛坯种类有铸造件、锻压件、焊接件、粉末冶金件和工程塑料等。选用时应考虑下列因素。

(1)零件的材料及其力学性能：零件的材料大致确定了毛坯的种类。例如，铸铁和青铜零件用铸造毛坯；钢质零件当形状不复杂而力学性能要求不高时常用棒料，力学性能要求高时宜用锻件。

(2)零件的结构形状和外形尺寸：如阶梯轴零件各台阶直径相差不大时可采用棒料，相差较大时宜用锻件；外形尺寸大的零件一般用自由锻件或砂型铸造毛坯，中小型零件可用模锻件或特种铸造毛坯。

(3)生产类型：大批大量生产应采用精度和生产率都比较高的毛坯制造方法，铸件应采用金属模机器造型，锻件应采用模锻或精密锻件。单件小批生产则应采用木模手工造型铸件或自由锻造锻件。

(4)毛坯车间的生产条件：必须结合现有生产条件来确定毛坯，也应考虑到毛坯车间的近期发展情况以及是否可由专业化工厂提供毛坯。

(5)利用新工艺、新技术、新材料的可能性：如采用精密铸造、精锻、冷轧、冷挤压、粉末冶金、异型钢材及工程塑料等的可能性。

具体确定毛坯种类时，可参考表5-10。

2）确定毛坯形状与尺寸

毛坯的形状和尺寸尽可能接近零件，从而实现少屑或无屑加工，以利于节约材料和减少机械加工工作量。但由于现有毛坯制造技术及成本的限制，以及机电产品性能对零件加工精度和表面质量的要求越来越高，故毛坯的某些表面需留有一定的加工余量，以便通过机械加工达到零件的技术要求。毛坯制造尺寸与零件图样尺寸的差值称为毛坯加工余量，毛坯制造尺寸的公差称为毛坯公差，二者都与毛坯的制造方法有关，其值可参阅有关的工艺手册选取。确定毛坯的尺寸形状同时还要考虑下列因素。

(1)是否需要制出工艺凸台以利于工件的装夹。

(2)是一个零件制成一个毛坯还是几个零件合制成一个毛坯。

(3)哪些表面不要求制出，如孔、槽、凹坑等。

3）加工余量的确定

(1)加工余量的概念：毛坯经过机械加工最终达到零件图的设计尺寸，从加工表面上切除的金属层总厚度，即毛坯尺寸与零件图的设计尺寸之差称为加工总余量，也称毛坯余量。在某工序中切除的金属层厚度，即相邻两工序的尺寸之差称为工序余量。加工总余量是各工序余量之和。

表 5-10　机械制造常用毛坯种类及特点

毛坯种类	毛坯制造方法	材　料	形状复杂性	公差等级 (IT)	特点及适应的生产类型
型材	热轧	钢、有色金属 (棒、管、板)	简单	11～12	常用作轴、套类零件及焊接毛坯,冷轧坯尺寸精度高但价格贵,多用于自动机
	冷轧(拉)			9～10	
铸件	木模手工造型	铸铁、铸钢和有色金属	复杂	12～14	单件小批生产
	木模机器造型			12	成批生产
	金属模机器造型			12	大批大量生产
	离心铸造	有色金属、部分黑色金属	回转体	12～14	成批或大批大量生产
	压铸	有色金属	较复杂	9～10	大批大量生产
	熔模铸造	铸钢、铸铁	复杂	10～11	成批或大批大量生产
	失蜡铸造	铸铁、有色金属		9～10	大批大量生产
锻件	自由锻造	钢	简单	12～14	单件小批生产
	模锻		较复杂	11～12	大批大量生产
	精密模锻			10～11	
冲压件	板料冲压	钢、有色金属	较复杂	8～9	适用于大批大量生产
粉末冶金件	粉末冶金	铁、钢、铝基材料	较复杂	7～8	机械加工余量极小或无机械加工量,适用于大批大量生产
	粉末冶金热模锻			6～7	
焊接件	普通焊接	铁、钢、铝基材料	较复杂	12～13	用于单件小批或成批生产,因其生产周期短、不需准备模具、刚性好及材料省而常用以代替铸件
	精密焊接			10～11	
工程塑料件	注射成形	工程塑料	复杂	9～10	适用于大批大量生产

注:铸件栏右侧备注——铸造毛坯可获得复杂形状,其中灰铸铁因其成本低廉、耐磨性和吸振性好而广泛用作机架、箱体类零件毛坯;锻件栏右侧备注——金相组织纤维化且走向合理、零件力学性能高。

在工件上留加工余量的目的是切除上一道工序所留下来的加工误差和表面缺陷,如铸件表面的硬质层、气孔、夹砂层,锻件及热处理件表面的氧化皮、脱碳层、表面裂纹,切削加工后的内应力层和表面粗糙度等,以保证获得所需要的精度和表面质量。

(2)工序余量的确定:毛坯上所留的加工余量不应过大或过小。过大,则费料、费工、增加工具的消耗,有时还不能保留工件最耐磨的表面层。过小,则不能保证切去工件表面的缺陷层,不能纠正上一道工序的加工误差,有时还会使刀具在不利的条件下切削,加剧刀具的磨损。

加工余量的大小对零件的加工质量、生产率和经济性都有较大的影响。确定加工余量的基本原则是在保证加工质量的前提下,尽量减少加工余量。由于各工序的加工要求和条件不同,余量的大小也不一样。一般说来,越是精加工,工序余量越小。

目前,确定加工余量的方法有如下三种。

① 经验估计法。工艺人员根据经验视具体情况确定加工余量。为确保余量足够,估计值偏大。此法多用于单件小批生产中。

② 查表修正法。该法是以工厂生产实际和工艺实验积累的有关加工余量的资料数据为基

础，并结合实际情况进行适当修正来确定加工余量，此方法应用很普遍。

③ 分析计算法。这是根据一定的实验资料，对影响加工余量的各项因素进行分析和计算来确定加工余量的方法。不同的加工情况，有不同的计算形式。用计算法确定加工余量是合理的和经济的，但目前计算所需数据资料并不齐全可靠，实际应用较少。

4）绘制毛坯-零件综合图

毛坯-零件综合图主要反映毛坯的结构特征和技术条件。

3. 定位基准的选择

定位基准的选择直接影响零件的加工精度能否保证、加工顺序的安排以及夹具结构的复杂程度等，所以它是制定工艺规程中的一个十分重要的问题。

1）基准的基本概念

基准就是零件上用来确定其他点、线或面位置的点、线或面等几何要素。根据功用的不同，基准可以分为设计基准和工艺基准两大类。

(1) 设计基准：设计者在设计零件时，根据零件在装配结构中的装配关系以及零件本身结构要素之间的相互位置关系，确定标注尺寸（或角度）的起始位置。这些尺寸（或角度）的起始位置称为设计基准。简言之，设计图样上所采用的基准就是设计基准。如图 5-44 所示的 3 个零件，在图 5-44(a) 中，平面 A 与平面 B 互为设计基准，即对于 A 平面，B 是它的设计基准，对于 B 平面，A 是它的设计基准；在图 5-44(b) 中，C 是 D 平面的设计基准；在图 5-44(c) 中，虽然尺寸 ϕE 与 ϕF 之间没有直接的联系，但它们有同轴度的要求，因此，ϕE 的轴线是 ϕF 设计基准。

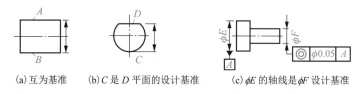

(a) 互为基准　　(b) C 是 D 平面的设计基准　　(c) ϕE 的轴线是 ϕF 设计基准

图 5-44　设计基准

(2) 工艺基准：零件在加工、测量和装配过程中所使用的基准称为工艺基准。它又可分为定位基准、工序基准、测量基准和装配基准。

① 定位基准：是指零件在加工过程中，用于确定零件在机床或夹具上的位置的基准。它是零件上与夹具定位元件直接接触的点、线或面。图 5-45 所示精车齿轮的大外圆时，为了保证它们对孔轴线 A 的圆跳动要求，零件以精加工后的孔定位安装在锥度心轴上，孔的轴线 A 为定位基准。在零件制造过程中，定位基准很重要。

定位基准还可以进一步分为粗基准、精基准及辅助基准。零件上根据机械加工工艺需要而专门设计的定位基准，称为辅助基准。例如，轴类零件常用顶尖孔定位，顶尖孔就是专为机械加工工艺而设计的定位基准。

② 工序基准：在工序图上用来确定本工序所加工表面加工后的尺寸、形状、位置的基准，称为工序基准。在设计工序基准时，主要应考虑以下三个方面的问题。

首先，考虑用设计基准作为工序基准。

其次，所选工序基准应尽可能用于工件的定位、工序尺寸的检验。

最后，当采用设计基准为工序基准有困难时，可另选工序基准，但必须可靠地保证零件设计尺寸的技术要求。

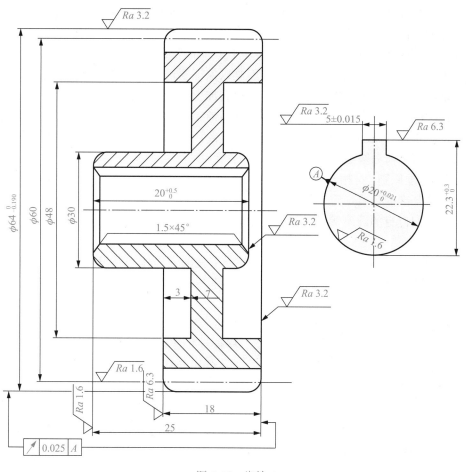

图 5-45　齿轮

③ 测量基准：是测量已加工表面的尺寸及各表面之间位置精度的基准，主要用于零件的检验。

④ 装配基准：是指机器装配时用以确定零件或部件在机器中正确位置的基准。

2）定位基准的选择

在零件的加工过程中，定位基准的选择，直接影响加工质量。在起始工序中，零件的定位只能以毛坯上未经过加工的表面作定位基准，这种表面称为粗基准。经过机械加工的表面作定位基准，这种表面称为精基准。在制定工艺规程时，总是先考虑选择怎样的精基准，把各个表面加工出来，然后考虑选择怎样的粗基准把精基准的各基面加工出来。

（1）精基准的选择：精基准的选择主要考虑如何保证零件加工精度和安装准确、方便，一般遵循下列原则。

① 基准重合原则。应尽量选用零件上的设计基准作为定位基准，这样可以减少因基准不重合而产生的定位误差。

② 基准统一原则。应尽可能使多个表面加工时都采用统一的定位基准，采用基准统一原则可以避免基准转换所产生的误差，并可使各工序所用夹具的某些结构相同或相似，简化夹具的设计和制造。有些工件可能找不到合适的表面作为统一基准，必要时可在工件上增设一组定位用的表面，这种为满足工艺需要，在工件上专门设计的定位面称为辅助基准。常见的

辅助基准有轴类零件两端的中心孔，箱体零件一面两孔定位中的两个定位销孔，工艺凸台和活塞类工件的内止口等。

③ 自为基准原则。有些精加工或光整加工工序的余量很小，而且要求加工时余量均匀，如以其他表面为精基准，因定位误差过大而难以保证要求，加工时则应尽量选择加工表面自身作为精基准。遵循自为基准原则时，不能提高加工面的位置精度，只能提高加工面本身的精度，而该表面与其他表面之间的位置精度则由前工序保证。例如，在导轨磨床上磨削床身导轨面时，就是以导轨面本身为基准来找正定位的。又如浮动铰孔、浮动镗孔、无心磨床磨外圆及珩磨等都是自为基准的例子。

④ 互为基准原则。对相互位置精度要求高的表面，可以采用互为基准、反复加工的方法，不断提高定位基准的精度，进而达到高的加工要求。如车床主轴的主轴颈表面与前端锥孔的同轴度以及它们自身的圆度等要求很高，常以主轴颈表面和锥孔表面互为基准反复加工来达到要求。

⑤ 可靠、方便原则。应选定位可靠、装夹方便的表面作为基准。为此，主要的定位基面应有足够大的面积。对外形不规则的某些铸件，必要时可在毛坯上增设工艺凸台作为辅助基准。

(2) 粗基准的选择：零件加工是由毛坯开始的，粗基准是必须采用的。粗基准的选择，主要考虑如何合理分配各加工表面的余量及怎样保证加工面与不加工面的尺寸及相互位置要求。这两个要求常常是不能兼顾的，因此，选择粗基准时应首先明确哪个要求是主要的。一般按下列原则来选择粗基准。

① 若零件上具有不加工的表面，为了保证不加工表面与加工表面之间的相对位置要求，则应选择不需要加工的表面作为粗基准。若零件上有多个不加工表面，要选择其中与加工表面的位置精度要求较高的表面作为粗基准。如图 5-46 所示，以不加工的外圆表面作为粗基准，可以在一次装夹中把大部分要加工的表面加工出来，并保证各表面间的位置精度。

② 若必须保证零件某重要表面的加工余量均匀，则应以该表面为粗基准。图 5-47 机床导轨的加工，在铸造时，导轨面向下放置，使其表层金属组织细致均匀，没有缩孔，达到较高的铸造质量。因此，先以导轨面为粗基准加工床脚平面，然后以床脚平面为精基准加工导轨面。

③ 若零件上每个表面都需要机械加工，为保证各表面都有足够的余量，应选加工余量最小的表面为粗基准。

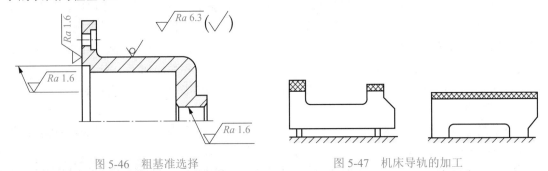

图 5-46　粗基准选择　　　　　　图 5-47　机床导轨的加工

④ 选作粗基准的表面应尽可能平整、光洁和有足够大的尺寸，以及没有飞边、浇口、冒口或其他缺陷。

⑤ 粗基准一般只能用一次，因为粗基准是毛坯表面，在两次以上的安装中重复使用同一

粗基准，则这两次装夹所加工的表面之间会产生较大的位置误差。

上述粗基准选择原则，每条只说明一个方面的问题，实际应用时常会相互矛盾，使用时要全面考虑，灵活应用，保证主要方面的要求。

4. 工艺路线的拟定

工艺路线的拟定是制定工艺规程的关键，主要任务是选择各个表面的加工方法和加工方案，确定各个表面的加工顺序以及工序集中与分散的程度，合理选用机床和刀具，确定所用夹具的大致结构等。关于工艺路线的拟定，经过长期的生产实践已总结出一些带有普遍性的工艺设计原则，但在具体拟定时，还应注意根据生产实际灵活应用。

1) 表面加工方法的选择

某一表面的加工方法的确定，主要由该表面所要求的加工精度和表面粗糙度来确定。通常是根据零件图上给定的某表面的加工要求，按经济加工精度确定应使用的最终加工方法，如果该方法是精密加工方法，则不能直接用该方法由毛坯一次加工完成，而应在最后一道加工工序之前先采用成本较低、效率较高的方法进行加工。这时则要根据准备加工应具有的加工精度，按经济加工精度确定倒数第二次表面加工的方法，照此办法，可由最终加工反推至第一次加工，而形成一个获得该加工表面的加工方案。

一般来说，得到同等精度和表面粗糙度的加工方法是多种多样的，在实际选择中，要根据零件的结构形状、尺寸大小、工件材料和热处理等因素综合加以考虑。但在大批大量生产中，应采用高效率的加工方法。

2) 加工阶段的划分

(1) 划分方法：零件的加工质量要求较高时，都应划分加工阶段。一般划分为粗加工、半精加工和精加工三个阶段。如果零件要求的精度特别高，表面粗糙度值很小时，应还增加光整加工和超精密加工阶段。

① 粗加工阶段。主要任务是切除毛坯上各加工表面的大部分余量，使毛坯在形状和尺寸上接近零件成品。因此，应采取措施尽可能提高生产率。同时要为半精加工阶段提供精基准，并留有充分均匀的加工余量，为后续工序创造有利条件。

② 半精加工阶段。主要任务是达到一定的精度要求，并保留有一定的加工余量，为主要表面的精加工做好准备。同时完成一些次要表面的加工(如紧固孔的钻削、攻螺纹、铣键槽等)。

③ 精加工阶段。主要任务是保证零件各主要表面达到图样规定的技术要求。

④ 光整加工阶段。对精度要求很高(IT6 以上)、表面粗糙度值很小(小于 $Ra0.2\mu m$)的零件，需要安排光整加工阶段。其主要任务是减少表面粗糙度或进一步提高尺寸精度和形状精度。

(2) 划分加工阶段的目的。

① 可保证加工质量。因为粗加工切除的余量大，切削力、夹紧力和切削热都较大，致使工件产生较大的变形。同时，加工表面被切除一层金属后，内应力要重新分布，也会使工件变形。如果不划分加工阶段，则安排在前面的精加工工序的加工效果，必然会被后续的粗加工工序所破坏。而划分加工阶段，则粗加工造成的误差可通过半精加工和精加工予以消除。另外，各加工阶段之间的时间间隔有自然时效的作用，有利于使工件消除内应力和充分变形，以便在后续工序中修正。

② 可合理使用机床。粗加工采用功率大、一般精度的高效率设备，精加工可采用精度较

高的机床，有利于发挥设备的效能，保持高精度机床的工作精度。

③ 及时发现缺陷。粗加工阶段可发现毛坯缺陷，及时报废或修补。

④ 可适应热处理的需要。为了便于穿插必要的热处理工序，并使它发挥充分的效果，就自然而然地将加工过程划分成几个阶段。例如，精密主轴加工，在粗加工后进行时效处理；在半精加工后进行淬火；在精加工后进行低温回火；最后进行光整加工。

⑤ 减少表面损害。表面精加工安排在最后，可使这些表面少受或不受损害。

应当指出：加工阶段的划分不是绝对的。对于刚性好、余量小、加工要求不高或应力影响不大的工件，可以不划分加工阶段。

3) 工序的集中和分散

当把零件各表面加工工步排列成先后顺序之后，还要考虑这一序列中哪几个相邻工步可以合并为一个工序，哪些工步可以单独为一个工序，使得该序列成为以工序为单位排列的工艺过程，这就是工序的组合。工序的组合有两种不同的原则，即工序集中与工序分散。

(1)工序集中：工序集中是指零件的加工集中在少数几个工序中完成，每个工序所包含的加工内容较多。其特点是一次安装可完成工件多个表面的加工，这有利于保证加工表面之间的位置精度和采用高效的专用设备及工艺装备，减少装卸工件的辅助时间，减少设备数量，简化生产组织工作，但设备和工艺装备投资大。

(2)工序分散：工序分散是指整个工艺过程工序数目多，每个工序的加工内容比较少。其特点是机床和工艺装备比较简单，调整方便，设备操作简单，可以选用最合理的切削用量，减少基本时间，设备和工艺装备投资少，但设备数量多，加工中辅助时间增加。

工序集中和分散，特点不同，要根据生产类型、零件结构特点和技术要求、机床设备等条件进行综合分析，来决定按照哪一种原则安排工艺过程。在单件小批生产中，一般采用工序集中的原则。在大批大量生产中，既可采用多刀、多轴高效率自动化机床将工序集中，也可将工序分散后组织流水生产。

4) 加工工序的安排

(1)机械加工工序的安排：机械加工工序的安排应遵循以下原则。

① 基准先行。零件加工一般多从精基准的加工开始，再以精基准定位加工其他表面。因此，选作精基准的表面应安排在工艺过程起始工序进行加工，以便为后续工序提供精基准。例如，轴类零件先加工两端中心孔，然后再以中心孔作为精基准，粗、精加工所有外圆表面；齿轮加工则先加工内孔及基准端面，再以内孔及端面作为精基准，粗、精加工齿形表面。

② 先粗后精。精基准加工好以后，整个零件的加工工序，应是粗加工工序在前，相继为半精加工、精加工及光整加工。按先粗后精的原则先加工精度要求较高的主要表面，即先粗加工再半精加工各主要表面，最后再进行精加工和光整加工。在对重要表面精加工之前，有时需对精基准进行修整，以利于保证重要表面的加工精度，如对主轴进行高精密磨削，精密和超精密磨削前都需研磨中心孔；精密齿轮磨齿前，也要对内孔进行磨削加工。

③ 先主后次。根据零件的作用和技术要求，先将零件的主要表面和次要表面分开，然后先安排主要表面的加工，再把次要表面的加工工序插入其中。次要表面一般指键槽、螺纹孔、销孔等表面。这些表面一般都与主要表面有一定的相对位置要求，应以主要表面作为基准进行次要表面加工，所以次要表面的加工一般放在主要表面的半精加工以后、精加工以前一次加工结束。也有放在最后加工的，但此时应注意不要碰伤已加工好的主要表面。

④ 先面后孔。对于箱体、底座、支架等类零件，平面的轮廓尺寸较大，用它作为精基准加工孔，比较稳定可靠，也容易加工，有利于保证孔的精度。如果先加工孔，再以孔为基准加工平面，则比较困难，加工质量也受到影响。

(2)热处理工序的安排：热处理工序的安排应遵循以下原则。

① 预备热处理。包括退火、正火和调质等，以改善材料的切削性能和消除毛坯制造时的内应力为目的，一般安排在机械加工之前进行。

② 消除内应力热处理。包括人工时效、退火等，以消除粗加工后产生的内应力，安排在粗加工后进行。预备热处理还常与消除内应力热处理合并进行。

③ 调质处理。中碳钢和低合金钢经调质处理后其综合力学性能有明显提高。考虑材料的淬透性，一般安排在粗加工之后进行。

④ 最终热处理。包括淬火-回火、渗碳淬火和氮化处理等以提高零件的硬度和耐磨性，一般安排在半精加工之后、精加工之前，或安排在精加工之后、光整加工之前。

(3)辅助工序的安排：零件的检验、去毛刺、清洗、涂防锈油、静平衡或动平衡、打标记等称为辅助工序。其中检验工序对保证产品质量和及时发现废品并中止加工有重要作用，一般安排在粗加工全部结束、零件由一个车间转向另一个车间前后、重要工序前后、零件加工全部结束之后进行。忽视辅助工序将会给后续加工和装配工作带来困难。例如，钢件钻孔和铣削之后，一般要安排去毛刺；孔内键槽加工后，要安排槽口倒棱边的钳工工序等。

将热处理工序和辅助工序合理地安排在以工序为单位的机械加工工序序列之中，一个完整的机械加工工艺路线就形成了。

5. 工艺文件的编制

常用的工艺规程(工艺文件)有以下几种。

(1)机械加工工艺过程卡片(表 5-11)：工艺过程卡片主要列出零件加工所经过的工艺路线

表 5-11 **机械加工工艺过程卡片**

（厂名）	综合工艺过程卡片	产品名称及型号			零件名称		零件图号				
		材料	名称		毛坯	种类	零件质量/kg	毛重		第 页	
			牌号			尺寸		净重		共 页	
			性能		每料件数		每台件数		每批件数		
工序号	工序内容			加工车间	设备名称及编号		工艺装备名称及编号		技术等级	时间定额/min	
							夹具	刀具	量具		单件	准备-终结
更改内容											
编制		抄写			校对			批准			

（包括毛坯制造、机械加工、热处理等），是制定其他工艺文件的基础，也是生产技术准备、编制作业计划和组织生产的依据。由于这种卡片对各工序的说明不够具体，一般不能直接指导操作者操作，而多作为生产管理方面使用。在单件小批生产中，通常不编制其他较详细的工艺文件，只用它指导操作者操作。其格式见表5-11。

（2）机械加工工艺卡片（表5-12）：是以工序为单位详细说明具体的工序、工步的顺序和内容等整个工艺过程的工艺文件。它用来指导操作者操作和帮助管理人员及技术人员掌握零件加工过程，广泛用于成批生产的零件和小批生产的重要零件。其格式见表5-12。

表 5-12　机械加工工艺卡片

（厂名）	机械加工工艺卡片	产品名称及型号			零件名称		零件图号			
		材料	名称		毛坯	种类	零件质量/kg	毛重		第　页
			牌号			尺寸		净重		共　页
			性能		每料件数		每台件数		每批件数	

工序	安装	工步	工序内容	同时加工零件数	切削用量				设备名称及编号	工艺装备名称及编号			技术等级	工时定额/min	
					切削深度/mm	切削速度/(m/min)	每分钟转速或往返次数	进给量/(mm/min)或/(mm/双行程)		夹具	刀具	量具		单件	准备-终结

更改内容	

编制	抄写	校对	审核	批准

（3）机械加工工序卡片（表5-13）：是用来指导生产的一种详细的工艺文件。它详细地说明该工序中的每个工步的加工内容、工艺参数、操作要求、所用设备和工艺装备等。一般都有工序简图，注明该工序的加工表面和应达到的尺寸公差、形位公差和表面粗糙度值等。它主要用于大批大量生产。其格式见表5-13。

表 5-13　机械加工工序卡片

（厂名）	机械加工工序卡片	产品名称及型号	零件名称	零件图号	工序名称	工序号	第　页
							共　页
（工序简图）			车间	工段	材料名称	材料牌号	力学性能
（工序简图）			同时加工件数	每料件数	技术等级	单件时间/min	准备-终结时间/min
			设备名称	设备编号	夹具名称	夹具编号	冷却液
			更改内容				

工步号	工步内容	计算数据/mm			走刀次数	切削用量				工时定额/min			刀具量具及辅助工具				
		直径或长度	走刀长度	单边余量		切削深度/mm	进给量/(mm/r)或(mm/min)	每分钟转数或双行程数	切削速度/(m/min)	基本时间	辅助时间	布置工作地时间	工具号	名称	规格	编号	数量

编制		抄写		校对		审核		批准	

5.5.3　典型零件的加工工艺过程

1. 轴类零件

轴类零件的功用是支承传动零件（如齿轮、皮带轮等）、传递扭矩、承受载荷及保证装在轴上的零件（或刀具）有一定的回转精度。

轴类零件按结构形状可分为：光轴、空心轴、阶梯轴和异形轴（包括曲轴、凸轮轴、偏心轴、十字轴和花键轴等）几类。

轴类零件在结构上的共同特点是一般为回转体零件，长度大于直径，而且有内外圆柱面、圆锥面及螺纹、键槽、横向孔、沟槽等。

1）结构与技术条件分析

以卧式车床的主轴为例，其简图如图 5-48 所示。该零件是结构复杂的阶梯轴，有外圆柱面、内外圆锥面、贯通的长孔、花键及螺纹表面等，且精度要求较高。

主轴的主要加工表面有：前后支承轴颈 A 和 B，是主轴部件的装配基准，其制造精度直接影响主轴部件的回转精度；用于安装顶尖或工具锥柄的头部内锥孔，其制造精度直接影响机床精度；头部短锥面 C 和端面 D 是卡盘底座的定位基准，直接影响卡盘的定心精度；齿轮的装配表面和与压紧螺母相配合的螺纹等。其中，保证两支承轴颈本身的尺寸精度、形状精度、两支承轴颈间的同轴度、支承轴颈与其他表面的相互位置精度和表面粗糙度，是主轴加工的关键技术。

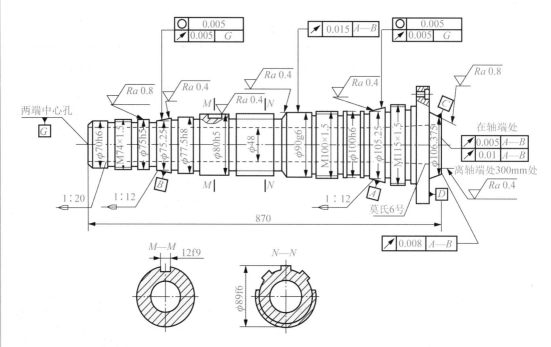

图 5-48   CA6140 型车床主轴

2）工艺过程分析

下面以卧式车床的主轴为例分析其加工工艺过程。给定条件是大批大量生产，材料为 45 钢，毛坯为模锻毛坯。其工艺过程见表 5-14。

① 定位基准面的加工。主轴的工艺过程一开始，就以外圆柱面作粗基准铣端面，打顶尖孔，为粗车外圆准备了定位基准，粗车外圆又为深孔加工准备了定位基准。为了给半精加工和精加工外圆准备定位基准，又要先加工好前后锥孔，以便安装锥堵。由于支承轴颈是磨锥孔的定位基准，所以终磨锥孔前需磨好轴颈表面。

② 加工阶段的划分。主轴是多阶梯通孔的零件，切除大量金属后会引起内应力重新分布而变形，为保证其加工精度，将加工过程划分为三个阶段。调质以前的工序为各主要表面的粗加工阶段，调质以后至表面淬火前的工序为半精加工阶段，表面淬火以后的工序为精加工阶段。要求较高的支承轴颈和莫氏 6 号锥孔的精加工，则放在最后进行。这样，整个主轴加工的工艺过程，是以主要表面（特别是支承轴颈）的粗加工、半精加工和精加工为主线，适当穿插其他表面的加工工序组成的。

③ 热处理工序的安排。主轴毛坯锻造后，首先进行正火处理，以消除锻造应力，改善金相组织结构，细化晶粒，降低硬度，改善切削性能。粗加工后，进行调质处理，以获得均匀细致的回火索氏体组织，使得在后续的表面淬火以后，硬化层致密且硬度由表面向中心降低。在精加工之前，对有关轴颈表面和莫氏 6 号锥孔进行表面淬火处理，以提高硬度和耐磨性。

④ 加工顺序的安排。为了保证零件的加工质量，合理使用设备，提高生产率和降低成本，需合理安排加工顺序。主轴的加工顺序是：备料—正火—切端面和钻顶尖孔—粗车—调质—半精车—精车—表面淬火—粗、精磨外圆表面—磨内锥孔。其特点如下：

深孔加工安排在调质和粗车之后进行，以便有一个较精确的轴颈作定位基准面，保证壁厚均匀。

表 5-14 　 CA6140 型车床主轴加工工艺过程

工序	工序名称	工序内容	设备及主要工艺装备
1	模锻	锻造毛坯	—
2	热处理	正火	—
3	铣端面，钻中心孔	铣端面，钻中心孔，控制总长 872mm	专用机床
4	粗车	粗车外圆、各部留量 2.5～3mm	仿形车床
5	热处理	调质	—
6	半精车	车大头各台阶面	卧式车床
7	半精车	车小头各部外圆，留余量 1.2～1.5mm	仿形车床
8	钻	钻 ϕ48mm 通孔	深孔钻床
9	车	车小头 1：20 锥孔及端面（配锥堵）	卧式车床
10	车	车大头莫氏 6 号孔、外短锥及端面（配锥堵）	卧式车床
11	钻	钻大端端面各孔	钻床
12	热处理	短锥及莫氏 6 号锥孔、ϕ75h5、ϕ90g6、ϕ100h6 进行高频淬火	—
13	精车	仿形精车各外圆，留余量 0.4～0.5mm，并切槽	数控车床
14	粗磨	粗磨 ϕ75h5、ϕ90g6、ϕ100h6 外圆	万能外圆磨床
15	粗磨	粗磨小头工艺内锥孔（重配锥堵）	内圆磨床
16	粗磨	粗磨大头莫氏 6 号内锥孔（重配锥堵）	内圆磨床
17	铣	粗精铣花键	花键铣床
18	铣	铣 12f9 键槽	铣床
19	车	车三处螺纹 M115×1.5、M100×1.5、M74×1.5	卧式车床
20	精磨	精磨外圆至尺寸	万能外圆磨床
21	精磨	精圆锥面及端面 D	专用组合磨床
22	精磨	精磨莫氏 6 号锥孔	主轴锥孔磨床
23	检验	按图样要求检验	—

先加工大直径外圆，后加工小直径外圆，避免一开始就降低工件刚度。

花键、键槽的加工放在精磨外圆之前进行，既保证了自身的尺寸要求，也避免了影响其他工序的加工质量。

螺纹对支承轴颈有一定的同轴度要求，安排在局部淬火之后进行加工，以避免淬火后的变形对其位置精度的影响。

⑤ 主轴锥孔的磨削。主轴锥孔对主轴支承轴颈的径向跳动，是机床的主要精度指标，因此锥孔的磨削是主轴加工的关键工序之一。

2. 箱体类零件

箱体是机器中箱体部件的基础零件，由它将有关轴、套和齿轮等零件组装在一起，使其保持正确的相互位置关系，彼此按照一定的传动关系协调运动。

箱体类零件的尺寸大小和结构形式随其用途不同有很大差别，但在结构上仍有共同的特点：构造比较复杂，箱壁较薄且不均匀，内部呈腔形，在箱壁上既有许多精度较高的轴承支承孔和平面，也有许多精度较低的紧固孔。箱体类零件需要加工的部位较多，加工的难度也较大。

以图 5-49 所示 CA6140 型车床主轴箱体为例，来分析箱体零件的加工工艺过程。

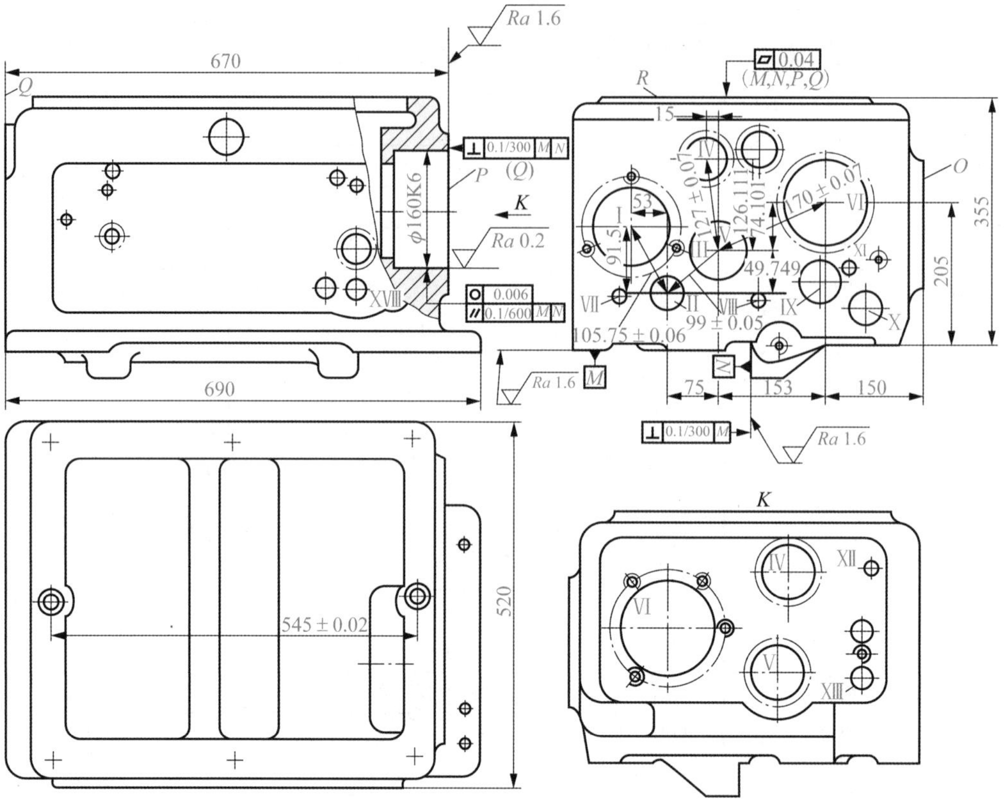

图 5-49　CA6140 型车床主轴箱体简图

1) 主要技术要求

(1) 支承孔本身的精度。在 CA6140 型车床主轴箱体上主轴孔的尺寸公差等级为 IT6，其余孔为 IT7～IT6；主轴孔的圆度为 0.006～0.008mm，其余孔的几何形状精度未作规定，一般控制在尺寸公差范围内即可；一般主轴孔的表面粗糙度值 $Ra=0.4\mu m$，其他轴承孔 $Ra=1.6\mu m$，孔的内端面 $Ra=3.2\mu m$。

(2) 孔与孔的相互位置精度。主轴轴承孔的同轴度为 0.012mm，其他支承孔的同轴度为 0.02mm。箱体类零件中有齿轮啮合关系的相邻孔系之间的平行度误差，会影响齿轮的啮合精度，工作时会产生噪声和振动，缩短齿轮的使用寿命，因此，要求较高的平行度，在 CA6140 型车床主轴箱体各支承孔轴心线平行度为 (0.04～0.06mm)/400mm。中心距之差为 ±(0.05～0.07)mm。

(3) 主要平面的精度。在 CA6140 型车床主轴箱体中平面度要求为 0.04mm，表面粗糙度值 $Ra=0.63～2.5\mu m$，而其他平面的 $Ra=2.5～10\mu m$。主要平面间的垂直度为 0.1/300mm。

(4) 支承孔与主要平面间的相互位置精度。在 CA6140 型车床主轴箱体中主轴孔对装配基准的平行度为 0.1/600mm。

箱体类零件最常用的材料是 HT200～400 灰铸铁，在航天航空、电动工具中也有采用铝和轻合金，当负荷较大时，可用 ZG200～400、ZG230～450 铸钢，在单件小批生产时，为缩短生产周期，也可采用焊接件。

2) 箱体类零件的加工工艺分析

箱体零件结构复杂，加工精度要求较高，尤其是主要孔的尺寸精度和位置精度。要确保箱体零件的加工质量，首先要正确选择加工基准。

(1) 在选择粗基准时，要求定位平面与各主要轴承孔有一定位置精度，以保证各轴承孔都有足够的加工余量，并要求与不加工的箱体内壁有一定位置精度以保证箱体的壁厚均匀、避免内部装配零件与箱体内壁互相干扰。

(2) 箱体类零件加工工艺过程的特点。箱体类零件的结构、功用和精度不同，加工方案也不同。大批量生产时，箱体零件的一般工艺路线为：粗、精加工定位平面→钻、铰两定位销孔→粗加工各主要平面→精加工各主要平面→粗加工轴承孔系→半精加工轴承孔系→各次要小平面的加工→各次要小孔的加工→重要表面的精加工(本工序视具体箱体零件而定)→轴承孔系的精加工→攻螺纹。

(3) 在加工箱体类零件时，一般按照先面后孔、先主后次的顺序加工。因为先加工平面，不仅为加工精度较高的支承孔提供了稳定可靠的精基准，还符合基准重合原则，有利于提高加工精度。加工平面或孔系时，也应遵循先主后次的原则，以先加工好的主要平面或主要孔作精基准，可以保证装夹可靠，调整各表面的加工余量较方便，有利于提高各表面的加工精度。当有与轴承孔相交的油孔时，应在轴承孔精加工之后钻出油孔以免先钻油孔造成断续切削，影响轴承孔的加工精度。

箱体类零件的结构一般较为复杂，壁厚不均匀，铸造残留内应力大。为消除内应力，减少箱体在使用过程中的变形以保持精度稳定，铸造后一般均需进行时效处理，对于精密机床的箱体或形状特别复杂的箱体，在粗加工后还要再安排一次人工时效，以促进铸造和粗加工造成的内应力释放。

箱体零件上各轴承孔之间，轴承孔与平面之间，具有一定的位置要求，工艺上将这些具有一定位置要求的一组孔称为"孔系"。孔系有平行孔系、同轴孔系、交叉孔系。孔系加工是箱体零件加工中最关键的工序。根据生产规模、生产条件以及加工要求的不同，可采用不同的加工方法。

CA6140 型车床主轴箱体的加工工艺见表 5-15，主轴箱装配基面和孔系的加工是其加工的核心与关键。

表 5-15　CA6140 主轴箱机械加工工艺过程

工序	工序名称	工序内容	设备及主要工艺装备
1	铸造	铸造毛坯	—
2	热处理	人工时效	—
3	涂装	上底漆	—
4	划线	兼顾各部划全线	—
5	刨	① 按线找正，粗刨顶面 R，留量 2～2.5mm ② 以顶面 R 为基准，粗刨底面 M 及导向面 N，各部留量为 2～2.5mm ③ 以底面 M 和导向面 N 为基准，粗刨侧面 O 及两端面 P、Q，留量为 2～2.5mm	龙门刨床
6	划线	划各纵向孔镗孔线	

工序	工序名称	工序内容	设备及主要工艺装备
7	镗	以底面 M 和导向面 N 为基准，粗镗各纵向孔，各部留量为 2～2.5mm	卧式镗床
8	时效	—	—
9	刨	① 以底面 M 和导向面 N 为基准精刨顶面 R 至尺寸 ② 以顶面 R 为基准精刨底面 M 及导向面 N，留刮研量为 0.1mm	龙门刨床
10	钳	刮研底面 M 及导向 N 至尺寸	—
11	刨	以底面 M 和导向面 N 为基准精刨侧面 O 及两端面 P、Q 至尺寸	龙门刨床
12	镗	以底面 M 和导向面 N 为基准 ① 半精镗和精镗各纵向孔，主轴孔留精细镗余量为 0.05～0.1mm，其余镗好，小孔可用铰刀加工 ② 用浮动镗刀块精细镗主轴孔至尺寸	卧式镗床
13	划线	各螺纹孔、紧固孔及油孔孔线	—
14	钻	钻螺纹底孔、紧固孔及油孔	摇臂钻床
15	钳	攻螺纹、去毛刺	—
16	检验	—	—

3. 盘套类零件

盘套类零件主要用于配合轴杆类零件传递运动和扭矩。这类零件主要包括各种轴套、液压缸、气缸及带轮、齿轮、端盖等。

盘套类零件主要由内圆面、外圆面、端面和沟槽等表面组成。根据使用要求，形状各有差异。在盘套类零件中，齿轮是典型的一种传递运动和动力的零件，下面以齿轮为例介绍加工工艺。

圆柱齿轮加工的主要工艺问题，一是齿形加工精度，它是整个齿轮加工的核心，直接影响齿轮的传动精度要求，因此，必须合理选择齿形加工方法；二是齿形加工前的齿坯加工精度，它对齿轮加工、检验和安装精度影响很大，在一定的加工条件下，控制齿坯加工精度是保证和提高齿轮加工精度的一项有效的措施，因此必须十分重视齿坯加工。

齿轮加工时的定位基准应符合基准重合与基准统一的原则。对于小直径的轴齿轮，可采用两端中心孔为定位基准；对大直径的轴齿轮，可采用轴颈和一个较大的端面定位；对带孔齿轮，可采用孔和一个端面定位。

不同生产纲领下的齿轮定位基准面的加工方案也不尽相同。带孔齿轮定位基准面的加工可采用如下方案。

大批大量生产时，采用"钻—拉—多刀车"的方案。毛坯经过模锻和正火后在钻床上钻孔，然后到拉床上拉孔，再以内孔定心，在多刀或多轴半自动车床上对端面及外圆面进行粗、精加工。

中批生产时，采用"车—拉—车"的方案。先在卧式车床或转塔车床上对齿坯进行粗车和钻孔，然后拉孔。再以孔定位，精车端面和外圆。也可以充分发挥转塔车床的功能，将齿坯在转塔车床上一次加工完毕，省去拉孔工序。

单件小批生产时，在卧式车床上完成孔、端面、外圆的粗、精加工。先加工完一端，再调头加工另一端。

齿轮淬火后，基准孔常发生变形，要进行修正。一般采用磨孔工艺，加工精度高，但效率低。对淬火变形不大、精度要求不高的齿轮，可采用推孔工艺。

圆柱齿轮的加工工艺过程如下。

图 5-50 所示为双联齿轮，材料为 40Cr，精度等级为 7 级，中批生产，其加工工艺过程见表 5-16。从表中可见，齿轮加工工艺过程大致要经过如下几个阶段：毛坯加工及热处理、齿坯加工、齿形加工、齿端加工、齿面热处理、修正精基准及齿形精加工等。

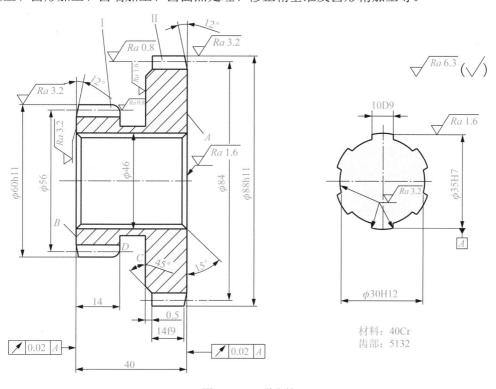

图 5-50 双联齿轮

表 5-16 **双联齿轮加工工艺过程**

序号	工 序 内 容	定 位 基 准
1	毛坯制造	—
2	正火	—
3	粗车外圆和端面，留余量 1.5～2mm，钻镗花键底孔至尺寸ϕ30H12	外圆及端面
4	拉花键孔	ϕ30H12 孔及 A 端面
5	钳工去毛刺	—
6	上心轴精车外圆、端面及槽至图样要求尺寸	花键孔及 A 端面
7	检验	—
8	滚齿(Z=42)，留剃量 0.07～0.10mm	花键孔及 A 端面
9	插齿(Z=28)，留剃量 0.04～0.06mm	花键孔及 A 端面
10	倒角（Ⅰ、Ⅱ齿缘 12°牙角）	花键孔及 A 端面
11	钳工去毛刺	—
12	剃齿(Z=42)，公法线长度至尺寸上限	花键孔及 A 端面

序号	工 序 内 容	定 位 基 准
13	剃齿($Z=28$)，公法线长度至尺寸上限	花键孔及 A 端面
14	齿部高频感应加热淬火：5132	—
15	推孔	—
16	珩齿（Ⅰ、Ⅱ）至要求尺寸	花键孔及 A 端面
17	总检入库	—

5.5.4　工艺过程的生产率和经济性

1. 时间定额

时间定额是在一定生产条件下，规定生产一件产品或完成一道工序所需消耗的时间。时间定额是安排生产计划、核算生产成本的重要依据，也是设计或扩建工厂(或车间)时计算设备和工人数量的依据。

2. 工艺过程的技术经济分析

在制定某一零件的机械加工工艺规程时，一般可以拟定出几种不同的加工方案，其中有些方案具有很高的生产率，但设备和工装方面的投资大；另一些方案则可能节省投资，但生产率低。为了选取在给定的生产条件下最经济合理的方案，必须对不同的工艺方案进行技术经济分析。

所谓技术经济分析，就是通过比较不同工艺方案的生产成本，选出最经济的工艺方案。生产成本是指制造一个零件或一台产品必需的一切费用的总和。生产成本包括两大类费用：第一类是与工艺过程直接有关的费用，称为工艺成本，占生产成本的 70%～75%；第二类是与工艺过程无关的费用，如行政人员工资、厂房折旧、照明取暖等。由于在同一生产条件下与工艺过程无关的费用基本上是相等的，因此对零件工艺方案进行经济分析时，只要分析与工艺过程直接有关的工艺成本即可。

5.6　零件结构工艺性

5.6.1　零件结构工艺性基础知识

机械产品的设计不仅要保证其性能方面的要求，而且要考虑产品的零件结构是否能够制造以及易于制造。对于制造工艺进行周密的考虑并且具体反映在零件的设计中，就是零件的设计工艺性。由于零件工艺性的好坏具体表现为零件的结构是否符合加工技术的要求，因此通常又把设计工艺性称为结构工艺性。

1. 零件结构工艺性的概念

零件的结构工艺性，是指所设计的零件在满足使用要求的前提下，制造的可行性和经济性。设计的零件结构，在一定的生产条件下若能高效低耗地制造出来，并便于装配和维修，则认为该零件具有良好的结构工艺性。

切削加工零件的结构工艺性涉及很多方面的内容，如生产批量、生产设备、技术力量、精度要求、材料的切削加工性等。结构工艺性的好坏也是相对的。例如，在单件、小批量生产中具有好的工艺性的结构，用到大批大量生产中可能是缺乏工艺性的，因为这样的结构往往无法采用高效率的专用机床和工艺装备；又如在硬合金材料上加工小孔，用一般孔加工方法很难加工，但用电火花加工却很方便。因此，结构工艺性的好坏，都是相对于一定的生产条件而言的。

产品及零件的制造，包括毛坯生产、切削加工、热处理和装配等许多阶段，各个生产阶段都是有机地联系在一起的。结构设计时，也应该全面考虑，使零件在各个生产阶段都具有良好的工艺性。在一般情况下，切削加工的劳动耗费量多，因此，零件切削加工的结构工艺性更为重要。

2. 影响零件结构工艺性的主要因素

零件结构工艺性的好坏是一个相对的概念，它随着客观生产条件的改变和科学技术的发展而变化。决定零件结构工艺性的因素包括生产类型、制造条件和生产技术等方面。

(1)生产类型的影响：生产类型是企业或车间生产专业化程度的分类。常规的机械制造工艺基本上是在"批量法则"之下组织生产活动的，不同的生产类型有着不同的工艺特点。常常同一种结构，在单件小批生产中工艺性良好，在大批大量生产中，由于使用的自动化高效生产设备和工装，以及先进的工艺方法，其产品结构必须适应高速自动的生产要求，其结构工艺性就不一定适合。

(2)制造条件的影响：零件的生产加工必然依赖一定的生产条件，如毛坯生产水平、机械加工设备与工装的配置、热处理能力、技术及管理水平等。在设计零件工艺结构时，应全面考虑各方面的综合能力，最大限度地适应和发挥现有生产水平。

(3)生产技术的影响：科学技术不断地发展进步，随着加工方法的不同，以及新的加工设备和加工工艺的出现，零件结构工艺性也会随之而改变。如电火花加工、线切割、电解加工、激光加工和超声波加工等特种加工技术的出现，新型刀具材料的发展，以及精密铸造、压力成形、粉末冶金等先进工艺的运用，使得原来不能实现的形状、不能加工的材料、不能获得的精度及不能达到的性能都成为可能。工程技术人员应及时了解机械行业的最新发展，及时掌握新工艺、新技术，以求能设计出最符合当代先进生产技术的机械产品。

3. 衡量零件结构工艺性的基本原则

零件结构工艺性是一个相对的概念，更是一个整体的观念，在零件结构设计时，必须全面考虑，综合平衡，使零件在每一生产阶段均具有良好的结构工艺性。如不能同时兼顾，则应从关键问题入手，解决主要矛盾，力求获得较好的结构工艺性。衡量零件结构工艺性的基本原则主要考虑如下方面。

(1)零部件与机器的关系：机器越复杂，所需零部件数就越多，应尽可能采用标准件、通用件和外购件；尽可能采用简单的零件造型；尽可能选择本车间生产中已加工过的零件和组件，这样可获得良好的结构工艺性。

(2)结构与使用的关系：从满足使用要求来看，可以选择的结构可能有多种，一种结构所需零件数越少，相互之间的连接关系越简单，结构层次越少，则结构工艺性越好。

(3)装配与零件的关系：装配时的定位要求越低，间隙的调整越方便，零件的配合面越少，则装配效率高，装配成本低，故其结构工艺性越好。

(4)机械零件的加工要求：零件上要加工的表面越少，加工尺寸的平均精度越低，表面质量要求不高，则结构工艺性越好。

(5)毛坯及所需材料的种类：一方面毛坯的选择应遵守就近原则，另一方面对要求精度较高的薄壁套筒等尽可能选用冷拔、精密铸造等非切削工艺方法加工，而材料种类上则应尽量减少贵重、稀有、难加工材料的选用与数量。

(6)零件加工方法与所需设备：特种加工方法需要专门的设备、技术和工艺，相应的技术要求与成本会高很多，应尽可能采用常规切削方法，并加大如冲压、精锻等效率高的工艺的比重，则结构工艺性会好些。

(7)良好的人机关系：制造业在国民经济中占有非常大的比例，提倡绿色制造、保护环境、安全生产是社会发展的需要，零件制造与使用过程中应没有污染、节省能源、操作方便安全，并且便于回收利用。

零件结构工艺性涉及的内容很多，下面仅从零件的切削加工工艺性和装配工艺性进行分析。

5.6.2 零件结构的切削加工工艺性

切削加工是零件获得所需结构形状、尺寸精度和表面质量的主要途径。通常切削加工耗费的工时和费用是最高的。因此，零件结构的切削加工工艺性设计就显得尤为重要。

零件结构的切削加工工艺性，是指所设计的零件在满足使用性能要求的前提下其切削成形的可行性和经济性，即切削成形的难易程度。机器中大部分零件的尺寸精度、表面粗糙度、形状精度和位置精度，最终要靠切削加工来保证。

为了使零件结构具有较好的切削加工工艺性，在结构设计时应考虑以下几点原则。

(1)应尽量采用标准化参数。对于孔、锥度、螺距、模数等，采用标准化参数有利于刀具和量具的标准化，以减少专用刀具和量具的设计与制造。

(2)零件的结构要素应尽量统一，以减少刀具和量具的种类与换刀次数，并尽量考虑其合理排列，以减少装夹和走刀次数。

(3)应考虑到零件的方便装夹。使其具有可靠的定位面、夹紧面和必要的装夹强度。

(4)应考虑各种类型表面的加工难易程度。通孔比不通孔好加工；外表面比内表面好加工；平面比台阶面好加工；直孔比斜孔好加工；刚性好的部位好加工。

(5)应尽可能使需要精密加工的表面少；使需要加工的表面积小。

(6)为了方便零件的加工，可以考虑零件的合理拆分和组合。

(7)在满足使用条件的基础上，尽量降低零件的加工精度和表面质量要求。

(8)零件的结构应与先进的加工工艺方法相适应。

本节通过举例的形式来说明切削加工工艺性对零件结构的要求。

1. 便于装夹

零件的结构应使装夹方便、稳定可靠，同时尽量减少装夹次数。

1)保证装夹方便、稳定可靠

图 5-51 所示为某机床的床身，在加工导轨面 A 时，工件定位装夹困难，可在零件上设置图 5-51(b)所示的工艺凸台 C，先加工 B、C 两面并使其等高，然后以 B、C 两平面定位加工导轨面 A。

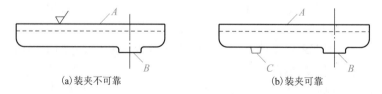

(a)装夹不可靠   (b)装夹可靠

图 5-51   数控铣床床身的结构

图 5-52(a)所示是一种曲柄零件，但平面 *D* 太小，加工时不便于装夹。图 5-52(b)所示的结构增设两个工艺凸台 *G*、*H*，即可稳定可靠地装夹。*G*、*H* 的直径小于孔 *E*、*F* 的直径，当两孔钻通时凸台自然脱落。此外，三个平面 *A*、*B*、*C* 在同一平面上，可一次加工完成，减少了刀具调整次数，使生产率得到提高。

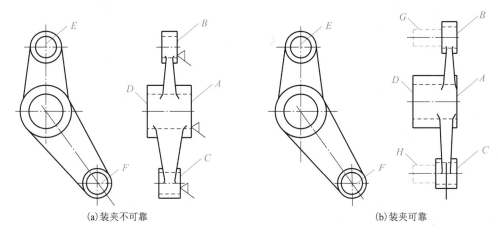

(a)装夹不可靠　　　　　　　　　　　(b)装夹可靠

图 5-52　曲柄零件的结构

图 5-53 所示的锥度心轴，在车削和磨削时，均采用顶尖、卡箍和拨盘装夹，但图 5-53(a)所示的结构无法安装卡箍，应改成图 5-53(b)所示的结构。

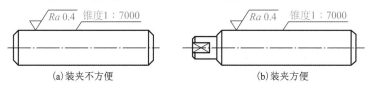

(a)装夹不方便　　　　　　　　　　　(b)装夹方便

图 5-53　锥度心轴的结构

2)尽量减少装夹次数

图 5-54(a)所示的轴上的两个键槽，铣削时需装夹、找正两次，而图 5-54(b)所示的两个键槽的加工，只需装夹、找正一次。

(a)装夹不方便　　　　　　　　　　　(b)装夹方便

图 5-54　轴上多键槽的布局

图 5-55(a)所示的连接头有同旋向的内螺纹 *A*、*B*，需要两次装夹，调头加工。如图 5-55(b)所示的结构，既可减少装夹次数，又可保证两端的螺纹孔在同一轴线上。

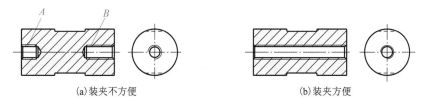

(a)装夹不方便　　　　　　　　　　　(b)装夹方便

图 5-55　连接头的结构

图 5-56(a)所示的轴承盖上的螺孔若设计成倾斜的，则既增加了装夹次数，又不便于钻孔和攻螺纹，可改成图 5-56(b)所示的结构。

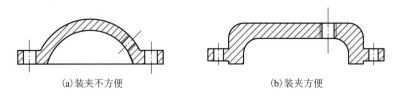

(a)装夹不方便　　　　　　　　　(b)装夹方便

图 5-56　轴承盖

2. 便于加工

为了提高效率，零件的结构要便于加工。在设计零件的结构时，应考虑如下几方面：零件的结构应有足够的刚度，尽量避免内表面的加工，减少加工面积、机床调整次数、刀具种类、走刀次数、刀具切削时的空行程，有利于进刀和退刀，有助于提高刀具刚性和延长刀具寿命等。

(1)零件结构应有足够的刚度。图 5-57(a)所示的薄壁套筒，在三爪自定心卡盘卡爪夹紧力的作用下，容易变形，车削后形状误差较大。若改成图 5-57(b)所示的结构，可增加刚性，提高加工精度。

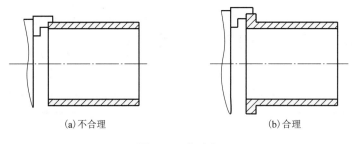

(a)不合理　　　　　　　　　(b)合理

图 5-57　薄壁套

图 5-58(a)所示的床身导轨，加工时切削力使边缘变形，产生较大的加工误差。若改成图 5-58(b)所示的结构，增设加强筋板，则可提高其刚性。

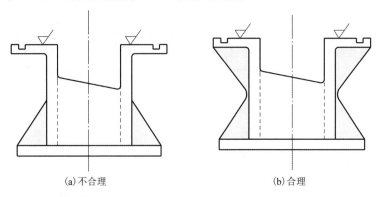

(a)不合理　　　　　　　　　(b)合理

图 5-58　床身导轨

(2)尽量避免内表面的加工。如图 5-59(a)所示，在箱体内部需要安装轴承座，配合平面设置在内部，加工极为不便，装配也很困难。若改成图 5-59(b)所示的结构，将箱体内表面的加工改为外表面的加工，装配也容易。

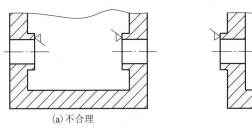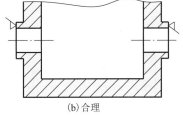

图 5-59　在箱体内安装轴承座的结构

(3)减少加工面积。图 5-60(b)所示支座的底面与图 5-60(a)所示的结构相比,既可减少加工面积,又能保证装配时零件间配合较好。

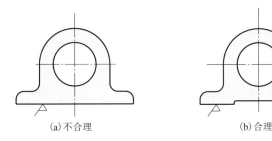

图 5-60　减少加工面积

(4)减少机床调整次数。图 5-61(a)所示轴上两处有锥度,在车削、磨削时需两次调整机床,改成图 5-61(b)所示结构,使锥度值一致,可减少机床的调整次数。

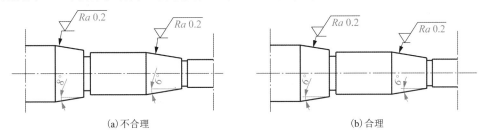

图 5-61　轴上锥度尽可能一致

图 5-62(a)所示的零件,有不同高度的凸台表面,铣削或刨削时需要多次调整工作台的高度。如果把凸台设计得等高,如图 5-62(b)所示,则可一次走刀加工所有凸台表面,节省大量的辅助时间。

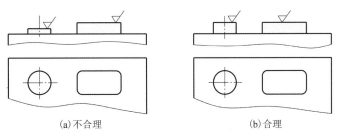

图 5-62　加工面应等高

(5)减少刀具种类。图 5-63(a)所示的阶梯轴,车削其上的退刀槽,需要多把车刀,增加了换刀和调刀的次数。若改为图 5-63(b)所示的结构,既可减少刀具种类,又可节省换刀和调刀等的辅助时间。

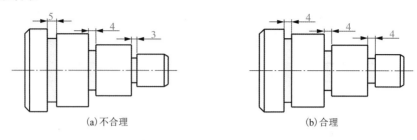

图 5-63　同类结构要素要统一

（6）便于进刀和退刀。多联齿轮的齿形加工一般采用插齿，每两齿轮之间应设置越程槽，其最小宽度应大于 5mm，以便插齿时越程。图 5-64（a）所示不合理，图 5-64（b）所示合理。

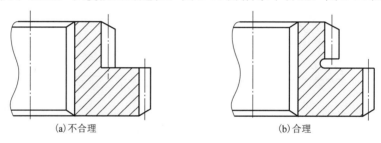

图 5-64　多联齿轮的越程槽

为方便加工，螺纹应有退刀槽。图 5-65（a）所示无法加工，因为螺纹刀具不能加工到根部；图 5-65（b）所示可以用板牙加工。

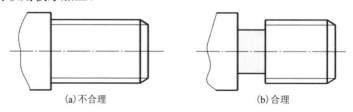

图 5-65　螺纹尾部的结构

内螺纹的孔口应有倒角，以便于顺利引入螺纹刀具。图 5-66（a）所示不便于进刀，图 5-66（b）所示便于进刀。

磨削圆锥面时，图 5-67（a）所示结构容易碰伤圆柱表面，同时也不能对圆锥面全长进行磨削，图 5-67（b）所示的结构，则可方便地进行磨削。

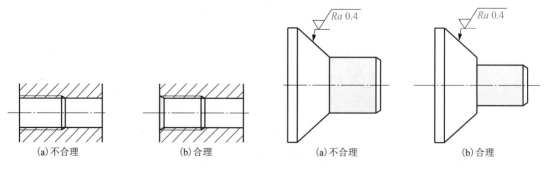

图 5-66　螺纹孔口的结构　　　　图 5-67　圆锥面与圆柱面的过渡

(7) 减少加工困难。图 5-68(a)所示结构底座上的小孔离箱壁太近，钻头向下引进时，钻床主轴碰到箱壁，加工困难。改为图 5-68(b)所示结构后，底座上的小孔与箱壁留有适当的距离，可顺利加工。

钻头钻孔时切入表面和切出表面应与孔的轴线垂直，以便钻头两个切削刃同时切削，避免在斜面上钻孔，否则钻孔时钻头容易引偏，甚至折断。图 5-69(a)所示不合理，图 5-69(b)所示合理。

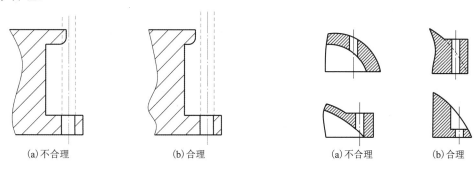

图 5-68　箱体孔与箱体壁的距离　　　　　图 5-69　钻孔表面的结构

箱体上同轴孔系的直径最好相等，只需调整一次刀头即可将各孔依次镗出；需要孔径不同时，要两边孔径大、中间小或依次递减，不能出现两边小、中间大的情况。图 5-70(a)所示的结构不好，图 5-70(b)所示的结构好。

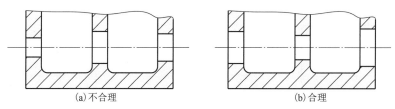

图 5-70　箱体同轴孔系的孔径尺寸

3. 便于测量

零件的尺寸标注要便于加工和测量。图 5-71(a)所示的标注尺寸 100 ± 0.1 不便于加工和测量。改成图 5-71(b)所示后，由 140 ± 0.05 和 40 ± 0.05 来保证 100 ± 0.1，便于加工和测量。

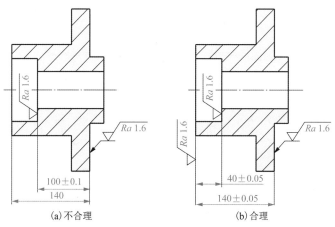

图 5-71　便于尺寸测量的结构

4. 尽量采用标准化参数

在设计零件时，有些参数应尽量采用标准化数值，以便使用标准刀具和量具，也便于维修更换。

图 5-72（a）所示孔径的基本尺寸及公差都是非标准值。由于零件数量是 200 件，孔的加工应该采用钻—扩—铰的方案。改为标准值后如图 5-72（b）所示，即可实施钻—扩—铰方案，使用标准铰刀既可保证质量，又能提高生产效率。

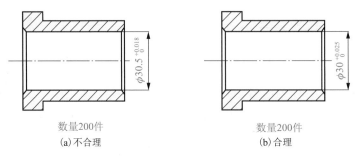

数量200件　　　　　　　数量200件

（a）不合理　　　　　　　（b）合理

图 5-72　基本尺寸和公差选用标准值

如图 5-73（a）所示，设计中的锥孔锥度值和尺寸都是非标准的。既不能采用标准锥度塞规检验，又不能与标准外锥面配合使用。锥度和直径都应采用标准值，图 5-73（b）所示为莫氏锥度，图 5-73（c）所示为米制锥度。

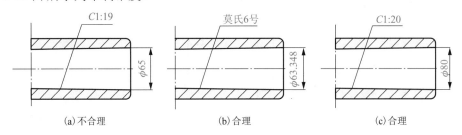

（a）不合理　　　　　　（b）合理　　　　　　（c）合理

图 5-73　轴上锥度选用标准值

螺纹的公称直径和螺距要取标准值，如图 5-74（b）所示。这样才能使用标准丝锥和板牙加工，也便于使用标准螺纹规进行检验。

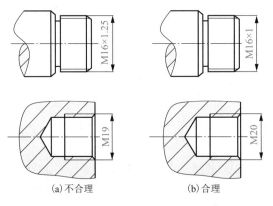

（a）不合理　　　　　　（b）合理

图 5-74　螺纹直径和螺距选用标准值

5. 便于保证零件热处理后的质量

零件的锐边和尖角，在淬火时容易产生应力集中，造成开裂，如图 5-75（a）所示。因

此，在淬火前，重型阶梯轴的轴肩根部应设计成圆角，轴端及轴肩上要有倒角，如图 5-75(b)
所示。

　　零件壁厚不均匀，在热处理时容易产生变形。如图 5-76(b)所示，增设一个工艺孔，以使
零件壁厚均匀。

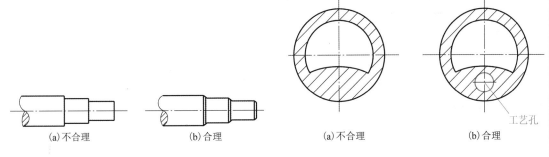

图 5-75　便于热处理的轴肩结构　　　　　图 5-76　便于热处理的套类结构

6. 合理采用零件的组合

　　为了满足使用要求，有的零件结构较复杂，或不便于加工，可以采用组合件，使加工简
化，既可减少劳动量，也易于保证加工质量。

　　如图 5-77(a)所示，当齿轮较小、轴较短时，可以把齿轮和轴做成一体；当齿轮较大、轴
较长时，做成一体则难以加工，必须分成三件，
即齿轮、轴和键，加工完之后再装配到一起，
如图 5-77(b)所示，这样加工很方便。

　　图 5-77(c)所示为轴和键的组合，如轴与
键做成一体，则轴不能车削加工，必须分为两
件，如图 5-77(d)所示，加工后再进行装配。

　　图 5-77(e)所示的零件，内部球面很难加
工，若改为图 5-77(f)所示的结构，把零件分为
两件，球面的内部加工变为外部加工，使加工
得以简化。

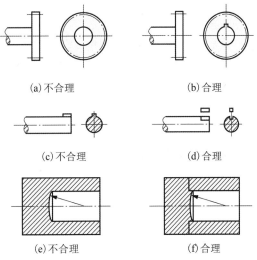

图 5-77　零件的组合

5.6.3　零件结构的装配工艺性

　　有的零件结构，从切削加工工艺性方面考
虑是合理的，但在装配或维修时却遇到了困
难，甚至无法装配。因此，零件的结构设计，不仅要考虑切削加工工艺性，还要考虑装配工
艺性。

　　零件结构的装配工艺性，是指所设计的零件在满足使用性能要求的前提下其装配连接的
可行性和经济性，或者说机器装配的难易程度。所有机器都是由一些零件和部件装配调试而
成的，零件结构的装配工艺性对于整个产品的生产过程及产品的使用性能都会产生很大的影
响。装配的难易程度、装配质量的好坏、装配效率的高低、装配的经济效益等，都与零件的
装配结构工艺性好坏密切相关。零部件在装配过程中，应该便于装配和调试，以便提高装配
效率。此外，还要便于拆卸和维修。

1. 便于装配

图 5-78(a)所示的结构装配不方便，端部毛刺也容易划伤配合表面，应改成图 5-78(b)所示的结构，使装配较为方便。

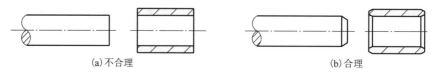

(a)不合理　　　　　　　　(b)合理

图 5-78　配合件端部结构

在螺钉连接处，应考虑安放螺钉的空间和扳手活动的空间。图 5-79(a)、(c)所示不合理，图 5-79(b)、(d)所示合理。

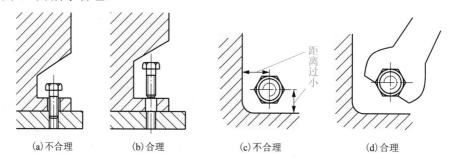

距离过小

(a)不合理　　(b)合理　　(c)不合理　　(d)合理

图 5-79　安放螺钉和扳手活动空间的布局

圆柱销与盲孔配合，要考虑放气措施。图 5-80(b)表示在圆柱销上设置放气孔，图 5-80(c)表示在盲孔底部设置放气孔，都是合理的。

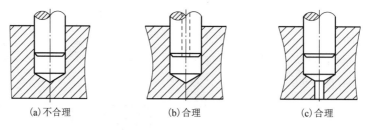

(a)不合理　　　　　(b)合理　　　　　(c)合理

图 5-80　避免圆柱销与盲孔配合

与轴承孔配合的轴径不要太长，否则装配较困难。改进前，轴承右侧有很长一段与轴承配合的轴径相同的外圆。改进后，轴承右侧的轴径减小，如图 5-81(b)所示。

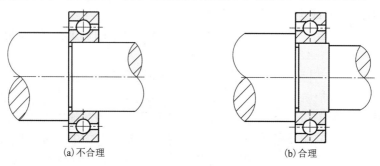

(a)不合理　　　　　　　　(b)合理

图 5-81　缩短轴与轴承孔的配合长度

互相配合的零件在同一方向上的接触面只能有一对。否则，必须提高有关表面的尺寸精度和位置精度，在许多场合，这是没有必要的，图 5-82(b) 所示合理。

在大底座上安装机体，采用图 5-83(a) 所示的连接形式，对装配不利，螺栓无法进入装配位置。改进后，可以采用双头螺柱或螺钉直接拧入底座，进行连接，如图 5-83(b)、(c) 所示。

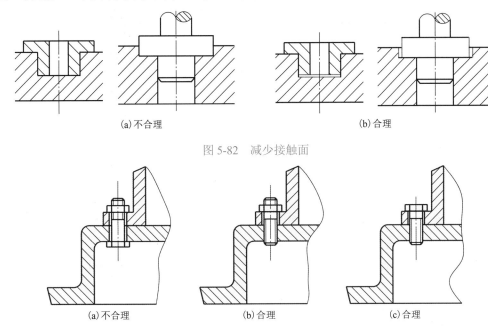

(a) 不合理　　　　　　　　　　　　　(b) 合理

图 5-82　减少接触面

(a) 不合理　　　　　　　(b) 合理　　　　　　　(c) 合理

图 5-83　便于螺栓安装的结构

2. 便于拆卸

图 5-84 所示为滚动轴承安装在轴上及箱体支承孔内的情况。图 5-84(a) 轴肩直径大于轴承内圈外径，轴承将无法拆卸。若改成图 5-84(b) 所示的结构，轴承即可拆卸。

由于轴承端盖与箱体支承孔有配合要求，在拆卸轴承端盖时，为便于拆卸在端盖上应设计 2～3 个螺孔作为顶丝孔，如图 5-85(b) 所示，拆卸时拧入螺钉，螺钉顶在箱体端面上，把端盖从箱体支承孔内顶出。

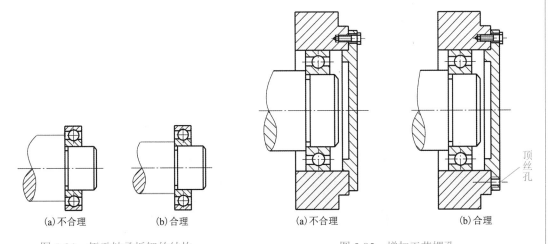

顶丝孔

(a) 不合理　　　　(b) 合理　　　　　　　　　(a) 不合理　　　　　(b) 合理

图 5-84　便于轴承拆卸的结构　　　　　　　图 5-85　增加工艺螺孔

3. 应有正确的装配基准

两个有同轴度要求的零件连接时，要有正确的装配基准面。图 5-86(b) 所示的结构，靠止口定位结构作为装配基准面合理。

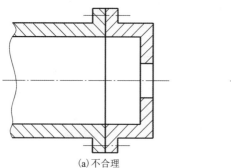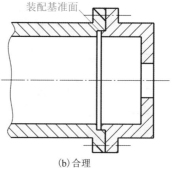

(a) 不合理　　　　　　　　　　　(b) 合理

图 5-86　要有必要的装配基准

习题与思考题

5-1 试说明下列加工方法的主运动和进给运动。

(1)车端面；(2)在钻床上钻孔；(3)在铣床上铣平面；(4)在牛头刨床上刨平面；(5)在平面磨床上磨平面。

5-2 弯头车刀刀头的几何形状如图 5-87 所示，试分别说明车外圆、车端面(由外向中心进给)时的主切削刃、刀尖、前角 γ_o、主后角 α_o、主偏角 κ_r 和副偏角 κ_r'。

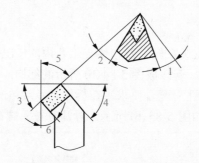

图 5-87　刀头形状

5-3 机夹可转位式车刀有哪些优点？

5-4 刀具切削部分材料应具备哪些基本性能？常用的刀具材料有哪些？

5-5 切屑是如何形成的？常见的有哪几种？

5-6 积屑瘤是如何形成的？它对切削加工有哪些影响？生产中最有效控制积屑瘤的手段是什么？

5-7 切削液的主要作用是什么？常根据哪些主要因素选用切削液？

5-8 刀具的磨损形式有哪几种？在刀具磨损过程中一般分为几个磨损阶段？刀具寿命的含义和作用是什么？

5-9 已知外圆车刀的主要角度 $\gamma_o=10°$、$\alpha_o=8°$、$\kappa_r=60°$、$\kappa_r'=10°$、$\lambda_s=4°$，试画出它们切削部分的示意图。

5-10 高速钢和硬质合金在性能上的主要区别是什么？各适合做哪些刀具？

5-11 按照不同的方法，机床可以分为哪些种类？

5-12 解释下列机床型号的含义：

(1) C6140；(2) Z3040。

5-13 根据图 5-88 所示的传动系统图，试写出其传动路线表达式，并求：(1) 主轴 V 有几级转速？(2) 主轴 V 的最高转速和最低转速各为多少？

5-14 试述生产过程、工艺过程、工序、工步、走刀、安装、工位的概念。

5-15 试述生产类型的分类。

5-16 工件的装夹方式有几种？试述它们的应用场合。

5-17 试述夹具的组成部分及其功用。

5-18 什么是定位？不完全定位与欠定位有何异同处？

5-19 根据什么原则选择粗基准和精基准？

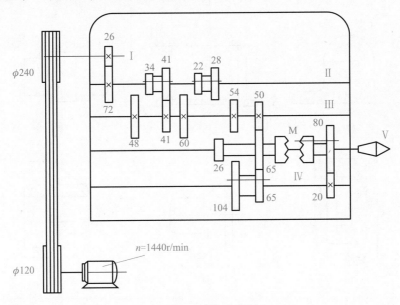

图 5-88　传动系统图

5-20 机械加工为什么要划分加工阶段？

5-21 简述机械加工过程中安排热处理工序的目的及安排顺序。

5-22 何谓"工序集中""工序分散"？什么情况下采用"工序集中"？什么情况下采用"工序分散"？

5-23 主轴的机械加工工艺路线大致过程是怎样安排的？

5-24 什么是零件的结构工艺性，它在生产中有何意义？

5-25 影响零件结构工艺性的主要因素有哪些？

5-26 衡量零件的结构工艺性主要考虑哪些方面的内容？

5-27 设计零件时，考虑零件结构工艺性的一般原则有哪几项？

5-28 设计零件时，考虑零件装配工艺性的一般原则有哪几项？

5-29 为何要设计退刀槽、越程槽等结构要素？

5-30 从切削加工的结构工艺性考虑，试改进图 5-89 所示的零件结构。

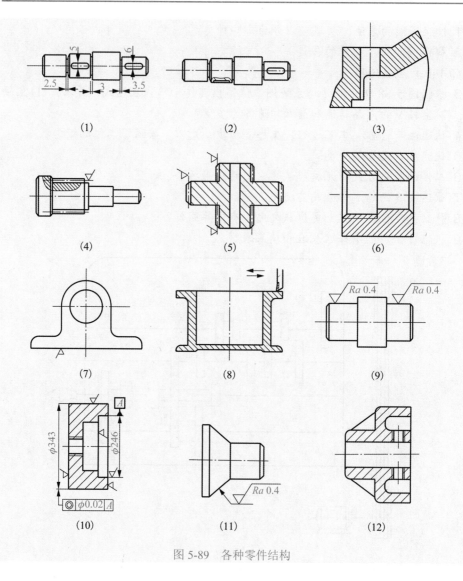

图 5-89　各种零件结构

附录　教学指导内容

一、课程的性质及任务

学　　时：32～48；

学　　分：2～3；

课程性质：学科基础课；

先修课程：高等数学、金工实习、机械制图、机械工程材料；

开课学期：第 4 学期；

适用专业：机械工程。

本课程是高等学校本科工业工程专业的学科基础课，主要研究常用机械零件的坯料制造、结构工艺、加工方法和加工工艺。通过本课程的学习使学生具备零件毛坯制造及机械加工工艺知识，为后续相关课程学习、课程设计和毕业设计等提供工艺理论支持。

二、教学目标与要求

本课程学习与金工实习联系密切，通过本课程的学习，根据所加工零件的性能要求，具有选择零件毛坯的制造方法和制定制造结构工艺的初步能力，具有选择零件毛坯的加工方法及制定加工工艺的初步能力。

三、课程内容及学习方法

第 1 章　绪　　论

【教学目的与要求】

通过本章节的讲授，使学习者了解"金属工艺学"课程是研究金属材料成形和零件加工方法的综合性技术基础课程，是现代工程材料和装备制造学科领域的重要组成部分，是高等工科教育的重要内容，是完成素质教育和应用基础型特色名校人才培养目标的重要课程。"金属工艺学"在专业培养目标中的定位是专业必修的基础课程，主要讲授各种材料成形方法本身的规律性及其在机械制造中的应用和相互联系，金属零件加工工艺过程和结构工艺性，常用金属材料的性能对加工工艺的影响，工艺方法的综合比较等。通过课程学习，使学生了解材料成形工艺(热加工：铸造、压力加工、焊接；冷加工：切削加工)在机械制造中的作用，能综合运用已学过的知识进行材料成形方法和加工方法的选择。"金属工艺学"课程是学生进入专业领域学习的"先导"课程，内容涉及了机器制造的主要环节：毛坯生产(包括铸造、压力加工以及焊接等)和零件加工，为机械类专业建立机器制造相关知识与技能的基础平台。

【本章重点】	【本章难点】
1."金属工艺学"课程的研究内容	1."金属工艺学"课程的研究内容
2.制造技术的发展及对国民经济的贡献	2.制造技术的发展及对国民经济的贡献
3.制造业的变革及挑战	3.金属工艺技术的发展趋势
4.金属工艺技术的发展趋势	

第 2 章　铸　　造

【教学目的与要求】

通过本章节的讲授，使学习者了解铸造的优缺点及其应用，能够对零件毛坯进行铸造工艺分析。了解合金的铸造性能对铸件质量的影响，掌握缩孔及缩松的预防措施，理解铸造应力和变形的产生及危害，掌握砂型铸造，了解特种铸造的特点及应用。

【本章重点】	【本章难点】
1.铸件的凝固与收缩	1.铸件的凝固与收缩
2.铸造内应力、变形和裂纹	2.铸造内应力、变形和裂纹
3.铸件质量控制	3.浇注位置和分型面选择
4.造型方法	
5.浇注位置和分型面选择	
6.铸件结构设计	

第3章 金属压力加工

【教学目的与要求】

通过本章节的讲授，使学习者能够理解金属塑性变形的实质，理解金属塑性变形对金属组织和性能的影响，了解锻造方法特点及工艺，了解板料冲压的特点及应用。

【本章重点】	【本章难点】
1. 塑性变形对金属组织和性能的影响	1. 塑性变形对金属组织和性能的影响
2. 自由锻和模锻	2. 锻造工艺规程制定
3. 锻造工艺规程制定	3. 板料冲压分离和变形工序
4. 锻件结构的工艺性	
5. 板料冲压的分离工序	
6. 板料冲压的变形工序	

第4章 焊 接

【教学目的与要求】

通过本章节的讲授，使学习者了解焊接的概念及电弧的结构，理解焊接接头的组织与性能，了解焊接应力与变形，了解电焊条的组成、作用、种类及选用原则，了解常用的焊接方法及特点。

【本章重点】	【本章难点】
1. 焊接接头的组织与性能	1. 焊接接头的组织与性能
2. 焊接应力与变形	2. 焊接应力与变形
3. 电焊条的选用原则	3. 焊接结构设计
4. 材料的焊接性评价	
5. 焊接结构设计	

第5章 切 削 加 工

【教学目的与要求】

通过本章节的讲授，使学习者了解和掌握切削加工的基本原则。了解影响加工质量、生产率及成本的主要因素。掌握常用加工方法的工艺特点。熟悉各种表面的加工方法，并具有较合理地选用加工方法的能力。具有分析零件机械加工结构工艺性的初步能力。熟悉机械加工工艺过程的基本内容。了解制订加工工艺的原则和方法，具有制订典型零件加工工艺的初步能力。了解零件结构的切削加工工艺性和装配工艺性。

【本章重点】	【本章难点】
1. 典型表面加工分析	1. 典型表面加工分析
2. 切削加工工艺基础	2. 切削加工工艺基础
3. 零件结构工艺性	

四、课程学时分配

	讲 课 内 容	学 时		
		讲课	实验	课后
1	绪论	1		
2	铸造	8		
3	压力加工	7		
4	焊接	6		
5	课程三级项目（压力加工）	6		15
6	讨论课（铸造和焊接）	4		15
7	切削加工*	10		
8	课程三级项目（切削加工）*	6		15
合 计		48		

注：对于32学时的教学，*为选讲内容。对于48学时的教学，*为必讲内容。

五、课程项目要求

为了加深学生对所学知识的理解和应用，课程的第 3 章压力加工组织开展课内 6 个学时的课程项目，综合所学知识，锻炼学生的压力加工工艺设计能力，对典型零件制定正确的压力加工方案，并以 PPT 和课程项目报告的形式提交。

本项目包括零件成形方案分析、压力加工工艺制定、模具结构设计和 PPT 制作。主要内容如下。

1．××零件成形方案分析及工艺制定(小组协作)

要求：必须保证指定××零件的加工质量和生产率要求，方案合理可行。

提交：确定最优方案后，制定成形工艺过程。

2．××零件的×模具的结构设计(小组协作(5 或 6 人))

要求：设计图纸须符合国家标准和机械制图规范。绘制零件及模具的 2D 图、完成模具 3D 模型的虚拟装配并实现装配过程的动态展示。

提交：绘制模具 3D 模型和制作 PPT，并进行小组汇报答辩。

3．撰写设计说明书(每人分别完成)

设计说明书是对以上内容的分析、计算和设计的全面总结，内容应语句通顺、图表清晰，符合国家及专业部门制定的有关标准，符合汉语语法规范；相关计算要有公式和过程，查表获得的数据要有出处。

要求：内容、格式等详见《金属工艺学课程项目设计》。

提交：电子版的设计说明书和 PPT。

六、课程讨论课的要求

课程主要教学内容完成后，为了加深学生对所学知识的理解和应用，组织开展 2 个单元(铸造和焊接)共计课内 4 学时的讨论课，综合所学知识，锻炼学生的工艺设计能力，对典型零件制定正确的成形方案以及缺陷的预防，并以大作业的形式提交报告。

讨论课分别设置在铸造和焊接两章，小组(5 或 6 人)协作制作 PPT，并进行小组汇报答辩。撰写不少于 3000 字的讨论报告(每人分别完成)。

讨论报告是对小组讨论内容的分析、计算和设计的全面总结，内容应语句通顺、图表清晰，符合国家及专业部门制定的有关标准，符合汉语语法规范；相关计算要有公式和过程，查表获得的数据要有出处。

要求：内容、格式等详见《金属工艺学课程讨论报告》。

提交：电子版的讨论报告和 PPT。

七、教学方法及手段(含现代化教学手段)

本课程为在金工实习后开设的专业基础课程，不设实验课。

本课程教学内容中图表多、数据多，与"金工实习"实践教学环节联系十分密切。由于本课程的实践性和工艺性较强，而学生又缺乏工业生产知识，有些教学内容在课堂上很难讲深讲透，因此，教学手段采用课堂讲授+讨论课+项目教学法为主，配以多媒体辅助教学构建"混合式教学"模式。

八、课程考核方式

将学生课堂出勤、平时作业、随堂测验、讨论课、项目成绩和期末考试成绩等多个环节纳入课程的考核指标体系中，综合考核学生的知识、能力、素质，对学生的课程学习实行全过程管理。本课程是考试课，考试形式为闭卷，课程总成绩=[课堂出勤＋平时作业＋随堂测验](10%)＋讨论课大作业(10%×2)＋课程项目(20%)＋考试成绩(50%)。

九、课程教材及主要参考书

课程教材：《金属工艺学(第二版)》，李长河，杨建军，科学出版社，2018。

课程主要参考书：(1)《热加工工艺基础》，张万昌，高等教育出版社，1991；(2)《机械加工工艺基础》，吴恒文，高等教育出版社，1990。

参 考 文 献

蔡光起，2002. 机械制造技术基础. 沈阳：东北大学出版社，112-145.

陈日曜，2000. 金属切削原理. 北京：机械工业出版社，35-53.

陈寿祖，郭晓鹏，1987. 金属工艺学. 北京：高等教育出版社，145-167.

邓文英，郭晓鹏，2008. 金属工艺学. 上册. 5版. 北京：高等教育出版社，4-32.

邓文英，宋力宏，2008. 金属工艺学. 下册. 5版. 北京：高等教育出版社，87-95.

韩广利，曹文杰，2005. 机械加工工艺基础. 天津：天津大学出版社，52-65.

吉卫喜，2001. 机械制造技术. 北京：机械工业出版社，89-109.

鞠鲁粤，2007. 工程材料与成形技术基础. 北京：高等教育出版社，12-35.

李长河，2009. 机械制造基础. 北京：机械工业出版社，64-176.

李长河，丁玉成，2011. 先进制造工艺技术. 北京：科学出版社，49-73.

李长河，修世超，2012. 磨粒、磨具加工技术与应用. 北京：化学工业出版社，124-135.

李森林，2004. 机械制造基础. 北京：化学工业出版社，145-156.

李文斌，李长河，孙末，2013. 先进制造技术. 武汉：华中科技大学出版社，62-81.

林江，2006. 机械制造基础. 北京：机械工业出版社，25-62.

刘会霞，2007. 金属工艺学. 北京：机械工业出版社，43-56.

卢秉恒，2006. 机械制造技术基础. 2版. 北京：机械工业出版社，46-53.

卢秉恒，于骏一，张福润，2003. 机械制造技术基础. 北京：机械工业出版社，32-45.

马树奇，2005. 机械加工工艺基础. 北京：北京理工大学出版社，132-154.

孟少农，1992. 机械加工工艺手册. 北京：机械工业出版社，235-332.

齐乐华，2002. 工程材料与成形工艺基础. 西安. 西北工业大学出版社，23-32.

钱增新，陈全明，1987. 金属工艺学. 北京：高等教育出版社，112-132.

曲宝章，黄光烨，2002. 机械加工工艺基础. 哈尔滨：哈尔滨工业大学出版社，12-25.

任家隆，2005. 机械制造技术. 北京：机械工业出版社，119-125.

盛晓敏，邓朝晖，2008. 先进制造技术. 北京：机械工业出版社，54-78.

苏子林，2009. 工程材料与机械制造基础. 北京：北京大学出版社，73-102.

孙大涌，2002. 先进制造技术. 北京：机械工业出版社，268-279.

王孝达，1997. 金属工艺学. 北京：高等教育出版社，35-65.

王允禧，1985. 金属工艺学. 上册. 北京：高等教育出版社，78-86.

谢家瀛，2001. 机械制造技术概论. 北京：机械工业出版社，56-73.

刑忠文，张学仁，2002. 金属工艺学. 哈尔滨：哈尔滨工业大学出版社，23-45.

许洪斌，文琍，2007. 模具制造技术. 北京：化学工业出版社，218-235.

杨斌久，李长河，2009. 机械制造技术基础. 北京：机械工业出版社，58-78.

杨方，2002. 机械加工工艺基础. 西安：西北工业大学出版社，87-108.

杨坤怡，2007. 制造技术. 2版. 北京：国防工业出版社，98-108.

张世昌，2002. 机械制造技术基础. 天津：天津大学出版社，21-33.

张学政，李家枢，2003. 金属工艺学实习教材. 3版. 北京：高等教育出版社，76-85.

周增文，2003. 机械加工工艺基础. 长沙：中南大学出版社，165-178.

朱焕池，1996. 机械制造工艺学. 北京：机械工业出版社，7-12.

朱正心，2001. 机械制造技术. 北京：机械工业出版社，46-56.